# 交互的Python
# 数据分析入门

王诗翔　著

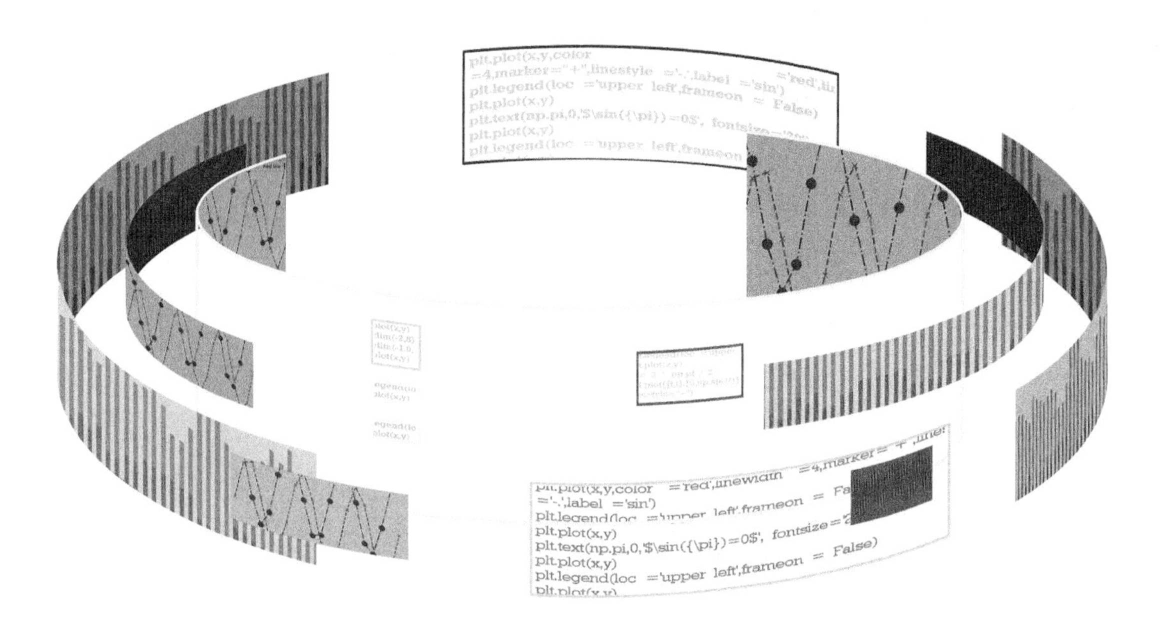


人民邮电出版社
北京

**图书在版编目（CIP）数据**

交互的Python：数据分析入门 / 王诗翔著. -- 北京：人民邮电出版社，2020.7
ISBN 978-7-115-53570-2

Ⅰ. ①交… Ⅱ. ①王… Ⅲ. ①软件工具－程序设计－基础知识 Ⅳ. ①TP311.561

中国版本图书馆CIP数据核字(2020)第042772号

## 内 容 提 要

Python 具有强大的应用能力，以及便捷高效的数据分析和可视化扩展包系统。本书重点讲解 Python 数据分析的基础知识，使读者通过 Python 理解数据分析的逻辑，并掌握基本的 Python 编程知识和分析实现方法。本书系统全面、循序渐进地介绍了 Python 编程基础、数据导入、数据分析和可视化内容，包括条件判断与循环控制、从 Excel 中导入数据、使用 Pandas 库进行数据的转换和计算，以及使用 Plotnine 库绘制 ggplot 风格的图形等。此外，本书还涉及 Markdown、基本的统计理论和 IPython 魔术命令等内容。

本书可以作为 Python 编程和数据分析入门级读者的学习用书，也适合数据分析相关从业人员阅读，还可以作为高等院校计算机、统计及相关专业的师生用书和培训学校的教材。

◆ 著　　　王诗翔
　责任编辑　张　爽
　责任印制　王　郁　焦志炜
◆ 人民邮电出版社出版发行　　北京市丰台区成寿寺路 11 号
　邮编　100164　　电子邮件　315@ptpress.com.cn
　网址　https://www.ptpress.com.cn
　固安县铭成印刷有限公司印刷
◆ 开本：800×1000　1/16
　印张：21.25　　　2020 年 7 月第 1 版
　字数：471 千字　　2024 年 7 月河北第 5 次印刷

定价：79.00 元

**读者服务热线：(010)81055410　印装质量热线：(010)81055316**
**反盗版热线：(010)81055315**
**广告经营许可证：京东市监广登字20170147号**

# 前　言

## 编写背景

如今，来自手机、互联网、物联网、科学实验、新闻等各处的信息每天创造着数以万亿字节的数据。在这万物互联的时代，信息技术将人类对数据的创造力一波又一波地推向新的巅峰。我们对计算机、手机中各种 App 的每一次点击与字符输入，对歌曲、文章的每一次点赞、喜欢、评论等操作都将零散单薄的数据汇入了信息的海洋，被大数据、人工智能等技术激荡出新的浪花。而在这片汪洋大海下，数据科学成为沉淀下来的理论与科学基础。

作为当前最流行的编程语言之一，Python 在过去几十年已被广泛应用于系统管理任务的处理和网络编程等领域，接触过 Web 编程的读者想必很熟悉基于 Python 语言的 Django 框架。得益于机器学习、深度学习的兴起，近些年 Python 在科学计算领域绽放出新的光芒。在 IEEE 发布的编程语言排行榜中，Python 在 2017 年～2019 年连续 3 年稳居榜首。不同于 MATLAB 等商业软件，Python 是完全免费和开源的；不同于 R 等主要用于统计分析与建模的开源软件比较难以将成果扩展为完整的应用程序，Python 有着非常丰富的扩展库（模块），可以轻松完成各种高级任务，将项目的所有需求一起实现。

然而，国内少有聚焦于数据分析领域的 Python 图书，来自国外的译作大多起点较高，并不十分适合零基础的读者学习和使用。因此，我写作了本书——《交互的 Python：数据分析入门》。“交互”一词可能更容易让人们联想到“人机交互”，百度百科中的解释为“一门研究系统与用户之间交互关系的学问”。与普通的 Python 编程或其他编程（“编辑—编译—运行”的工作模式）有所不同，利用 Python 处理数据时，用户能够感受到一种极强的交互性。在数据分析时，我们常常缺乏明确的目的和解决方案，因而不断地尝试各种分析——键入代码、查看结果、修正、重新运行查看结果，这一不断循环的过程往往是基于探索的，我们可以将其简化为“运行—探索”的工作模式。除此之外，**动态文档**是数据分析的一个新的流行趋势，普通的编程是进行应用程序的开发，数据分析则是进行数据的探索以及生成相关报表供用户阅读和研究。所以在本书的结构安排上，我添加了关于 Markdown 标记语言的内容。**数据分析过程，就应当像写文章一样。**

## 读者对象

本书是 Python 数据分析的入门教程，**主要为新手设计**，也同样适用于想要了解或者打算进入数据分析领域的程序员。注意，**本书绝不是一本技术手册**，其中没有讲解关于 Python 在所有领域的知识，比如网络编程、游戏编程、界面设计等；也不会事无巨细地讲解 Python 的所有基础知识，而是侧重于解读数据分析和科学计算知识。

## 本书特色

1．实例丰富，简单易懂。从简单的数据出发，让读者聚焦于思考、理解和掌握分析逻辑，简单易学，事半功倍。

2．循序渐进，深入浅出。本书的章节安排由易到难，由浅及深，主要采用 IPython Shell 展示代码，代码简洁优美，输入输出清晰易懂。

3．内容充实，全面覆盖。本书涵盖 Python 基础知识、数据导入、数据分析和可视化等方面的基础知识。

4．随学随用，举一反三。从简单的需求出发，阐述逻辑，实例方案可以作为模板初步应用到实际工作场景。本书将 Markdown 作为编程基础的一部分加以介绍，以使读者学会记录和分享知识。

## 本书内容

本书共分为 15 章。

- 第 1 章介绍 Python 软件的安装与配置。
- 第 2 章介绍 Python 的基本编程方式和数据类型。
- 第 3 章介绍 Python 核心数据结构的使用，包括列表、元组、字典和集合。
- 第 4 章介绍 Python 的条件判断与循环控制，这是任何语言都具备的核心语法，并简单介绍如何操作文件。
- 第 5 章介绍 Python 函数的创建和使用、模块的下载和使用。
- 第 6 章介绍 NumPy 库及其核心数据结构 ndarrary 的操作方法。
- 第 7 章介绍 Matplotlib 库的应用场景和基本图形的绘制方法。
- 第 8 章介绍 Pandas 库及其核心数据结构 Series 和 DataFrame 的基本操作方法，并讲解如何进行简单的统计分析。
- 第 9 章介绍 Markdown 的语法和使用，Jupyter Notebook 的使用、记录和编程知识。
- 第 10 章介绍如何将数据导入 Python 中，包括常见的 CSV、Excel 文件、网络数据常用的 JSON 文件和数据库。
- 第 11 章介绍一些技巧性和高级编程知识，包括异常捕获、正则表达式和函数式编程等内容，以便读者更好地理解 Python，编写安全高效的代码。
- 第 12 章深入介绍 Pandas 的数据结构和操作，讲解如何进行函数计算、数据清洗和简单的可视化。
- 第 13 章简单介绍 3 个高级的可视化库——Seaborn、Plotnine 和 Bokeh，并讲解如何使用它们绘制常见的图形。
- 第 14 章简单介绍统计分析的基础理论知识，包括数据的描述性统计、分布和假设检验。
- 第 15 章补充介绍一些内容，包括 IPython 的魔术命令和面向对象编程知识。

## 建议和反馈

写书是一项烦琐的工作，尽管我已力求本书内容简明、生动、准确，但限于个人水平，书中难免有错漏之处，恳请各位读者批评指正。读者若有任何关于本书的反馈意见，请通过异步社区的本书页面提交，这将有利于我改进本书，使更多读者受益。

## 致谢

本书的内容基于 Python 和诸多第三方库，在此感谢 Python 积极活跃的数据科学生态系统，以及 NumPy、Pandas、Matplotlib、Plotnine 和 Seaborn 等第三方库的作者们。

感谢出版社的张爽编辑，她对于本书内容的把握和细节的重视极大地提高了本书的质量。

感谢简书的毛晓秋女士和其他工作人员，如果不是他们的努力和鼓励，本书可能很难与众位读者见面。

最后，感谢我的女朋友，如果不是她时刻的敦促，我也许无法投入持续的热情和精力创作一本书；感谢我的家人，他们在远方的陪伴，是我能够写作的最坚实的动力。

王诗翔

2020 年 1 月于上海

# 资源与支持

本书由异步社区出品，社区（https://www.epubit.com/）为您提供相关资源和后续服务。

## 配套资源

本书提供如下资源：

- 源代码；
- 书中彩图文件。

要获得以上配套资源，请在异步社区本书页面中单击 配套资源 ，跳转到下载界面，按提示进行操作即可。注意：为保证购书读者的权益，该操作会给出相关提示，要求输入提取码进行验证。

## 提交勘误

作者和编辑尽最大努力来确保书中内容的准确性，但难免会存在疏漏。欢迎您将发现的问题反馈给我们，帮助我们提升图书的质量。

当您发现错误时，请登录异步社区，按书名搜索，进入本书页面，单击“提交勘误”，输入勘误信息，单击“提交”按钮即可。本书的作者和编辑会对您提交的勘误进行审核，确认并接受后，您将获赠异步社区的 100 积分。积分可用于在异步社区兑换优惠券、样书或奖品。

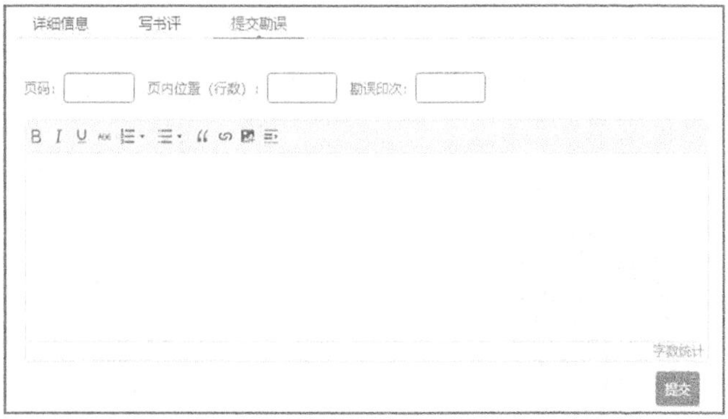

## 扫码关注本书

扫描下方二维码，您将会在异步社区微信服务号中看到本书信息及相关的服务提示。

## 与我们联系

我们的联系邮箱是 contact@epubit.com.cn。

如果您对本书有任何疑问或建议，请您发邮件给我们，并请在邮件标题中注明本书书名，以便我们更高效地做出反馈。

如果您有兴趣出版图书、录制教学视频，或者参与图书翻译、技术审校等工作，可以发邮件给我们；有意出版图书的作者也可以到异步社区在线提交投稿（直接访问 www.epubit.com/selfpublish/submission 即可）。

如果您所在的学校、培训机构或企业，想批量购买本书或异步社区出版的其他图书，也可以发邮件给我们。

如果您在网上发现有针对异步社区出品图书的各种形式的盗版行为，包括对图书全部或部分内容的非授权传播，请您将怀疑有侵权行为的链接发邮件给我们。您的这一举动是对作者权益的保护，也是我们持续为您提供有价值的内容的动力之源。

## 关于异步社区和异步图书

**“异步社区”**是人民邮电出版社旗下 IT 专业图书社区，致力于出版精品 IT 技术图书和相关学习产品，为作译者提供优质出版服务。异步社区创办于 2015 年 8 月，提供大量精品 IT 技术图书和电子书，以及高品质技术文章和视频课程。更多详情请访问异步社区官网 https://www.epubit.com。

**“异步图书”**是由异步社区编辑团队策划出版的精品 IT 专业图书的品牌，依托于人民邮电出版社近 30 年的计算机图书出版积累和专业编辑团队，相关图书在封面上印有异步图书的 LOGO。异步图书的出版领域包括软件开发、大数据、AI、测试、前端、网络技术等。

异步社区

微信服务号

# 目　　录

# 第1章　Python 介绍及学习前的准备

**本章内容提要：**

- Python 是什么
- 为什么要使用 Python 进行数据分析
- 科学计算核心库简介
- 软件安装与配置

本书在正式向读者介绍 Python 的基本语法与操作之前，通过本章简要介绍 Python 的定义与利用 Python 进行数据处理的优势，详述学习 Python 之前相关软件的安装与配置。

## 1.1　Python 是什么

在 IEEE 发布的 2017 年编程语言排行榜中，Python 高居首位。对于这样一门流行的编程语言，很多 Python 入门图书中都给它进行了定义，但本书作者认为，较为清晰明了的定义来自维基百科。

Python 是一种广泛使用的高级编程语言，属于通用型编程语言，由吉多·范罗苏姆创造，第一版发布于 1991 年。Python 可以被视为一种改良（加入一些其他编程语言的优点，如面向对象）的 LISP。作为一种解释型语言，Python 的设计哲学强调代码的可读性和简洁的语法（尤其是使用空格缩进划分代码块，而非使用大括号或者关键词）。相比于 C++或 Java 语言，Python 让开发者能够用更少的代码表达想法。无论是小型还是大型程序，Python 都试图让程序的结构清晰明了。

这段文字囊括了读者需要了解的关于 Python 的基本信息。

（1）Python 目前被广泛使用。

（2）Python 属于高级编程语言，这区别于 C 语言这种中级语言或是底层的硬件编程、汇编等语言。

（3）Python 由吉多·范罗苏姆创造，于 1991 年发布。

（4）Python 支持面向对象编程（Object-Oriented Programming，OOP）。

（5）Python 属于解释型语言，解释型语言以文本的方式存储程序代码，不需要在运行前进行编译（为大众所熟知的 C 语言就不是解释型语言，在运行前必须编译为机器识别的语言）。

（6）强调代码的可读性和简洁的语法是 Python 的设计哲学，这一点尤其需要注意和理解，因为这是 Python 在形式上最显著的有别于其他编程语言之处。Python 使用空格的缩进来划分不同的代码块，其他一些常见语言一般使用大括号或者关键字。正是这个特点，让 Python 代码无论大小长短都看起来非常简单清晰，易于使用（读者将会在本书学习的过程中深入理解这一特点）。

了解一门语言的历史和特点有助于加深对其语法的理解，并提高快速应用能力。读者闲暇之余不妨通过搜索引擎查查 Python 设计的初衷和一些 Python 开发的著名项目。

## 1.2 为什么要使用 Python 进行数据分析

在成为数据分析和人工智能等领域的“头号选手”之前，Python 早就因其大量的 Web 框架、丰富的标准库，以及众多的扩展库等特点成为网络建站、系统管理、信息安全等领域的热门方案。例如，有名的豆瓣网站就是基于 Python 开发的，Linux 所有的发行版都默认安装了 Python。

近年来，Python 的科学计算库（如结构化数据操作库 Pandas、机器学习库 scikit-learn）不断进行改良，使得利用 Python 进行数据分析成了优选方案。Python 还有一个“胶水语言”的称号，这来源于它能够非常轻松地集成 C、C++等底层代码，进行计算优化。与 SAS 和 R 等分析建模领域特定编程语言相比，Python 可以同时用于项目原型的构建和生产（前者则主要用于项目原型的构建），从而避免了使用多个语言的麻烦。加上 Python 本身多年来不断提升的强大编程能力，用户只需要使用 Python 就可以实现以数据为中心的建模、分析与应用。

可以说，Python 在数据分析领域的迅猛发展与其本身非常成熟且广泛的应用是分不开的，Python 开源、简明易用的特点也让开发者和使用者自觉倾注精力共同维护社区环境，构建了整个 Python 计算分析领域的良好生态系统。

## 1.3 科学计算核心库简介

Python 拥有众多的软件包/库，本书难以全部涉及，这里仅介绍几个构成 Python 科学计算生态系统的核心成员。

- NumPy：NumPy 是 Numerical Python 的简称。NumPy 是 Python 科学计算最基础的库，涉及数据分析的软件包基本上都基于它来构建。
- Pandas：Pandas 的名字来源于 Python 数据分析（Python data analysis）和面板数据（Panel data）的结合。该库提供了多个数据存储对象，其中的 DataFrame 对象可以表征数据分析常见的二维表格。除此之外，它还提供了非常多便捷处理结构化数据的函数。

- Matplotlib：Matplotlib 起源于矩阵实验室 MATLAB 中的绘图函数，是 Python 中非常流行的绘图库，可以轻松实现二维数据甚至多维数据可视化。
- SciPy：SciPy 库提供了一组专门用于科学计算的各种标准问题包，如数值积分、微分、信号处理、统计分析，它与 NumPy 的结合可以处理诸多科学计算问题。
- Jupyter：Jupyter 是一个交互和探索式计算的高效环境。其中两个组件较为常用，一是 IPython，用于编写、测试和调试 Python 代码；二是 Jupyter Notebook，它是一个多语言交互式的 Web 笔记本，现在支持运行 Python、R 等多种语言，Jupyter Notebook 中的代码与 Markdown 结合可以创建良好、可重复的动态文档。这也是读者进行 Python 数据分析的学习环境。

## 1.4 搭建环境

Python 存在 Python 2（现在一般指 Python 2.7）和 Python 3（现在一般指 Python 3.5 及以上）两个不同的版本号。Python 官方宣布于 2020 年停止 Python 2 的更新和维护，全面进入 Python 3 时代。考虑到学习和应用的普适性，本书的介绍以 Python 3 版本为基础。

目前流行的 Python 集成开发环境（IDE）很多，如 PyCharm、Sublime Text、Eclipse+PyDev 和 Anaconda 中的 Spyder。不同的软件、系统的安装和配置方式各不相同，本书使用 Anaconda 平台的 Jupyter Notebook 对 Python 进行介绍。Anaconda 是非常强大的跨系统开源计算平台，支持个人 PC 使用的 Windows、Linux 和 macOS 系统，提供的近 1000 个开源软件包，基本上可以满足个人或团队进行数据处理的需求。

为了满足不同读者的需求，本书介绍两种 Python 线上平台，以及本地机器环境下相关软件的安装和配置，读者可任意选择使用。

### 1.4.1 线上平台

网络上现在有很多在线的 Python 解释器，读者可以在计算机有网络服务的情况下通过浏览器运行代码。因为软件包的导入和计算都在服务器端，所以读者不需要较高配置的计算机就能实现 Python 的学习和数据分析。

本书推荐两个免费的 Jupyter Notebook 网站，读者可以结合自己计算机的配置和网络情况进行选择。

（1）Jupyter 官方提供的 Try Jupyter 网站（https://jupyter.org/try），如图 1-1 所示，该网站包含学习在 Jupyter 中使用 Python 和文本书写的例子和练习，读者可以在 Try Python with Jupyter 的主页（在 Try Jupyter 网站选择使用 Python）运行、调试代码，并下载 Jupyter 笔记本到本地存储。

（2）微软公司提供的 Jupyter 数据探索学习平台 Azure（https://notebooks.azure.com/），如图 1-2 所示，支持在线运行多种编程语言进行数学科学探索，其中比较常用的是 Python 和 R

语言。读者可以通过微软账户创建仓库，新建 Jupyter Notebook 并书写代码和探索数据，完成后可以保存，也可以与他人分享（使用过 GitHub 等开源仓库的读者会发现这个平台的操作和它们极为相似）。

图 1-1　Jupyter 官方提供的 Python 在线 Notebook 页面

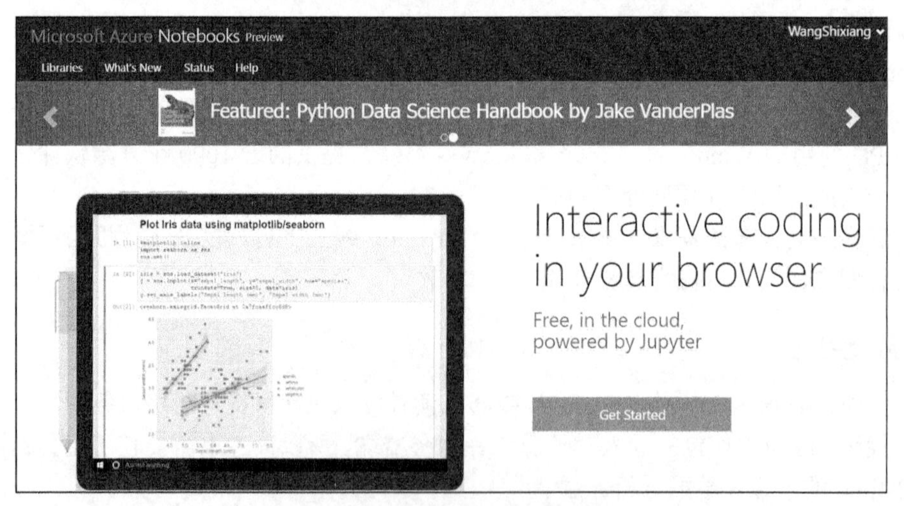


图 1-2　微软 Jupyter 数据科学学习平台

推荐读者使用 Azure 平台，因为其在创建、使用、保存与分享方面更具优势，不过读者首先需要创建一个微软账号。

随着时间的推移，我们相信会有越来越多的线上 Jupyter Notebook 平台，感兴趣的读者不妨搜索、汇总，选择最适合自己学习和使用的平台。

## 1.4.2　本地机器环境下相关软件的安装

如果想要在本地部署学习环境，那么可以选择安装两款软件。第一款软件是上文已经提到的 Anaconda，为必需软件；第二款软件为 nteract（https://nteract.io/），见图 1-3，为可选软件。与 Anaconda 默认提供的 Jupyter Notebook 不同，nteract 像我们常用的文字编辑器一样，界面非常简洁，可以非常方便地编辑 Jupyter Notebook 文件（文件扩展名为.ipynb）。推荐使用 nteract，本书后续的代码和文档展示都会使用到它。虽然 nteract 目前只有 alpha 版本（测试版），功能还在不断完善中，但是这不会影响我们使用它学习 Python。其实，由于 Jupyter Notebook 与 nteract 运行 Python 都基于 IPython 内核 ipykernel，除了界面、显示效果和一些细微之处，两者在使用上并没有太多的不同，因此不用纠结于是选择使用默认 Jupyter Notebook 还是 nteract 进行 Python 学习的问题。

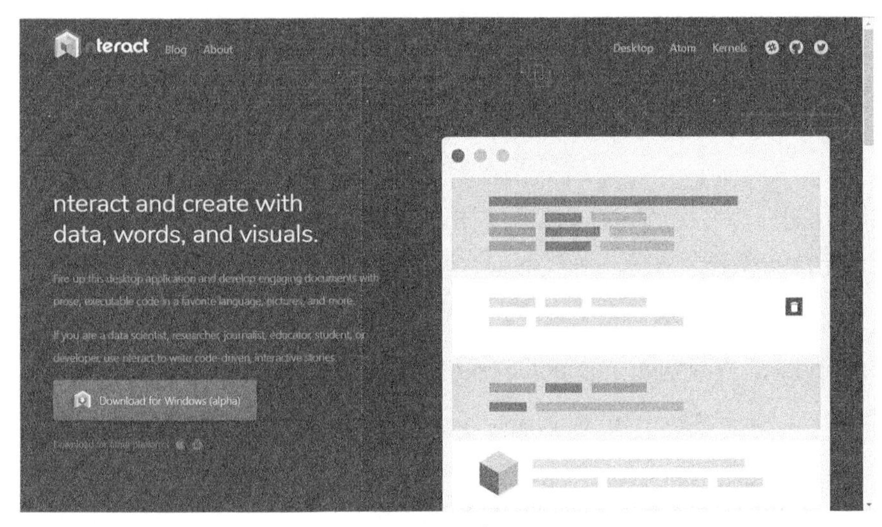


图 1-3　nteract 官网页面

### 1. Anaconda 的下载与安装

到 Anaconda 官网中下载对应操作系统的 Python 3 版本 Anaconda。

在搜索引擎中输入关键字“Anaconda”，也可以轻松地找到 Anaconda 官网地址，如图 1-4 所示。

图 1-4　查找 Anaconda

Anaconda 下载页面会根据你使用的操作系统（Windows、Linux、macOS）自动推荐相应的安装包，如图 1-5 所示。根据自己的操作系统位数（目前市面上的计算机以 64 位为主），单击左侧“Download”下方的下载链接进行下载。

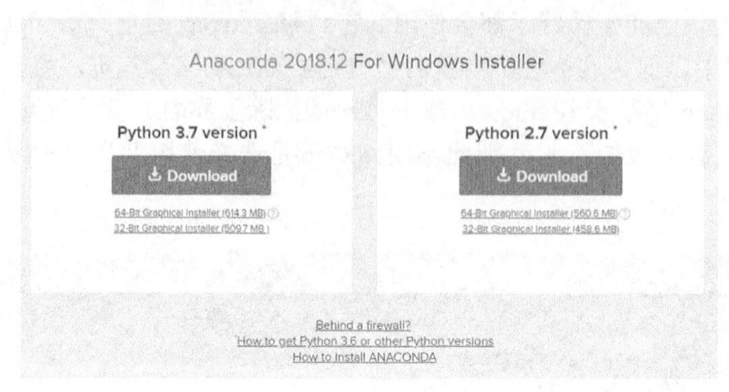


图 1-5　Anaconda 官网页面

如果读者在阅读本书时，Anaconda 的 Python 版本与图 1-5 所示的 Python 3.7 有所不同，可以选择更新的版本或者在网络上寻找 Python 3.7 版本的 Anaconda 进行下载。由于 Python 的向下兼容性，即使使用更新的版本，本书所有示例代码不出意外也都能成功运行。

### 2. Anaconda 在 Windows 与 macOS 系统上的安装

Windows 与 macOS 系统中的 Anaconda 安装都是图形化的，与普通办公软件的安装类似，非常简单。

下面以 Windows 系统下的安装为例进行详细说明。

首先双击下载的 Anaconda 安装器，单击“Next”，如图 1-6 所示。

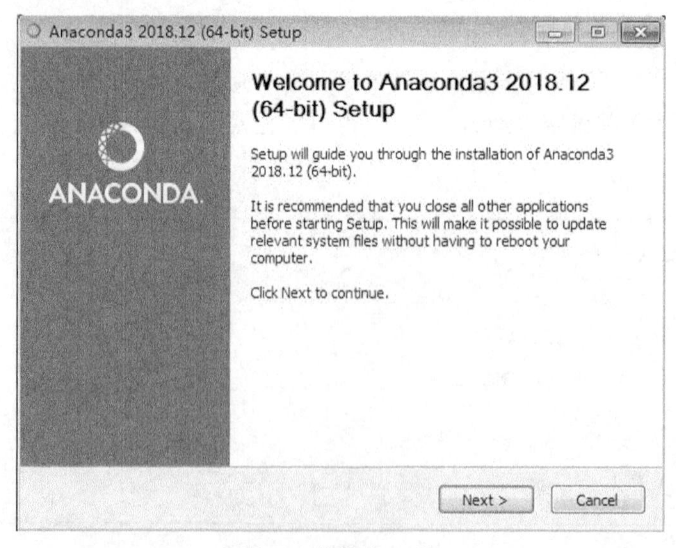


图 1-6　单击“Next”

程序会弹出许可协议界面，单击“I Agree”，如图 1-7 所示。

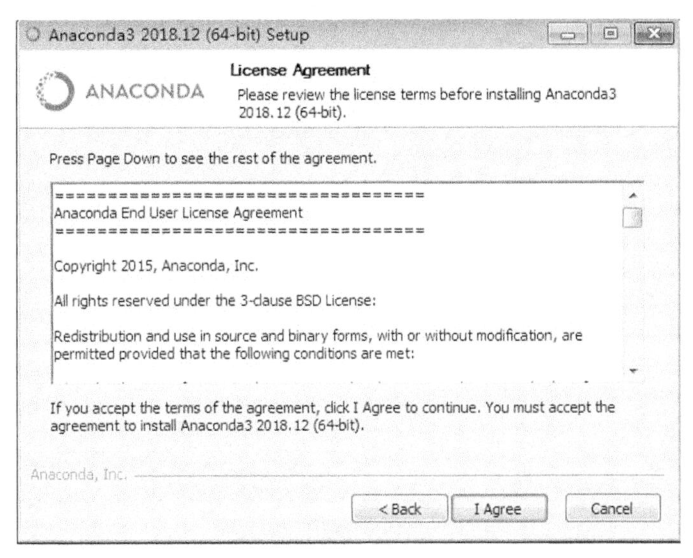


图 1-7 单击“I Agree”

接下来选择安装类型：是为计算机的每一位用户（第二项）还是仅仅当前用户（第一项）安装 Anaconda。如果不确定，则选择默认选项，单击“Next”即可，如图 1-8 所示。

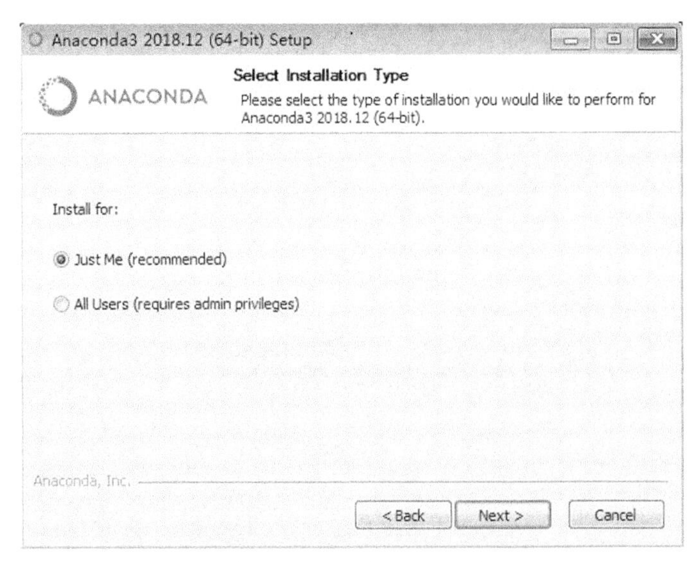


图 1-8 选择合适的安装类型

接下来需要为 Anaconda 选择合适的安装位置。推荐将 Anaconda 安装在用户目录的 Anaconda3 目录（如果不存在，可以新建）下，如图 1-9 所示。如果选择其他目录，请尽量避免安装路径含中文名称。

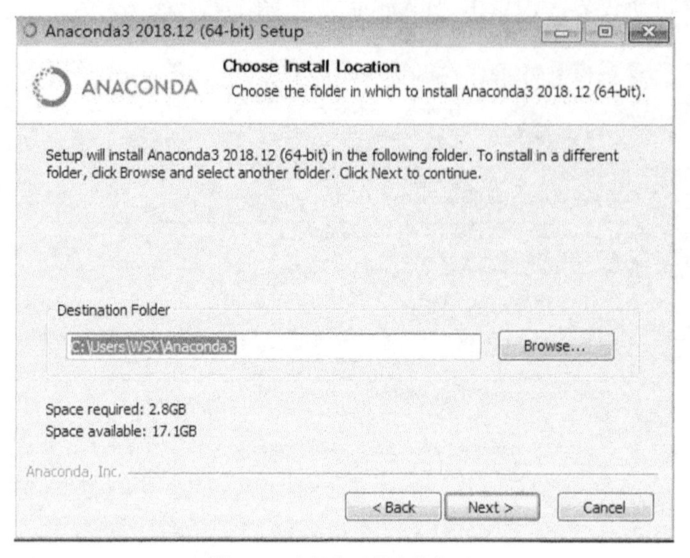


图 1-9　选择合适的安装位置

下一步是设定高级安装选项：环境变量。虽然 Anaconda 默认不推荐将 Anaconda 添加到环境变量，但这里推荐勾选该选项，如图 1-10 所示。勾选该选项的好处是我们可以通过终端（Windows 中的 cmd）访问所有的 Anaconda 组件，包括 Python、Spyder、Jupyter Notebook 等。

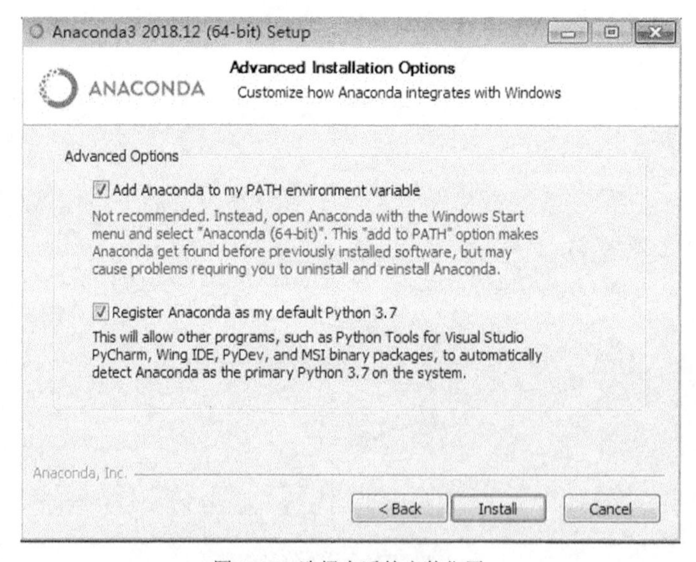


图 1-10　选择合适的安装位置

单击“Install”进行安装，如图 1-11 所示。由于安装的内容很多，所以整个安装过程耗时较长，一般需要半小时左右，请耐心等待。

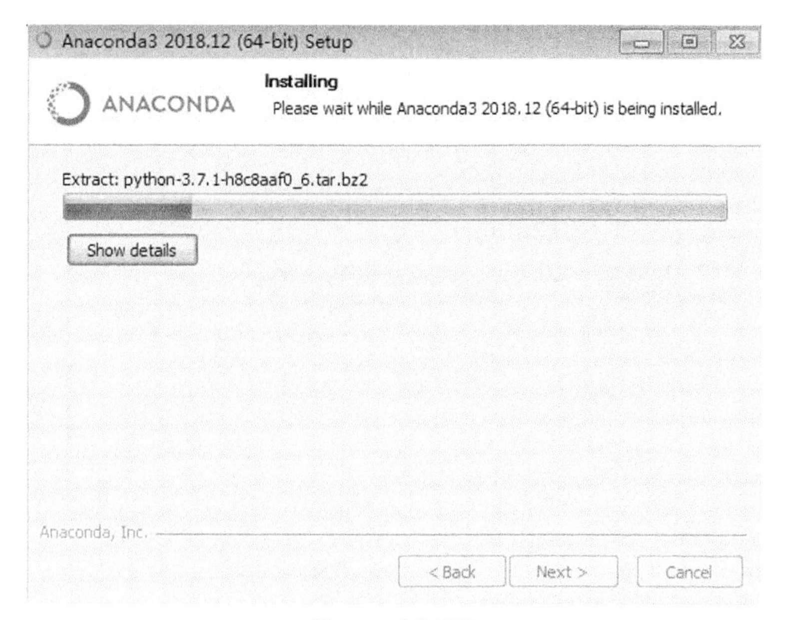


图 1-11　安装进度

安装进度条完成后，单击“Next”，如图 1-12 所示。

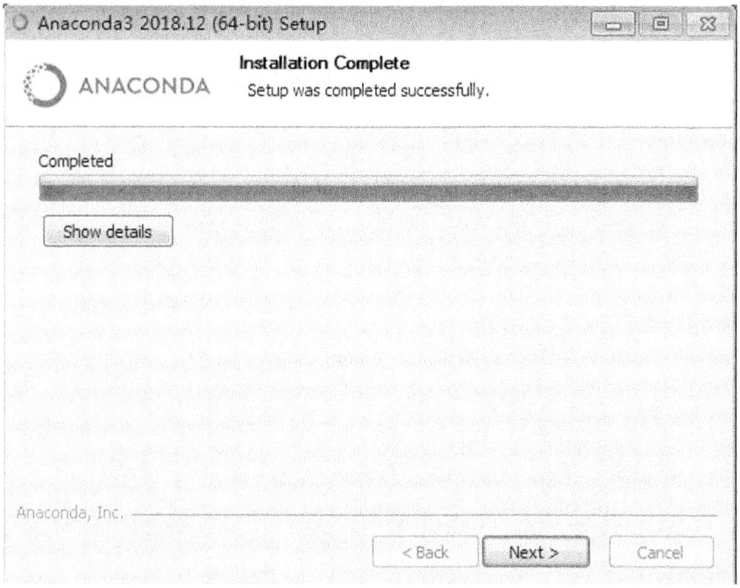

图 1-12　安装进度条完成

Anaconda 推荐安装 VS Code 代码编辑器，该软件可装可不装，请自行选择。如果不安装，单击“Skip”跳过即可，如图 1-13 所示。

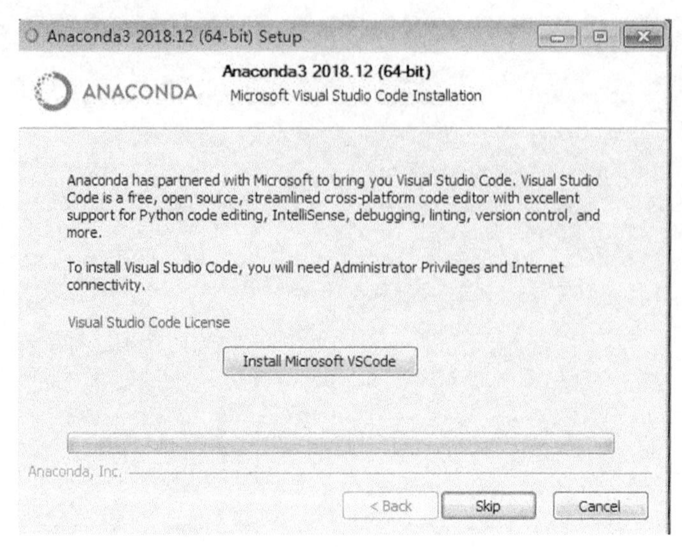


图 1-13　跳过安装 Visual Studio Code

最后，单击“Finish”完成安装过程。

### 3. Anaconda 的 Linux 版本的安装

在 Linux 系统上安装 Anaconda 是使用命令行方式进行的（也适用于 macOS 系统），下载完 Anaconda 的 Linux 版本后，打开文件所在目录，并在该目录下打开终端（也可以从其他目录使用 cd 命令切换）。

然后，输入命令：

```
# 除了使用浏览器，也可以通过终端运行以下命令下载 Anaconda
# wget -c https://repo.anaconda.com/archive/Anaconda3-2018.12-Linux-x86_64.sh

# 添加执行权限
chmod u+x Anaconda3-2018.12-Linux-x86_64.sh
# 执行安装
./Anaconda3-2018.12-Linux-x86_64.sh

# 也可以直接使用 Bash 进行安装
bash Anaconda3-2018.12-Linux-x86_64.sh
```

接着按照提示按回车键或单击“Yes”。注意：最后安装程序提示是否将 Anaconda 添加到环境变量时，一定要键入“Yes”同意。

最后，测试 Anaconda 是否已经安装成功。新建一个终端，键入下面命令后将会打开 Jupyter Notebook（在 Windows 操作系统中，使用<Windows+R>组合键，然后输入“cmd”）。

```
jupyter notebook
```

默认情况下，浏览器会自动打开，跳转到主页面，如图 1-14 所示。

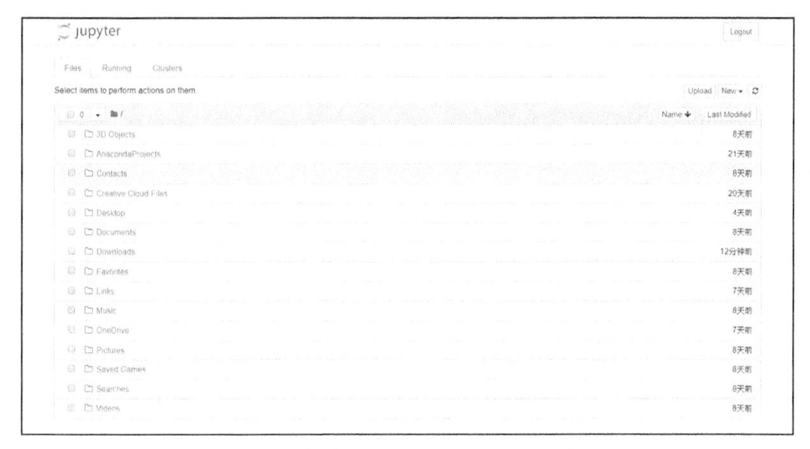


图 1-14 本地浏览器 Jupyter Notebook 主页

如果读者想进一步了解 Anaconda 及其安装、Jupyter Notebook 的相关知识，不妨多查阅网络上的资料，目前网上相关的介绍和问题解答非常丰富。

### 4. nteract 下载与安装

到 nteract 官网下载不同操作系统对应的软件版本，在 Windows、macOS 与 Linux 系统中都可以直接安装。

安装后直接单击软件图标打开，软件主界面如图 1-15 所示。

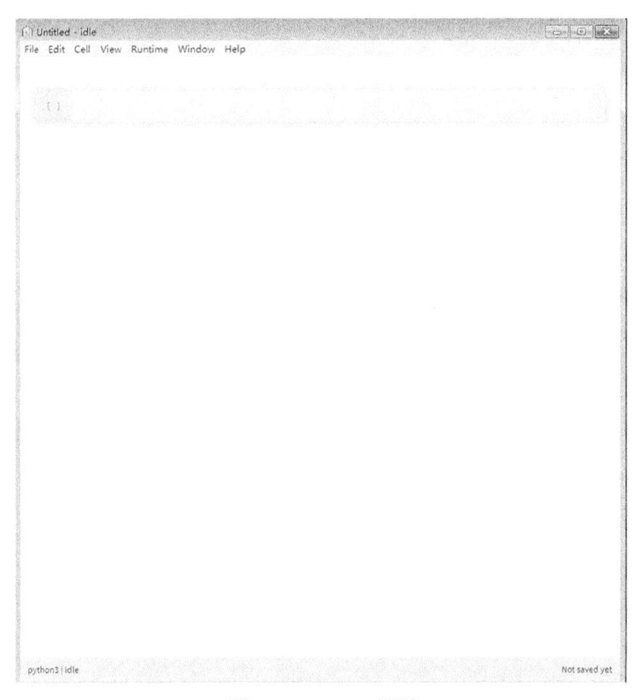


图 1-15 nteract 界面

单击菜单栏中的“Runtime”，如果出现“Python”字样，那么说明 nteract 可以正常使用，同时左下方也会出现“python3”标记。如果没有出现上述内容，那么需要检查是否已经成功安装 Anaconda，并将其添加到环境变量。

到此为止，我们已经成功搭建了 Python 的学习环境，迈出了学习 Python 数据分析的第一步。从下一章开始，我们将正式进入 Python 基本语法与操作的学习。

## 1.5 章末小结

本章简要介绍了 Python 的定义、使用 Python 进行数据分析的优势、进行科学计算的几个重要库（软件包），以及线上 Python 平台、本地 Python 学习环境的安装。推荐读者使用 Anaconda（必备）与 nteract（可选）作为 Python 学习平台。

Anaconda 已经在数据分析领域中广为流行，其中 Jupyter 是核心工具。Jupyter Notebook 和 nteract 都基于 Jupyter 底层核心的图形界面，读者可以根据自己的实际情况灵活选择和使用。除此之外，Python 流行的集成开发环境（Integrated Development Environment，IDE）或代码编辑器很多，各有特色，倾向使用其他 IDE 或编辑器的读者不妨参考网络资料配置 Python 环境。

Anaconda 平台除了 Jupyter 外，还包含一些其他的重要软件和插件（如 Spyder、Jupyter Lab）。因为它们不是本书的核心内容，所以没有在本章一一罗列，感兴趣的读者可以自行了解和学习。

# 第2章 Python入门示例及基础知识

**本章内容提要：**

- Python 解释器
- 编写第一行 Python 代码
- Notebook 初使用
- 利用 Python 进行数学运算
- 变量的命名和使用
- Python 基本数据类型

本章首先介绍 Python 的解释器，然后展示 Python 的一个入门示例，并简单介绍 nteract 软件的使用，接着介绍 Python 的基础知识，包括 Python 的基本操作符、变量的命名与使用、Python 的基本数据类型等。对于基础知识的介绍，本书将通过实例展示、解析其含义并进行延伸。复杂的代码总是可以拆解为一小块一小块基本操作的集合，Python 易读易懂的语言特性让这一概念更为形象。

## 2.1 Python 解释器与 IPython

相比于 C、C++、Java 等编程语言，Python 代码的运行并不需要提前进行编译，而是通过 Python 解释器进行解释和执行，所见即所得。专业术语将拥有这种特性的编程语言称为解释性语言或动态语言。

### 2.1.1 标准 Python 解释器

读者可以在命令行中输入 python 命令打开标准的交互 Python 解释器。如果使用 Windows 操作系统，单击“开始→运行”，键入“cmd”即可进行命令环境；如果使用 macOS 或 Linux 系统，请直接打开终端。输入“python”后，会看到类似下面的输出（此处以 macOS 系统为例）：

```
Python 3.7.0 (default, Jun 28 2018, 07:39:16)
[Clang 4.0.1 (tags/RELEASE_401/final)] :: Anaconda, Inc. on darwin
Type "help", "copyright", "credits" or "license" for more information.
>>>
```

输出的前几行显示了 Python 的版本信息、使用的是 C 语言编译器 Clang（Python 语言本身的底层实现标准是 C 语言），以及该 Python 由 Anaconda 公司发布。

>>>是命令提示符，你可以在它后面输入命令并按回车键，Python 解释器会对命令进行解释并返回结果。如果要退出 Python 解释器返回终端，那么输入“exit()”或按<Ctrl+D>组合键。整个过程就像一场人机对话，用户在命令提示符后输入指令，Python 会忠实地执行并返回结果供用户阅读。不过，这一切都基于读者熟练掌握 Python 基础语法。

## 2.1.2　IPython

大部分 Python 程序员会通过上述方式执行 Python 命令，但从事数据分析和科学计算的专业人士更喜欢使用 IPython 或 Jupyter Notebook。

IPython 是一个强化的 Python 解释器。Jupyter Notebook 则是一个网页代码笔记本，它原是 IPython 的一个子项目。可以简单地将 Jupyter Notebook 看作一个基于浏览器的 IPython 图形界面，使用起来更加直观，并且它支持文本和图像的嵌入。nteract 软件则可以看作 Jupyter Notebook 的本地版本，用法跟 Jupyter Notebook 基本一致。Jupyter Notebook 和 nteract 创建和保存的文件都是 Jupyter 笔记本，文件扩展名为.ipynb，因此两个软件编辑的内容是可以通用的。考虑到本地浏览器使用 Jupyter Notebook 可能会出现不稳定的情况，本书选择 nteract 软件来展示一些结果，并推荐读者使用。

如果更喜欢文本式的终端界面进行 Python 命令的操作，可以在命令行中输入“ipython”进入 IPython 解释器（也称为 IPython Shell），如下所示：

```
Python 3.7.0 (default, Jun 28 2018, 07:39:16)
Type 'copyright', 'credits' or 'license' for more information
IPython 6.5.0 -- An enhanced Interactive Python. Type '?' for help.

In [1]:
```

初学者会发现 Python 标准解释器与 IPython 解释器形式上的一个重要区别——IPython 使用代码执行的次序作为命令提示符。In [1]:表示等待用户输入第一条语句，输出结果一般会以类似 Out [1]的方式标记，也可能没有（在后面的学习中会看到）。IPython 有非常多的比 Python 标准解释器更强大的功能与特性，像自动补全、输出优化、魔术命令等，这些都等待我们去发掘和体验。

在后续的章节中，本书对 Python 的介绍都基于 IPython 解释器。Python 命令的操作无论是通过 IPython Shell，还是图形界面（即 Jupyter Notebook、nteract）都可以实现，读者可以选择自己喜欢的操作方式。

## 2.2 Python 入门示例

在很多的编程学习图书或者教学过程中，第一个代码实例通常是输出“Hello World!”，让程序向世界问好。鉴于本书是一本中文图书，下面来介绍如何用 Python 实现输出“你好啊，世界!”。

首先，打开软件 nteract。在 nteract 输入框中输入“print('你好啊，世界!')”，然后按快捷键<Ctrl+Enter>（在 macOS 系统中，将<Ctrl>键换为<command>键即可），输出结果如图 2-1 所示。

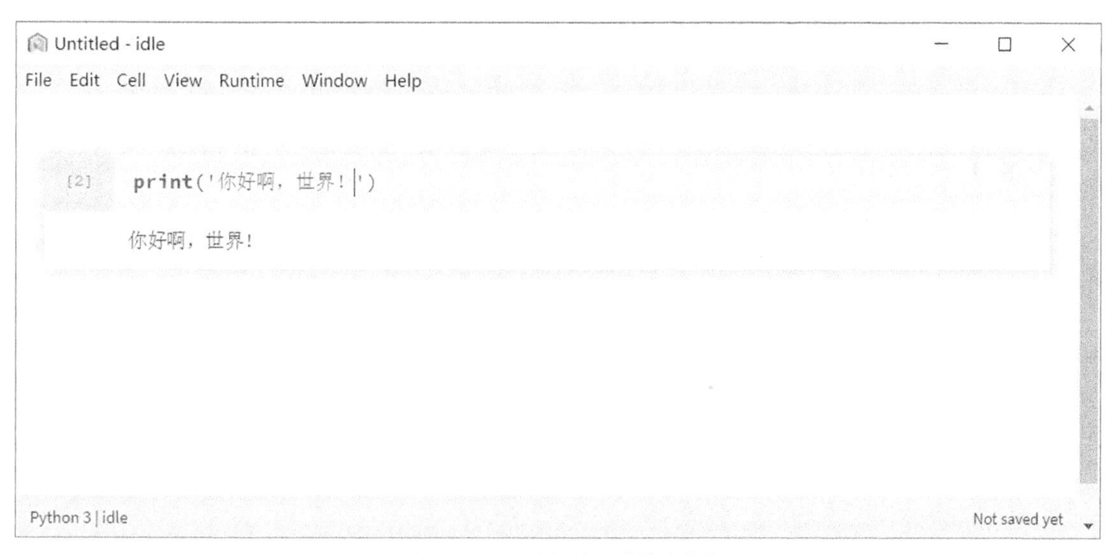


图 2-1　入门示例：向屏幕输出文字

除了使用快捷键，还可以单击输入框右上角的三角形图标按钮来运行程序。

如果使用 Jupyter Notebook，在命令行中输入“jupyter notebook”即可打开软件。在多数平台上，Jupyter 会自动打开默认的浏览器（除非指定了--no-browser）。此外，可以在启动 Jupyter Notebook 之后，手动打开网页 http://localhost:8888/。在命令行中按快捷键<Ctrl+C>可以退出 Jupyter Notebook。如果要新建一个 Python 笔记本，单击按钮“New”，选择“Python3”，会看到与图 2-1 类似的界面和输入框。Jupyter Notebook 中运行的快捷键与 nteract 一致，运行标志位于浏览器上方的工具栏中。

这行代码仅包含 16 个字符，其中 7 个字符是我们都认识的中文“你好啊，世界!”，毫无疑问这是输出的文字。其他 9 个字符是有些读者暂时还不理解的 print、()和 '，它们分别是什么含义呢？

print 是 Python 提供的一个函数，它的功能是向屏幕输出用户定义的字符（串）。Python 函数依赖英文括号()来判断用户输入的内容中要处理的对象，而这个对象就是由单引号 ' 括起来的文字。

为了验证上述说明，下面向输入框中输入以下内容进行测试：

```
print('你好啊，世界！)
print('你好啊，世界')！
```

结果如图 2-2 所示。

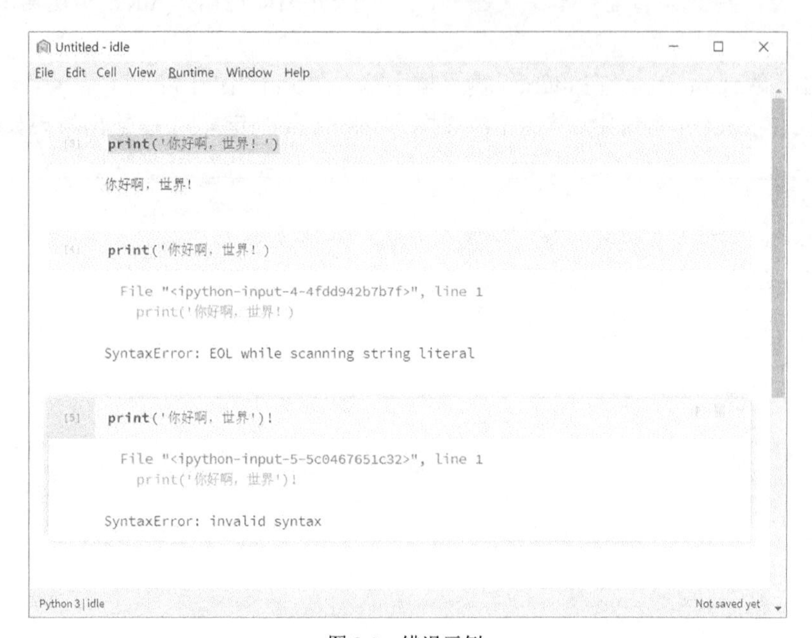


图 2-2　错误示例

显然，这两句代码存在问题，命令没有成功运行，程序抛出了 SyntaxError，即语法错误。由此可见，遵守 Python 的语法规则非常重要，后续内容会对其逐步进行介绍。

## 2.3　nteract 软件使用简介

从图 2-1 和图 2-2 中我们可以发现，每一行代码和对应的输出结果在 nteract 软件界面中都单独存在于一个块中，每一块都是一个相对独立的代码单元，这个代码单元可以称为单元格（Cell），如图 2-3 所示。

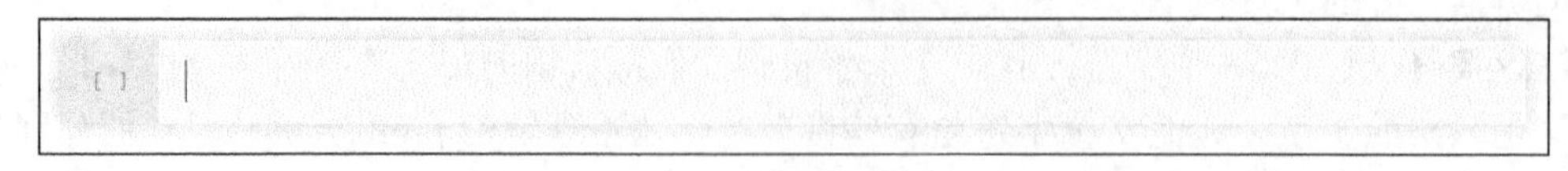

图 2-3　单元格

单元格中呈现的所有信息实际上都会被存储为 Jupyter 笔记本，它以特定的.ipynb 作为文件扩展名，如图 2-4 所示。nteract 软件保存的 Jupyter 笔记本与基于浏览器的 Jupyter Notebook 创建/保存的笔记本是完全一致的，只是以两种不同的形式展现出来（就像同一张图片可以用不同的软件打开、查看和编辑）。因此，读者完全可以将用 nteract 软件创建的笔记本上传到网络上（比如开源仓库 GitHub）并用 Jupyter 的 nbviewer（http://nbviewer.jupyter.org/）查看，或者上传并保存到微软的数据分析平台（https://notebooks.azure.com/）中进行查阅、编辑和分享。同样地，也可以将一些优秀的 Jupyter 笔记本下载到本地，使用 nteract 打开，并进行学习和分析。

nteract 软件除了现在界面语言只有英文版本这个缺陷以外，其他功能都设计得非常好。读者可以像平常使用 Windows 系统中的软件一样，用鼠标对单元格进行操作，常见的运行、删除都以图标的形式显示在单元格的右上角，使用起来很方便。习惯于使用快捷键的用户，还可以通过菜单栏中的各个选项来了解快捷键的使用。

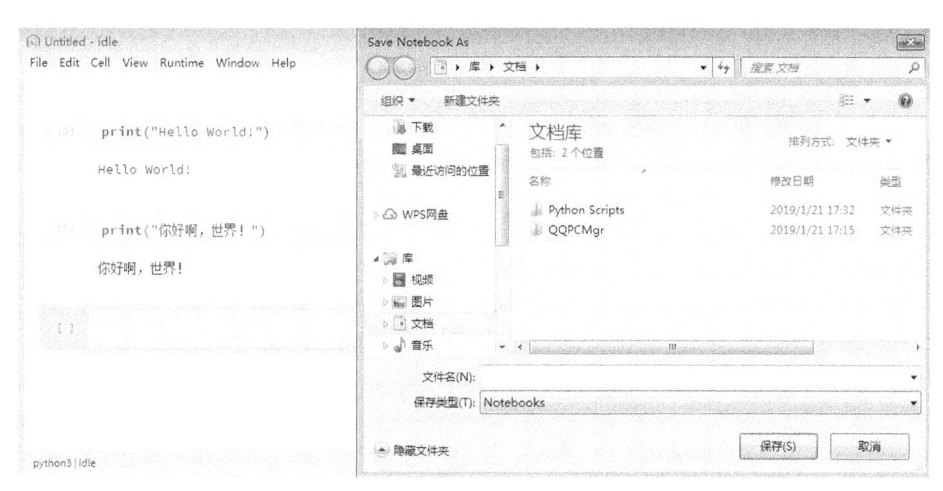


图 2-4 保存为 Jupyter 笔记本

在运行代码时，常见的两个快捷键是<Ctrl+Enter>和<Shift+Enter>。前者运行当前单元格；后者先运行单元格，然后新建一个单元格。相比之下，后者更为便利，使用也相对频繁些。

nteract 中每个单元格左侧都有方括号[]标记，在代码运行后，中间会出现数字，该数字标记了单元格运行的次序（从 1 开始）。如果不同单元格的代码运行次序会对结果产生影响，读者需要关注运行次序，在一般的情况下可以忽略它的存在。

## 2.4 算术运算

算术运算是数据分析的基础。本节介绍 Python 中的算术运算符，并给出计算身体质量指数的示例。

### 2.4.1 简单数学运算

在完成第一行 Python 代码后，读者是不是迫切想了解如何通过 Python 实现数据计算呢？下面从简单的四则运算开始介绍 Python 中的算术运算操作符，如图 2-5 所示。

```
[3]  1 + 1

     2

[4]  1 - 1

     0

[5]  1 * 1

     1

[6]  1 / 1

     1.0
```

图 2-5　Python 中的四则运算

图中的代码语句只有数字 1 和算术运算操作符，可见+、−、*、/分别对应日常的四则运算符号。1/1 的结果怎么是 1.0？不应该是 1 吗？

这是因为在 Python 的除法运算中，运算符/实现的是浮点除法操作，而运算符//实现的是整除操作，结果如图 2-6 所示。另外，Python 还提供了求余操作符%。

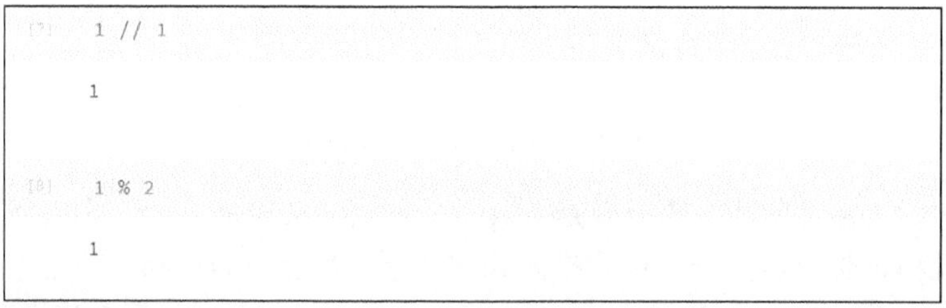

```
[7]  1 // 1

     1

[8]  1 % 2

     1
```

图 2-6　整除与求余

Python 中比较完整的算术运算操作汇总如下：

```
3 + 2                  # 加法
3 / 2                  # 浮点数除法
3 // 2                 # 整除
3 * 2                  # 乘法
3 ** 2                 # 指数（幂）
3 % 2                  # 求余
abs(a)                 # 绝对值
```

## 2.4.2　代码约定

上面的示例简单介绍了如何利用 nteract 创建和使用 Jupyter Notebook，并用它输入 Python 代码。为了提升代码书写的效率，本书接下来的章节内容尽量使用文本的形式展示代码和结果，读者可以根据前文的介绍，操作 nteract 或 Jupyter Notebook 图形界面进行学习，也可以使用 IPython Shell 操作文本界面学习。

例如，关于图 2-5 中的几个运算操作，本书使用下列代码行来代替：

```
In [3]: 1 + 1
Out[3]: 2

In [4]: 1 - 1
Out[4]: 0

In [5]: 1 * 1
Out[5]: 1

In [6]: 1 / 1
Out[6]: 1.0
```

代码左侧的 3 和 4 标定了在 IPython Shell 中运行代码的次序，这并不是指必须在[3]运行后才能运行[4]。

### 2.4.3　计算身体质量指数

上文介绍了如何使用 Python 进行简单的计算，现在我们用所学的知识来做一件更有实际意义的事情——计算自己的身体质量指数。

身体质量指数（BMI）是目前国际上常用的衡量人体胖瘦程度以及是否健康的一个标准，该指标是用体重公斤数除以身高米数的平方得出的数字。也就是说，只要知道自己的身高和体重，就可以自己计算 BMI。

例如，作者本人的身高是 1.82m，体重是 70kg 左右，计算后的 BMI 指数为：

```
In [11]: 70 / 1.82 ** 2
Out[11]: 21.132713440405748
```

nteract 结果显示如图 2-7 所示。

```
70 / 1.82 ** 2

21.132713440405748
```

图 2-7　作者的 BMI 指数

有时，当用户将自己编写的代码发给其他人时，其他人可能完全不懂代码是什么意思，此时该怎么办呢？

解决的办法是给代码加上中文/英文注释，这样其他人就能够通过注释来理解代码的含义。在 Python 中，使用井号#可以引导一行注释，上述代码添加注释后的效果为：

```
In [12]: 70 / 1.82 ** 2  # 计算我的 BMI
```

```
Out[12]: 21.132713440405748
```

注释也可以出现在相应代码的前一行，但不能出现在相应代码的前面，否则代码自身也会被当作注释而无法运行。

```
In [13]: # 计算我的 BMI
In [14]: 70 / 1.82 ** 2
Out[14]: 21.132713440405748
In [15]: # 计算我的 BMI  70 / 1.82 ** 2
```

标记为 13 和 15 的两行没有对应的输出标记，它们并没有被 Python 执行，因而没有相应的输出结果。实际上，Python 会在运行前检查输入的语句块，若发现它是以#开头的语句，那么就跳过去（不执行）；若代码存在语法错误，那么 Python 会停止运行并给出相应的错误和提示。例如：

```
In [16]: 计算我的BMI指数70 / 1.82 ** 2
  File "<ipython-input-16-b7d966d13e1f>", line 1
    计算我的 BMI 指数 70 / 1.82 ** 2
                  ^
SyntaxError: invalid syntax
```

为代码添加注释是一个良好的编程习惯。注释可以使代码便于追溯，并提高程序的可读性。良好的代码注释能够帮助自己或他人快速理解和重用程序或代码块，提升编程的效率和能力。

## 2.5 变量简介

### 2.5.1 什么是变量

仅仅使用字面意义上的 70、1.82 这些数字很快就会让人烦恼，甚至对编程失去兴趣。另外，一旦操作涉及较多的运算符，这些数字所展现的意思就不那么明显了。

```
In [9]: # 与朋友比较 BMI 指数
In [10]: 70 / 1.82 ** 2
Out[10]: 21.132713440405748

In [11]:  48 / 1.64 ** 2
Out[11]: 17.846519928613922

In [12]: 70 / 1.82 ** 2 - 48 / 1.64 ** 2
Out[12]: 3.2861935117918257
```

我们需要一种既可以储存信息，又可以进行操作的方法，这正是变量存在的意义。变量的值可以变化，可以用于存储任何信息，如身高、体重、日期、天气情况、手机号码等。变量本身只是计算机中存储信息的一部分内存，为了访问它存储的信息，我们需要给变量命名。将信息（数据）存为变量的操作，被称为赋值。

例如，将身高和体重存储为变量：

```
In [13]: height = 1.82

In [14]: weight = 70
```

其中，=是赋值操作符，而不是表示相等！height = 1.82 的语义为：将数字 1.82 赋值给变量 height。

可以通过 print()函数或者直接输入变量名来输出变量保存的信息：

```
In [15]: print(height)
Out[15]: 1.82

In [16]: print(weight)
Out[16]: 70

In [17]: height
Out[17]: 1.82

In [18]: weight
Out[18]: 70
```

因而与朋友比较 BMI 指数可以写为：

```
In [19]: myBMI = 70 / 1.82 ** 2       # 我的 BMI
In [20]: friendBMI = 48 / 1.64 ** 2   # 朋友的 BMI
In [21]: myBMI - friendBMI            # 我与朋友的 BMI 值的差异
Out[21]: 3.2861935117918257
```

## 2.5.2　变量的命名

变量的命名需要遵循下列规则。

- 第一个字符必须是英文字母表中的字母（大写或小写）或者一个下划线 _ 。
- 其他部分可以由字母（大写或小写）、下划线 _ 或数字（0~9）组成。
- 变量名称是大小写敏感的。例如，myname 和 myName 不是同一个变量。

i、__myname、name\23 和 a1b2_c3 是有效的变量名称。2things、this is spaced out 和 my-name 是无效的变量名称。

下面举例说明：

```
In [22]: __myName = "ShixiangWang"

In [23]: my-name = "ShixiangWang"
  File "<ipython-input-23-1b106abe1308>", line 1
    my-name = "ShixiangWang"
                           ^
SyntaxError: can't assign to operator
```

给变量命名是编程的基础。新手在处理简单问题时往往会选择 a、b、c 这样的名字，若有多组变量，可能还会使用 a1、a2、a3 的方式命名。这样简单的命名方式是不推荐的，变量的名字应该具有非常清晰的含义。对于我们现实中的事物，如小狗，我们给它取一个好名字固然重要，但并不会改变小狗本身。但变量不是这样的，变量和变量名本质上是同一个事物，因此，变量的好与坏在很大程度上取决于变量名的好与坏。

想要获得好的变量名，需注意如下事项。

- 变量名要完全、准确地描述出该变量所代表的事物。
- 一个好的变量名通常表达的是“什么”（what），而不是“如何”（how）。通常，如果一个变量名反映了计算的某些方面，而不是问题本身，那么它反映的就是“如何”，而非“什么”。例如，同样一个命名，calcVal 比 sum 更偏向于“如何”，因此不提倡使用。
- 适合的变量名长度是 10～16 字符。但更重要的是长度和清晰度之间的平衡，较短的名称通常适用于局部变量或者循环变量，较长的名称适用于很少用到的变量或者全局变量（全局变量与局部变量会在后面的章节中介绍）。
- 变量中的计算值限定词：表示计算结果的词，如总额、平均值、最大值等。如果读者要用类似于 Total、Sum、Average、Max、Min、Record 的限定词来修饰某个名称，那么可以把限定词加到名字的最后，如 revenueTotal、expenseAverage 等。这样做的目的是将为这一变量赋予主要含义的部分放到最前面，提高可读性。

上述是对《代码大全》一书中“如何定义一个好的变量名”部分的归纳，读者在开始时并不一定能完全理解和熟练使用它，但需要记住一个思想：给变量命名是一件非常重要的事情。在行动上，每次对变量命名后应当有意识地思考一下该名字是否能准确地描述出变量所代表的事物，如果不能，那么需要重新取一个新的名字。关于变量的命名，推荐一个协助工具——CODELF。

## 2.6 基本数据类型

算法+数据结构=程序，这是 1984 年图灵奖的获得者 Niklaus E. Wirth 阐述的一个经典观点。数据的结构常常由多个数据类型组成，其中数字、字符串与布尔值是 Python 基本的内置数据类型，它们是数据表达和存储的基础。而 Python 中其他常见的数据类型，如下一章会介绍的列表，是基于这 3 种数据类型的组合构建的新类型。

### 2.6.1 数字

在 Python 中，数字包括 4 种类型：整数、长整数、浮点数和复数。

- 此处所指的整数和数学中的整数是对应的，如 1、2、3、4 等。
- 长整数是指大一些的整数。
- 3.23 和 5E−4 是浮点数。E 标记表示 10 的幂，是一种科学计数法。5E−4 表示 5 乘以 10 的−4 次方，即 0.0005。

- (−5+4j)和(2.3−4.6j)是复数。

## 2.6.2 字符串

字符串是字符的序列，基本上就是一串字母、数字或符号的组合。

字符串的使用方法如下。

- 可以使用英文单引号 ' 指示字符串，如 'Quote me on this' 。所有的空白，包括空格和制表符都照原样保留。
- 也可以使用双引号 " 来指定字符串，它的方式与英文单引号中的字符串的使用完全相同，如 "What's your name?"。
- 利用三引号 ''' 或 """ 可以指示一个多行的字符串。在三引号中可以自由地使用英文单引号和英文双引号。例如：

```
'''This is a multi-line string. This is the first line.
This is the second line.
"What's your name?," I asked.
He said "Bond, James Bond."
'''
```

### 1. 转义符

如果要在一个字符串中包含一个英文单引号，那么该怎么指示这个字符串？假如这个字符串是 What's your name?，'What's your name?'肯定是错误的使用方式，因为 Python 会弄不明白这个字符串从何处开始，何处结束。此时，我们需要告诉 Python 第 2 个单引号不是字符串的结束，这可以通过转义符来实现完成。转义通过反斜杠\实现，也就是表示为'What\'s your name?'，这样转义符后的英文单引号就只起到单引号的作用了。

另一个方法是单双引号嵌套，如"What's your name?"，此处将英文单引号嵌入英文双引号中，Python 会发现英文双引号是字符串的起止符号，因而此处的英文单引号会被正确地解析。类似地，在英文双引号字符串中使用英文双引号本身时，也可以借助于转义符或使用嵌套。如果要显示反斜杠本身，那么需要使用两个转义符号。

```
In [26]: 'What's your name?'  # 错误的表示方法
  File "<ipython-input-26-dff8324f3597>", line 1
    'What's your name?'  # 错误的表示方法
          ^
SyntaxError: invalid syntax

In [27]: 'What\'s your name?'  # 使用转义\对字符串中的英文单引号进行转义
Out[27]: "What's your name?"
In [28]: "What\'s your name?"  # 将英文单引号嵌入英文双引号中
Out[28]: "What's your name?"
```

值得注意的是，在一个字符串行末，单独一个反斜杠表示字符串在下一行继续，而不是开始一个新的行。例如：

```
"This is the first sentence.\
This is the second sentence."
```

等价于“This is the first sentence. This is the second sentence.”。

#### 2. 自然字符串

如果要表示某些不需要如转义符那样特别处理的字符串，那么可以指定一个自然字符串。自然字符串通过给字符串加上前缀 r 或 R 来指定。

例如，r"Newlines are indicated by \n"，其中\n 是文本的换行符，请读者自己输入下面语句并理解结果的不同：

```
In [35]: "Newlines are indicated by \n"
Out[35]: 'Newlines are indicated by \n'

In [36]: r"Newlines are indicated by \n"
Out[36]: 'Newlines are indicated by \\n'

In [37]: print(r"Newlines are indicated by \n")
Out[37]: Newlines are indicated by \n

In [38]: print("Newlines are indicated by \n")
Out[38]: Newlines are indicated by
# 此处输出一个空行
```

#### 3. Unicode 字符串

Unicode 是书写国际文本的标准方法（也称为万国码）。在 Python 中，只需要在字符串前加上前缀 u 或 U 就可以处理 Unicode 字符串，如 u"This is a Unicode string."。当文本中含有非英语写的文本时，最好使用 Unicode 字符串。

### 2.6.3 布尔值

任何一门编程语言中都存在布尔类型，用来表示真和假。这不仅仅是因为计算机的基础是二进制，而且因为我们人类对于事物的基本判断也是二元的，往往不是真，就是假。

在 Python 中，True 代表真，False 代表假。注意，Python 是大小写敏感的语言，false 不等同于 False。

### 2.6.4 查看数据类型

上文已经介绍了 Python 的 3 个基本数据类型，那么在实际的使用过程中，我们该如何知道某个变量是哪一种类型呢？

例如，有下列进行赋值的 4 个变量：

```
In [45]: type1 = 1
In [46]: type2 = 1.0
In [47]: type3 = "1"
In [48]: type4 = True
```

可以使用 type()函数查看变量的数据类型，如下所示：

```
In [49]: type(type1)
Out[49]: int
In [50]: type(type2)
Out[50]: float
In [51]: type(type3)
Out[51]: str
In [52]: type(type4)
Out[52]: bool
```

结果中的 int、str 与 bool 分别是 integer（整数）、string（字符串）与 boolean（布尔值）的缩写。

## 2.7 数据运算

上一节介绍了 Python 的基本数据类型，但除了数学运算，本书还没有实际演示其他数据类型是如何操作的，以及这些基本的数据类型如何相互转换和配合使用。

### 2.7.1 加号与黑箱子

数字 1+1 的结果是 2，那么字符 '1'+'1' 的结果是什么呢？

```
In [2]: '1' + '1'
Out[2]: '11'
```

上述代码中的 + 可以将两个字符进行连接。如果你想尝试减号，那么可能会有点失望——它并不能从一个字符串中去除另一个字符：

```
In [3]: '1' - '1'
---------------------------------------------------------------------------
TypeError                                 Traceback (most recent call last)
<ipython-input-3-3f89fba82f3e> in <module>()
----> 1 '1' - '1'

TypeError: unsupported operand type(s) for -: 'str' and 'str'
```

可是，为什么 + 既可以求数字的和，又能连接字符呢？

为了帮助读者理解，这里必须提到泛型的概念，直观的理解就是一个黑箱子。例如，1+1

和 '1'+'1' 使用的 + 虽然从外表上看都是相同的符号，但实际上它是一个函数，会根据不同的输入数据类型（如数字、字符）执行函数内部不同的代码语句。

### 2.7.2　类型转换

我们已经知道通过 type()函数可以判断 '1' 是字符 1 还是数字 1，但该如何将字符 1 变成数字 1 呢？也就是将 str 类型转换为 int 类型。Python 有相应的函数可以完成类型转换操作。

例如，下面第二条语句中使用 int()函数将字符 1 转换为整数 1。

```
In [8]: type('1')
Out[8]: str

In [9]: type(int('1'))
Out[9]: int
```

注意，字符串与数字不能进行连接 + 操作，必须将一方的类型转换为另一方的类型，否则会抛出语法错误。

```
In [10]: "我的语文和数学成绩之和是 " + 199
---------------------------------------------------------------------------
TypeError                                 Traceback (most recent call last)
<ipython-input-10-17fa10d93550> in <module>()
----> 1 "我的语文和数学成绩之和是 " + 199

TypeError: must be str, not int

In [11]: "我的语文和数学成绩之和是 " + str(199)
Out[11]: '我的语文和数学成绩之和是 199'
```

这里使用 str()将数字 199 强制转换为字符。相似的函数有 int()、float()和 bool()。

### 2.7.3　运算符汇总

Python 常用的内置操作符包括算术运算操作符、字符串操作符、比较操作符和布尔逻辑操作符。下面给出了一些简单的实例，读者可自行运行代码并仔细体会。

（1）算术操作符：

```
9 + 2 # 加
9 - 2 # 减
9 * 2 # 乘
9 / 2 # 除（浮点输出）
9 //2 # 整除
9 % 2 # 求余
9 **2 # 幂
```

（2）字符串操作符：

```
'这是一个' + '字符串' # 字符串连接
'这是一个字符串' * 5  # 字符串重复
```

（3）比较操作符：

```
5 == 4  # 等于
5 > 4   # 大于
5 < 4   # 小于
5 != 4  # 不等于
5 >= 4  # 大于或等于
5 <= 4  # 小于或等于
```

（4）布尔逻辑操作符：

```
True and True   # 逻辑"与"
True or False   # 逻辑"或"
not False       # 逻辑"非"
```

## 2.8 章末小结

作为介绍 Python 语法知识的第一个章节，本章详细介绍了 Python 的两种解释器、基础的语法、算术操作、逻辑操作，以及 Python 中基本的数据类型——数字、字符串和布尔值。

此外，本章简单介绍了 Notebook 的基本概念和操作。无论是直接使用 Jupyter Notebook（本地/远程浏览器），还是使用 nteract（本地软件），Notebook 的操作大同小异，读者需要多加练习进行掌握。

本章内容虽精但未必全，一些细小的知识点未能一一介绍，读者在学习本书之余可自行查找资料辅助学习。

# 第3章　基本数据结构

**本章内容提要：**

- 列表及操作
- 元组及操作
- 字典及操作
- 集合简介

第2章介绍了数字（整数、浮点数）、逻辑值和字符串等Python内置的基本数据类型。在实际的操作中，仅仅依赖它们很难高效地完成复杂的数据处理任务。基于对基本数据类型的构建，Python 拓展出列表、元组、字典与集合等更为实用的数据结构，以简化程序的编写与任务的实现。这些数据结构内置于Python，是数据分析经常要操作的对象。

## 3.1 列表

列表（list）是Python中最常用的内置类型之一，是处理一组有序项目的数据结构，或者说，是一个有序对象的集合。通俗地理解，列表即序列，它是一系列数值的序列。在前文介绍的字符串中，字符串包含的值是一个个字符。而在列表中，值可以是任意类型。列表的值一般也称为列表的元素，通过英文逗号分隔，并包含在方括号内。

### 3.1.1 列表的创建

下面创建一个简单的列表，存储英文中的5个元音字母：

```
In [1]: vowels = ['a', 'e', 'i', 'o', 'u']
In [2]: vowels
Out[2]: ['a', 'e', 'i', 'o', 'u']
```

我们可以不添加任何元素来初始化一个列表：

```
In [3]: array_init = []
In [4]: array_init
Out[4]: []
```

如果要提取列表中的元素，使用索引是一种方法，将索引值写在变量名后的方括号内，如提取列表 vowels 中的 i：

```
In [5]: vowels[2]
Out[5]: 'i'
```

方括号内填入的是 2，而不是 3。这与 Python 的索引机制有关——Python 的索引是从 0 开始的（当然也有从 1 开始索引的语言，比如数据分析中也非常流行的 R 语言）。

因此，列表 vowels 元素与其索引之间有以下对应关系：

```
a e i o u
0 1 2 3 4
```

列表的元素可以是任意类型，因此列表可以嵌套列表。例如，用以下列表来依次表示两个长方形的名称、面积与相应的长和宽：

```
In [7]: rectangle = ['长方形1', 20, [4, 5], '长方形2', 16, [4, 4]]
In [8]: rectangle
Out[8]: ['长方形1', 20, [4, 5], '长方形2', 16, [4, 4]]
```

如果列表太长，不方便直接观察列表的长度，那么可以利用 len()函数进行计算。

```
In [9]: len(rectangle)
Out[9]: 6
```

结果显示 rectangle 长度为 6，我们可以使用索引值 0～5 提取 rectangle 的元素。再次注意，Python 索引值是从 0 开始的，如果使用的索引值超出界限，Python 会报错，提示我们使用的列表索引超出范围。

```
In [10]: rectangle[6]
---------------------------------------------------------------------------
IndexError                                Traceback (most recent call last)
<ipython-input-10-6e16763c0048> in <module>()
----> 1 rectangle[6]

IndexError: list index out of range
```

除了从头创建一个列表，也可以使用 list()函数将其他数据类型转换为列表，如下面的字符串：

```
In [17]: aseq = "atggctaggc"
In [18]: list(aseq)
Out[18]: ['a', 't', 'g', 'g', 'c', 't', 'a', 'g', 'g', 'c']
```

### 3.1.2　修改列表元素

和字符串不同，列表是可以修改的，只需对指定的列表元素重新赋值即可。

例如，用一个列表存储 10 以内的奇数：

```
In [11]: odd_numbers = [1, 3, 5, 7, 8]
```

即使发现最后一个元素写错了，也不需要像下面这样重新创建列表。

```
In [12]: odd_numbers = [1, 3, 5, 7, 9]
```

我们不需要重新输入创建一个新的列表来纠正之前错误的输入，只需要修改写错的元素，即利用索引对错误的元素重新赋值。

```
In [13]: odd_numbers = [1, 3, 5, 7, 8]
In [14]: odd_numbers[4] = 9
In [15]: odd_numbers
Out[15]: [1, 3, 5, 7, 9]
```

除了使用自然数进行索引元素，还可以使用负整数进行反向索引，比如 odd_numbers[-1] 也对应着 9：

```
In [16]: odd_numbers[-1]
Out[16]: 9
```

我们依旧可以用之前的列表 vowels 来表示列表元素与反向索引之间的对应关系，如下：

```
 a   e   i   o   u
-5  -4  -3  -2  -1
```

### 3.1.3　遍历列表

想象一下，如果列表元素非常多，而我们想要对列表中的每一个元素进行操作或变换，难道要一个一个利用索引取出，然后修改吗？逐一访问列表的元素称为遍历列表。这里需要初步借助第 4 章介绍的循环来解决类似的问题。

循环的作用在于将单一枯燥的重复性工作交给机器去实现，而用户只需要关注去掉循环的操作本身。

最常用的循环结构是 for 循环。如果需要逐一打印 10 以内的奇数，我们不需要逐步使用 print()函数打印列表的每一个元素。

```
print(odd_numbers[0])
print(odd_numbers[1])
print(odd_numbers[2])
print(odd_numbers[3])
print(odd_numbers[4])
```

只需要两行代码就可以实现列表的遍历，如下所示：

```
In [24]: for i in odd_numbers:
             print(i)


1
3
5
7
9
```

这里列表 odd_numbers 中元素的值会逐个传给 i，然后通过 print()函数将 i 的值输出打印。使用循环除了使代码更清晰简洁外，另一个好处是用户不需要知道列表有多长！既然 for 循环可以遍历列表中所有的元素，那么如果元素是一个列表，它会对这个列表接着遍历吗？

假设创建一个列表存储小明、小红、小蓝 3 个人跳远的成绩记录，如下：

```
In [26]: nested_list = ['记录', 3, ['小明', '小红', '小蓝'], [2.30, 2.41, 2.33]]
```

使用 for 循环是将该列表中的所有元素一个一个输出，还是会输出其他的结果呢？

```
In [27]: for i in nested_list:
    ...:     print(i)
    ...:
记录
3
['小明', '小红', '小蓝']
[2.3, 2.41, 2.33]
```

结果显示，for 循环并没有将列表的所有元素单个传入变量 i，而是将列表最外面一层的元素传入了变量 i。打个比方，简单的列表像一层洋葱，而嵌套了列表的列表相当于多层洋葱，for 循环只负责剥开一层。

因此，如果想剥开例子中的“两层洋葱”——nested_list，我们需要使用两次 for 循环。for 循环的操作和使用在第 4 章会详细介绍。

### 3.1.4 列表操作符

列表操作符用于便利地操作列表，使用它们如同使用数值的加、减、乘、除一样简单。

#### 1. 加号

加号 + 不仅能用于数字相加、字符连接，还能用于列表的拼接。

```
In [28]: a = [1, 2, 3]
In [29]: b = [4, 5, 6]
In [30]: a + b
Out[30]: [1, 2, 3, 4, 5, 6]
```

a + b 的结果是将列表 b 中的元素拼接到列表 a 的后面，生成了一个新的列表。

如果两个列表是不同的数据类型，还能拼接吗？

```
In [31]: b = [4, 5, '6']
In [32]: a + b
Out[32]: [1, 2, 3, 4, 5, '6']
```

代码运行结果说明是可以的，列表包容万物，而含不同数据类型的列表拼接只是将它们放到了一起，并没有其他特殊的操作。

#### 2. 星号

星号 * 操作符可以将列表重复指定的次数，如下所示：

```
In [33]: a * 5
Out[33]: [1, 2, 3, 1, 2, 3, 1, 2, 3, 1, 2, 3, 1, 2, 3]
```

### 3.1.5　列表切片

除了上一节提到的 + 操作符与 * 操作符，冒号 : 操作符可以对列表执行切片操作。切片操作是利用冒号操作符进行取子集的过程。因为该操作符经常使用，所以单列一节进行介绍。

例如，如果存在包含 7 个字母的列表如下：

```
In [34]: letters7 = ['a', 'b', 'c', 'd', 'e', 'f', 'g']
```

如果只想要 a、b、c、d 这 4 个字母，那么切片操作如下：

```
In [37]: you_want = letters7[0:4]
In [38]: you_want
Out[38]: ['a', 'b', 'c', 'd']
```

列表索引规则是 start:stop:step，其中，stop 值不被包含在内（即区间前闭后开）。上面代码中，start 对应 0（再次提醒 Python 索引从 0 开始），stop 对应 4，而 step 默认为 1，可以省略。

理解了切片的规则，我们就可以知道下面的操作会得到一样的结果。

```
In [39]: letters7[0:4:1]
Out[39]: ['a', 'b', 'c', 'd']
```

索引的起始位置也可以省略，默认从 0 开始。

```
In [40]: letters7[:4]
Out[40]: ['a', 'b', 'c', 'd']
```

索引的终止位置也可以省略，默认为列表长度，也就是到最后一个元素。

```
In [41]: letters7[:7]
Out[41]: ['a', 'b', 'c', 'd', 'e', 'f', 'g']
In [42]: letters7[4:]
Out[42]: ['e', 'f', 'g']
```

注意，加 : 操作符与不加是不同的。加 : 操作符，结果返回的是一个列表，而不加返回的是元素本身。

```
In [43]: letters7[-1]
Out[43]: 'g'
In [44]: letters7[-1:]
Out[44]: ['g']
```

在理解了上面操作的基础上，理解下面的操作结果也顺理成章。

```
In [45]: letters7[::1]
Out[45]: ['a', 'b', 'c', 'd', 'e', 'f', 'g']
In [46]: letters7[::2]
Out[46]: ['a', 'c', 'e', 'g']
```

步长还可以取负整数，代表逆序切片。

```
In [47]: letters7[::-1]
Out[47]: ['g', 'f', 'e', 'd', 'c', 'b', 'a']
In [48]: letters7[::-2]
Out[48]: ['g', 'e', 'c', 'a']
```

另外，切片运算符放到赋值语句等号左边时可以对多个元素进行更新。

```
In [49]: letters7[0:2] = ['h', 'i']
In [50]: letters7
Out[50]: ['h', 'i', 'c', 'd', 'e', 'f', 'g']
```

注意，左右两边可以不等长。

```
In [51]: letters7[0:2] = ['a']
In [52]: letters7
Out[52]: ['a', 'c', 'd', 'e', 'f', 'g']
In [53]: letters7[0:1] = ['a', 'b']
In [54]: letters7
Out[54]: ['a', 'b', 'c', 'd', 'e', 'f', 'g']
```

如果是单个元素，等号右侧也可以不加方括号。

```
In [55]: letters7[0:2] = 'h'
In [56]: letters7
Out[56]: ['h', 'c', 'd', 'e', 'f', 'g']
```

### 3.1.6 列表方法、函数与操作

Python 为列表提供了很多方法，用来简化列表的各项常用操作。常用操作包括添加元素、删除元素、插入元素等。

注意，当下文提及方法时，一般指在变量名后加点号然后加函数。例如，list.append()指对列表 list 使用 append()方法。

### 1. 添加元素

Python 中有 3 种方法可以为列表添加元素，分别是 append()、insert()和 extend()。

（1）append(element)：将元素 element 添加到列表的末尾。

```
In [59]: example_list = [1, 2, 3, 4, 5, 6, 7, 8, 9, 10]
In [60]: example_list.append(11)
In [61]: example_list
Out[61]: [1, 2, 3, 4, 5, 6, 7, 8, 9, 10, 11]
```

（2）insert(position, element)：将元素 element 插入列表指定 position 位置。

```
In [62]: example_list.insert(2, 12)
In [63]: example_list
Out[63]: [1, 2, 12, 3, 4, 5, 6, 7, 8, 9, 10, 11]
```

（3）extend(list)：使用另一个列表作参数，然后把所有的元素添加到一个列表上。

```
In [64]: example_list.extend([13,14])
In [65]: example_list
Out[65]: [1, 2, 12, 3, 4, 5, 6, 7, 8, 9, 10, 11, 13, 14]
```

### 2. 删除元素

同样地，Python 也有 3 种方法删除列表中的元素。

（1）pop([index])：移除索引位置 index 的元素并返回它的值，如果没有参数，则默认删除和返回最后一个。

```
In [67]: example_list.pop()
Out[67]: 14
In [68]: example_list.pop(2)
Out[68]: 12
```

（2）remove(element)：移除参数中指定的元素 element，如果存在多个同样的值，则移除最左边的。不同于 pop()，这个方法不返回任何值。

```
In [69]: example_list.remove(13)
In [70]: example_list
Out[70]: [1, 2, 3, 4, 5, 6, 7, 8, 9, 10, 11]
```

（3）另一种方式是使用 del 命令，del list[0]类似于 list.pop(0)，但前者不会返回被删除的元素。

```
In [71]: del example_list[10]
In [72]: example_list
Out[72]: [1, 2, 3, 4, 5, 6, 7, 8, 9, 10]
```

除了上面提到的 3 种方法，另有 clear()方法可以清洗列表，它会清空列表中的所有元素。

```
In [73]: example_list.clear()
In [74]: example_list
Out[74]: []
```

### 3. 列表排序

当把数值数据存储在列表后，一个常见的需求是对列表中的值进行排序，利用 sort()方法可以实现。

```
In [78]: a = [3, 1, 2, 5, 4, 6]
In [79]: a.sort()
In [80]: a
Out[80]: [1, 2, 3, 4, 5, 6]
```

可以看到，使用 sort()方法后，列表本身被改变了。如果不想改变原始列表，可以使用 sorted()函数，并把结果赋值给新的变量。

```
In [81]: nums = [-1, 34, 0.2, -4, 309]
In [82]: nums_desc = sorted(nums, reverse=True)
In [83]: nums
Out[83]: [-1, 34, 0.2, -4, 309]
In [84]: nums_desc
Out[84]: [309, 34, 0.2, -1, -4]
```

reverse()方法可以将列表按位置翻转。

```
In [90]: nums
Out[90]: [1, 2, 2, 2, 3, 3, 4, 5]
In [91]: nums.reverse()
In [92]: nums
Out[92]: [5, 4, 3, 3, 2, 2, 2, 1]
```

### 4. 简单统计

min()与 max()函数可以计算列表最小值与最大值。

```
In [85]: min(nums)
Out[85]: -4
In [86]: max(nums)
Out[86]: 309
```

如果要对出现相同元素计数，可以使用 count()方法。

```
In [87]: nums = [1, 2, 2, 2, 3, 3, 4, 5]
In [88]: nums.count(2)
Out[88]: 3
In [89]: nums.count(3)
Out[89]: 2
```

sum()函数可以对数值列表求和。

```
In [93]: sum(nums)
Out[93]: 22
```

### 5. 逻辑判断

如果需要查看列表中是否存在某个元素，可以使用关键字 in，结果返回的是逻辑值。

```
In [76]: 4 in example_list
Out[76]: False
In [77]: 3 in example_list
Out[77]: True
```

all()与 any()函数用于逻辑值列表，all()判别列表所有值是否都为真，全真时返回 True，否则返回 False；any()用于判别只要任一元素为真，则返回 True，否则返回 False。

```
In [94]: conditions = [True, False, True]
In [95]: all(conditions)
Out[95]: False
In [96]: any(conditions)
Out[96]: True
```

如果要比较两个列表是否一致，则可以直接使用两个等号进行逻辑判断。

```
In [97]: a = [1, 2, 3, 4]

In [98]: a == [1, 2, 3, 5]
Out[98]: False
In [99]: a == [1, 3, 2, 4]
Out[99]: False
In [100]: a == [1, 2, 3, 4]
Out[100]: True
```

### 6. 最常见操作方法汇总

上面介绍了大量的列表操作、函数与方法，但实际上可用的远不止这些。对 Python 有深入了解后，我们可以自己创建操作列表的方法和函数。

表 3-1 中列出了常见的操作方法。

表 3-1　常见的列表操作方法汇总

| 表示 | 描述 |
| --- | --- |
| l.append(x) | 添加元素 x 到列表 |
| l.count(x) | 计算列表中 x 出现的次数 |
| l.index(x) | 返回元素 x 的位置（索引） |
| l.remove(x) | 从列表中移除 x |
| l.reverse() | 翻转列表 |
| l.sort() | 列表排序 |

### 3.1.7　列表与字符串

字符串是一系列字符的序列，而列表是一系列值的序列，但一个由字符组成的列表是不同于字符串的。要把一个字符串转换成字符列表，可以用 list()函数。

下例是将字符串转换为字符列表：

```
In [101]: s = 'interactive Python'
In [102]: t = list(s)
In [103]: t
Out[103]:
['i',
 'n',
 't',
 'e',
 'r',
 'a',
 'c',
 't',
 'i',
 'v',
 'e',
 ' ',
 'P',
 'y',
 't',
 'h',
 'o',
 'n']
```

在上面的代码中，list()函数将一个字符串分开成一个个字符（字母）。如果要把字符串切分成一个个单词，可以使用 split()方法，如下所示：

```
In [104]: s.split()
Out[104]: ['interactive', 'Python']
```

注意，方法中有一个可选的参数是定界符，用于确定单词边界。

下例用短横线作为定界符来拆分两个单词：

```
In [105]: s = 'interactive-Python'
In [107]: s.split('-')
Out[107]: ['interactive', 'Python']
```

另一个方法 join()的功能与 split()方法的功能相反，它接收一个字符串列表，然后把所有元素拼接到一起作为字符串。join()是一个字符串方法，所以必须把 join()放到定界符后面来调用，并且传递一个列表作为参数。

```
In [108]: t = ['我','是', '谁', '? ']
In [109]: ''.join(t)
Out[109]: '我是谁? '
```

注意，上面代码中的定界符是一个空格字符。

### 3.1.8　列表对象与值

请思考：下面对象 a 与 b 是同一个对象吗？

```
In [4]: a = 'banana'
In [5]: b = 'banana'
```

如果把对象看作篮子，内容 banana 看作篮子里的鸡蛋。现在需要判断的是，变量名 a 和 b 是同一个篮子的两个便签（鸡蛋只有一个），还是两个不同篮子（每一个篮子都有一个鸡蛋）的便签？

使用 is 操作符，可以得到答案。

```
In [6]: a is b
Out[6]: True
```

从上面的代码运行结果来看，答案是第一种情况：Python 只创建了一个字符串对象，内容为 banana，a 和 b 都是这个对象的便签。

另外，可以使用 id()函数提取对象的唯一标识符。这就像居民身份证一样，虽然同一个人可能会有不同的称呼，但身份证号码只有一个。

```
In [10]: id(a)
Out[10]: 1691582590008
In [11]: id(b)
Out[11]: 1691582590008
```

从结果中可见，a 和 b 确实是完全相同的。那么，如果改变 a，那么 b 也会随之改变吗？

```
In [12]: a = "orange"
In [13]: b
Out[13]: 'banana'
```

结果是不会。实际上，Python 对象是它指向的内容，变量名 a 和 b 本身只是一个方便使用的标签，所以当我们将另一个字符串赋值给变量 a 时，Python 实际上是先创建了一个字符串对象，内容是 orange，然后给这个对象打上标签 a。

如果创建两个列表，尽管它们的内容相同，但它们也是不同的对象，下面的代码运行结果可以验证这一点。

```
In [14]: a = [1, 2, 3]
In [15]: b = [1, 2, 3]

In [16]: a is b
```

```
Out[16]: False

In [17]: id(a)
Out[17]: 1691581888264
In [18]: id(b)
Out[18]: 1691582794120
```

在这个情况下，可以说两个列表是相等的，因为它们有相同的元素，但不是同一个列表，因为它们并不是同一个对象。如果两个对象是同一个对象，那么它们必然是相等的；但如果它们相等，却未必是同一个对象。

注意，如果这里的 b 不是重新创建，而是将 a 赋值给 b，那么 a 和 b 就是完全相同的，因为它们指向同一个列表对象。

```
In [19]: b = a

In [20]: a is b
Out[20]: True

In [21]: id(b)
Out[21]: 1691581888264
```

因此，我们尽量不要对 Python 的列表进行 e=f=e=c=a 这样的赋值操作，一旦修改了某一个元素，其他变量全部会跟着改变！

```
In [22]: e = a

In [23]: e
Out[23]: [1, 2, 3]
In [24]: a
Out[24]: [1, 2, 3]

In [25]: a[1] = 4
In [26]: e
Out[26]: [1, 4, 3]
```

到这里，本章一一介绍了 Python 列表的基础知识和相应操作。本章的大部分内容是在讲解列表，列表不仅是 Python 最核心的概念和数据结构，也是理解其他基础数据结构的桥梁。掌握好了列表，读者对本章接下来介绍的数据结构都可以触类旁通，其使用和操作方法大同小异。重要的差异会给出提示和强调，读者需要留心注意。

## 3.2 元组

元组（tuple）就是不可更改的列表，一旦创建，便不可更改。除了表示的方式有点不一样、元组的元素不可更改，元组的其他特性与列表基本一致。

### 3.2.1　元组的创建

```
In [1]: a_tuple = (1, 2, 3)
In [2]: a_list = [1, 2, 3]
```

上面代码分别创建了一个元组和列表，可以清晰地看到它们定义的差别所在。其实元组的语法是一系列用逗号分隔的值，也就是说括号是可以省略的。

```
In [6]: another_tuple = 1,2,3
In [7]: type(another_tuple)
Out[7]: tuple
```

作为初学者，创建元组时尽量使用括号，这样在书写和查看代码时可以非常清楚地区分什么是列表、什么是元组。Python 中常见的数据类型在表示上都有着非常鲜明的特点，这可以帮助读者构建优良的代码。

当创建的元组只有一个元素时，需要特别注意：元组中的元素后需要一个逗号。

请看下面的代码：

```
In [8]: 1
Out[8]: 1

In [9]: (1)
Out[9]: 1

In [10]: 1,
Out[10]: (1,)

In [11]: (1,)
Out[11]: (1,)
```

前两个命令创建的都是数字 1，后两个命令创建的才是元组，包含元素数字 1。

除了使用逗号分隔创建元组，创建元组的另一种方式是使用 tuple()函数。如果参数为一个序列（比如字符串、列表或者元组），结果就会得到一个以该序列元素组成的元组。

```
In [14]: tuple("Python")
Out[14]: ('P', 'y', 't', 'h', 'o', 'n')
In [15]: tuple(["I", "am", ["learning", "Python"]])
Out[15]: ('I', 'am', ['learning', 'Python'])
```

### 3.2.2　元组操作

适用于列表的操作符和方法基本也适用于元组。

#### 1. 操作符

代码如下：

```
In [16]: ('a',) + ('b',)
Out[16]: ('a', 'b')

In [17]: ('a',) * 3
Out[17]: ('a', 'a', 'a')
```

### 2. 切片

代码如下：

```
In [18]: pythonName = tuple("Python")
In [19]: pythonName
Out[19]: ('P', 'y', 't', 'h', 'o', 'n')

In [20]: pythonName[0]
Out[20]: 'P'
In [21]: pythonName[0:3]
Out[21]: ('P', 'y', 't')
In [22]: pythonName[3:]
Out[22]: ('h', 'o', 'n')
```

### 3. 修改

元组是不可修改的，所以不能使用 append()和 pop()等方法对元素进行添加、删除、修改等操作。

```
In [23]: pythonName[0] = 'p'
---------------------------------------------------------------------------
TypeError                                 Traceback (most recent call last)
<ipython-input-23-19ded1757eee> in <module>()
----> 1 pythonName[0] = 'p'

TypeError: 'tuple' object does not support item assignment
```

但可以用另一个元组来替换已有的元组。

```
In [24]: newName = ('p',) + pythonName[1:]
In [25]: newName
Out[25]: ('p', 'y', 't', 'h', 'o', 'n')
```

### 4. 变量值交换

利用中间变量对变量的值进行交换是一个常见的操作。

例如，要交换变量 a 和 b 的值，我们一般会采用如下策略：

```
# a 和 b 是已经创建的变量，t 是一个临时变量
t = a
a = b
```

```
b = t
```

有了元组，我们就可以使用下面一行代码简化这一过程。

```
a, b = b, a
```

### 3.2.3　元组与列表的区别

看到这里，读者可能会产生疑问：元组能做的事情列表好像都能做，列表还没有元组这么多的约束，那么只用列表不是更好吗？

元组相比于列表的优点之一是可以使代码更安全，特别是与数据有关的，元组不能修改的属性看起来是一层灵活性限制，其实也是一层安全性的保障，而且这个属性让元组像一个坐标系统（中学数学也用括号来填入坐标，并用逗号分隔），比如 3 个元素 c(x,y,z)，所以它广泛用于参数的传递。关于参数传递，本书在第 5 章会详述。另外，元组的一个隐形的优点是它比列表占用的内存更少，这在大数据计算时需要考量。

## 3.3　字典

字典的含义和表示都与其语义相似，就像我们小时候查找汉字，可以通过拼音字母（或笔画）进行检索。我们可以自己定义 Python 中的字典名字，然后通过这个名字查找到对应的数值。其中的名字叫作“键”，对应的数值简称“值”，所以字典也称“键值对”。需要注意的是，字典没有顺序一说，所有的值仅能用键获取。

简而言之，字典被看作无序的键值对或有名字的元素列表。

### 3.3.1　字典的创建与使用

下面代码使用字典存储了 3 个人的体重数据。

```
In [5]: weight = {'小红':65, '小明':45, '我':75}
```

字典的内容放在花括号内，键值对以英文冒号连接，不同的键值对以英文逗号隔开。

下面代码用于查看对字典的打印输出：

```
In [6]: weight
Out[6]: {'小明': 45, '小红': 65, '我': 75}
```

从结果中可以看到，输出的顺序与键入的顺序是有差别的（也有可能相同）。

有了字典，我们可以用比列表更简单和直观地提取对应内容的数据。例如，可以使用下面的代码获取小明的体重。

```
In [7]: weight['小明']
Out[7]: 45
```

既然字典有键与值的区分，那么该如何获取键与值的内容呢？为此 Python 提供了两个方法，分别是 keys()和 values()。

```
In [8]: weight.keys()
Out[8]: dict_keys(['小红', '小明', '我'])
In [9]: weight.values()
Out[9]: dict_values([65, 45, 75])
```

因为字典需要唯一的键去提取正确的内容（值），所以并不是所有的对象都可以用作键。只有不能改变的元组、数字、字符串等能作为键。

如果要初始化字典，类似于列表使用符号[]、元组使用符号()、字典使用符号{}。

```
In [10]: int_dict = {}
In [11]: int_dict
Out[11]: {}
```

除了重新创建字典，还可以把从其他数据类型转换为字典。例如，下面有一个存储了 RGB16 进制的列表，我们使用 dict()函数将其转换为字典。

```
In [13]: rgb = [('red', 'ff0000'), ('green', '00ff00'), ('blue', '0000ff')]

In [14]: dict(rgb)
Out[14]: {'blue': '0000ff', 'green': '00ff00', 'red': 'ff0000'}
```

此外，还可以以传递参数给 dict()函数的方式创建字典。下面代码创建的字典与上面代码创建的字典完全相同。

```
In [15]: dict(red='ff0000',green='00ff00', blue='0000ff')
Out[15]: {'blue': '0000ff', 'green': '00ff00', 'red': 'ff0000'}
```

如果需要不断地往字典中添加键值，那么要先初始化字典，然后使用赋值的方式添加键值对。

```
In [16]: rgb = {}

In [17]: rgb['red'] = 'ff0000'
In [18]: rgb['green'] = '00ff00'
In [19]: rgb['blue'] = '0000ff'

In [20]: rgb
Out[20]: {'blue': '0000ff', 'green': '00ff00', 'red': 'ff0000'}
```

### 3.3.2 字典操作

一些常见的函数和方法都可以用在字典上。

例如，提取字典长度。

```
In [21]: len(rgb)
Out[21]: 3
```

使用 pop()方法可以从字典中删除某个值，并返回该值。注意，需要指明键。

```
In [22]: rgb.pop()
---------------------------------------------------------------------------
TypeError                                 Traceback (most recent call last)
<ipython-input-22-1654217e28c5> in <module>()
----> 1 rgb.pop()

TypeError: pop expected at least 1 arguments, got 0

In [23]: rgb.pop('blue')
Out[23]: '0000ff'
In [24]: rgb
Out[24]: {'green': '00ff00', 'red': 'ff0000'}
```

使用 del 关键字可以删除字典。

```
In [25]: del rgb
In [26]: rgb
---------------------------------------------------------------------------
NameError                                 Traceback (most recent call last)
<ipython-input-26-d412e57c3c38> in <module>()
----> 1 rgb

NameError: name 'rgb' is not defined
```

使用 get()方法可以无意外地获取字典值，它需要提供两个参数，除了键，还需要指定如果查找不到应当返回的信息。

```
In [28]: rgb.get('red', '键不存在')
Out[28]: 'ff0000'
In [29]: rgb.get('yellow', '键不存在')
Out[29]: '键不存在'
```

如果不改变字典的顺序，可以使用 collections 模块的 OrderedDict()函数。下面的代码将之前创建的字典 rgb 转换为了有序字典，还给出了一个新的创建示例，可以发现列表输出的顺序确实没有改变。

```
In [32]: from collections import OrderedDict

In [33]: OrderedDict(rgb)
Out[33]: OrderedDict([('red', 'ff0000'), ('green', '00ff00'), ('blue', '0000ff')])

In [35]: order_dict = OrderedDict()
In [36]: order_dict['a'] = 1
In [37]: order_dict['b'] = 2
In [38]: order_dict['c'] = 3
In [39]: order_dict
```

```
Out[39]: OrderedDict([('a', 1), ('b', 2), ('c', 3)])
```

## 3.4 集合

集合是无序的对象集，它和字典一样使用花括号，但没有键值对的概念。集合属于可变的数据类型，一般用于保持序列的唯一性——也就是同样的元素仅出现一次。

### 3.4.1 集合的创建

在使用集合时一定要注意集合的“无序”和“唯一”两个特点，避免出错。

在下面代码中，当集合出现不唯一的字符时，创建的集合中只会保存一个。

```
In [40]: a_set = {1, 2, 3, 4, 5, 5, 4}
In [41]: a_set
Out[41]: {1, 2, 3, 4, 5}
```

既然集合与字典都使用花括号，那么如果要初始化一个空集合，该怎么办？还能用花括号吗？

```
In [42]: a_set = {}
In [43]: a_set.add(1)
---------------------------------------------------------------------------
AttributeError                            Traceback (most recent call last)
<ipython-input-43-2a4eeb394ac5> in <module>()
----> 1 a_set.add(1)

AttributeError: 'dict' object has no attribute 'add'
```

结果显示报错，信息显示字典没有 add 属性，说明花括号仅能初始化字典。

集合对应的函数是 set()，因而我们必须使用它初始化或将其他数据类型转换为字典。

```
In [44]: a_set = set()
In [45]: a_set.add(1)
In [46]: a_set
Out[46]: {1}
```

### 3.4.2 集合操作

集合的常见用处是进行集合操作，这涉及 3 个基本方面：合集（并集）、交集和差集。

#### 1. 合集

合集使用 union()方法如下。

```
In [47]: a_set = set([1, 2, 3, 4, 5])
In [48]: b_set = set([4, 5, 6, 7, 8])
In [49]: a_set
```

```
Out[49]: {1, 2, 3, 4, 5}
In [50]: b_set
Out[50]: {4, 5, 6, 7, 8}

In [51]: a_set.union(b_set)
Out[51]: {1, 2, 3, 4, 5, 6, 7, 8}
```

### 2. 交集

交集使用 intersection()方法如下。

```
In [52]: a_set.intersection(b_set)
Out[52]: {4, 5}
```

### 3. 差集

差集使用 difference()方法如下。

```
In [53]: a_set.difference(b_set)
Out[53]: {1, 2, 3}
```

## 3.4.3　冰冻集

上一节提到，集合是可变的数据类型。在实际的数据分析中，有时希望集合存储的数据不能改变，以防信息被恶意篡改或者出现其他数据失真的情况。

冰冻集（frozenset）提供了集合的不可变版本，它的内容不能改变，因此不存在 add()与 remove()方法。frozenset()函数可以将输入的迭代对象转换为冰冻集。

```
In [1]: fs = frozenset(['a', 'b'])
In [2]: fs
Out[2]: frozenset({'a', 'b'})

In [3]: fs.remove('a')
---------------------------------------------------------------------------
AttributeError                            Traceback (most recent call last)
<ipython-input-3-b55f44b7e2c9> in <module>()
----> 1 fs.remove('a')

AttributeError: 'frozenset' object has no attribute 'remove'

In [4]: fs.add('c')
---------------------------------------------------------------------------
AttributeError                            Traceback (most recent call last)
<ipython-input-4-34531eab3bc0> in <module>()
----> 1 fs.add('c')

AttributeError: 'frozenset' object has no attribute 'add'
```

冰冻集由于是不可变对象，所以可以用作字典的键。

## 3.5 章末小结

本章详细介绍了 Python 内置的 4 个重要基本数据结构，分别是列表、元组、字典和集合。

其中，列表是日常工作分析主要接触和使用的数据结构。元组与列表极为相似，但它们存在一个重要的区别——元组不可修改！字典实现了键与值的配对，可以快速实现内容的索引。集合相对少用些，它是存储数据唯一值的一个集合。四者使用的初始化符号或函数都是不同的，读者需要能够区分并熟练掌握。本章的核心在列表部分，列表的重要性不言而喻，理解列表也可以帮助读者快速理解其他几个数据结构的意义与操作方法。在接下来的章节中，本书也将更深入地介绍和运用它们。

# 第 4 章　控制流与文件操作

**本章内容提要：**

- 条件控制 if-else
- for 循环
- while 循环
- 文件操作

前两章对 Python 的基本数据结构及其操作进行了介绍，这足以构建一些简单的数据处理程序。然而，一旦涉及略微复杂的处理、重复性非常高的计算，我们必须学习控制和循环结构，让程序根据不同的情况执行不同的计算以及自动重复。

学习编写循环结构、简化重复性代码是本章的主要内容。此外，本章还会简单介绍文本文件的读写操作，以便帮助读者建立数据处理与分析流程概念体系——从文本数据的输入，到数据的实际处理，再到结果的导出与保存。

为了能够真正做出一些有用的工具或产品，程序往往是复杂的，绝不是一些简单的顺序语句，必须有一些机制管理如何以及何时执行设定的语句。Python 有 3 种流程控制结构，又分为条件结构 if-else 语句和两种循环结构——for 语句和 while 语句。

## 4.1 条件结构 if-else

if 关键字定义了一个条件结构块，可以用来检验一个条件。如果条件为逻辑值真（True），则程序运行给定的一块语句（称为 if 块）；如果条件为逻辑值假（False），则程序运行另一块语句（称为 else 块）。

if-else 语句的格式如下：

```
if condition:
    语句 1
```

```
    语句 2
    ...
else:
    语句 1
    语句 2
    ...
```

其中，else 块是可选的。condition 部分是条件判断，结果必须为逻辑值，可以是单个或组合测试语句。

下面给出几个条件判断的例子，包括简单的测试语句和简单测试语句的逻辑组合。

```
In [1]: number = 5

In [2]: number > 2
Out[2]: True
In [3]: number > 3 and number <=5
Out[3]: True

In [4]: fiction1 = "哈利波特"
In [5]: fiction2 = "侏罗纪世界"

In [6]: fiction1 == fiction2
Out[6]: False
```

### 4.1.1　简单 if-else 结构

利用上述的条件测试，我们可以写两个简单的 if 语句。

（1）如果输入数字 number 小于 2，打印“数字太小了”，否则打印“数字太大了”。

（2）如果 fiction1 与 fiction2 相等，打印“原来我们都喜欢电影 xxx”，否则打印“你喜欢电影 xxx，我喜欢电影 xxx”。

对应第 1 个操作的程序为：

```
In [7]: if number < 2:
   ...:     print('数字太小了')
   ...: else:
   ...:     print('数字太大了')
   ...:
数字太大了
```

对应第 2 个操作的程序为：

```
In [9]: if fiction1 == fiction2:
   ...:     print('原来我们都喜欢电影《' + fiction1 + '》')
   ...: else:
   ...:     print('你喜欢电影《'+fiction1+'》'+'，我喜欢电影《'+fiction2+'》')
   ...:
你喜欢电影《哈利波特》，我喜欢电影《侏罗纪世界》
```

冒号标志着缩进代码块的开始，冒号之后的所有代码的缩进量必须相同，直到代码块结束。使用空白符可以让 Python 的代码可读性远远优于其他语言。虽然起初看起来很奇怪，但经过一段时间，读者就能适应了。一般缩进使用的是 4 个空格，为了方便，一些 IDE 支持用<Tab>键替换 4 个空格键，所以我们可以使用<Tab>键进行缩进，也有一些 IDE 在键入冒号后按回车键会自动缩进，这样就更方便了。

我们甚至能从用户获取数据后加以判断，input()函数可以提示用户输入数据，并转换为字符串。例如，要获取一个人喜欢的科幻电影，然后判断两人喜欢的电影是否一致，仅需要添加一句代码，不需要更改判断流程。

```
In [10]: fiction1 = input("你喜欢的科幻电影是:")
    ...: if fiction1 == fiction2:
    ...:     print('原来我们都喜欢电影《' + fiction1 + '》')
    ...: else:
    ...:     print('你喜欢电影《'+fiction1+'》'+'，我喜欢电影《'+fiction2+'》')
    ...:
你喜欢的科幻电影是:环太平洋
你喜欢电影《环太平洋》，我喜欢电影《侏罗纪世界》
```

### 4.1.2　嵌套条件结构

在很多情况下，程序中需要两种及以上的判断，这时嵌套条件结构 if-elif-else 会非常有用，其格式如下：

```
if condition1:
    代码块 1
elif condtion2:
    代码块 2
else
```

上述代码格式中，可以根据实际情况写任意个 elif 语句块。

下面来看一个简单的例子：判断一个数是正数还是负数，并输出判断的结果。

```
In [13]: number = 2
    ...: if number < 0:
    ...:     print("{}是一个负数".format(number))
    ...: elif number > 0:
    ...:     print("{}是一个正数".format(number))
    ...: else:
    ...:     print("{}既不是正数也不是负数".format(number))
    ...:
2 是一个正数
```

字符串的 format()方法可以便于格式化打印输出。在字符串中，花括号是一个占位符，在语句运行后会替换为 format()方法中指定的数据。如果在花括号中指定数字（索引），那么实际输出时，它会被映射为 format()方法中对应的数值。

下面例子的 3 行代码分别展示了 format()方法的 3 种使用方式。

```
In [15]: print("{}是一个数字".format(2))
    ...: print("{0}是一个比{1}大的数字".format(10,5))
    ...: print("{1}是一个比{0}小的数字".format(10,5))
    ...:
2 是一个数字
10 是一个比 5 大的数字
5 是一个比 10 小的数字
```

### 4.1.3　单行 if-else

除了将 if-else 写成一个大的语句块，我们还可以直接将它简化为一行，使代码更为精炼简洁。

下面依旧用判断一个数是正是负的问题进行代码演示。

```
In [17]: number = 42
    ...: number_type = '偶数' if number % 2 == 0 else '奇数'
    ...: print("{} 是一个 {} ".format(number, number_type))
    ...:
42 是一个偶数
```

### 4.1.4　使用逻辑操作符

前面的章节中已经介绍了逻辑操作符以及一些相关函数，如 and 逻辑操作符、any()函数。这些操作常用于条件测试中，下面对常见的操作与方法进行汇总和实例说明。

逻辑操作符如下。

- and：逻辑与。
- or：逻辑或。
- not：逻辑非。

逻辑函数如下。

- all()在参数全真时，返回结果为真（True）。
- any()在只要有 1 个参数为真时，返回结果为真（True）。

利用上述提到的逻辑操作符，我们可以构建任意复杂的条件测试。

例如，判断一个数是否为 2 和 5 的公倍数，可以使用以下代码：

```
In [18]: number = 10
    ...: if number % 2 == 0 and number % 5 == 0:
    ...:     print("数字{}是 2 和 5 的公倍数".format(number))
    ...:
数字 10 是 2 和 5 的公倍数
```

再构建一个稍微复杂的条件判断，检测一个数既不能被 2 整除，又小于 10：

```
In [19]: number = 22
```

```
    ...: if (not number % 2 == 0) and (number < 10):
    ...:     print(number)
    ...: else:
    ...:     print("输入的数不满足条件")
    ...:
输入的数不满足条件
```

上面使用 not 操作符对 number % 2 == 0 的结果取反，即不能被 2 整除。因为涉及嵌套逻辑，所以使用英文括号分隔逻辑判断，使整体层次更清晰易读。

当条件测试项非常多时，可以使用 all()和 any()函数进行简化。

```
#-------------- 判断所有条件全为真时

# 普通写法
if condition1 and condition2 and condition3 and ...
# 使用 all()函数
if all(condition1, condition2, condition3, ...)

#-------------- 判断任一条件为真时

# 普通写法
if condition1 or condition2 or condition3 or ...
# 使用 any()函数
if any(condition1, condition2, condition3, ...)
```

all()和 any()函数在进行向量化计算和判断时极为有用，例如，同时判断列表的所有元素是否都大于 2。Python 列表不支持向量化计算，本书在介绍 NumPy 时再举例说明。

in 操作符可用于判断某个元素是否存在于序列（列表、元组、集合等）中。

```
In [23]: 1 in [1, 2, 4, 5]
Out[23]: True
```

in 操作符能够判断序列（列表、元组、字典等）的成员是否存在，因此也常用于进行条件测试。

```
In [24]: if 2 in [1,2,3,5,7,9]:
    ...:     print("这个列表肯定不全是奇数，因为包含了数字 2")
    ...:
这个列表肯定不全是奇数，因为包含了数字 2
```

在学习了如何使用条件结构后，下一节开始介绍最常见的循环结构——for 语句。

## 4.2 for 语句

for 语句是最为常见的循环语句，它在一个可迭代对象（列表、元组等）上逐一提取其中的元素。for 语句可以有效地缩减重复性的结构代码。

### 4.2.1 for 语句块

for 语句的格式如下：

```
for 迭代变量 in 序列
```

例如，想要输出 1～100 这 100 个数字，如果事先不知道循环结构，我们需要连续输入 100 条 print 语句！

```
print(1)
print(2)
print(3)
...
print(100)
```

使用 for 循环，仅需要以下两行语句：

```
In [25]: for i in range(1, 101):
    ...:     print(i)
    ...:
1
2
3
4
5
6
7
8
9
10
...
100
```

for 语句中的变量 i 为迭代变量，它依次存储序列 range(1,101)里的所有元素。当使用 print()函数逐一打印变量 i 的值时，相当于逐次打印序列中的元素。

注意，range()函数右侧区间为不包含（左闭右开），即 range(1,101)指从 1 到 100，包含 1，不包含 101。这与第 3 章介绍的列表切片索引方式是一致的。

### 4.2.2 else 语句块

在 Python 的 for 循环中，也可以使用 else 语句块。

例如，打印数字 1～5，然后输出循环结束。

```
In [26]: for i in range(1, 6):
    ...:     print(i)
    ...: else:
    ...:     print("For 循环结束了。")
```

```
    ...:
1
2
3
4
5
For 循环结束了
```

不过想要输出这样的结果，并不需要 else 语句的参与，下面的代码也可以实现。

```
In [27]: for i in range(1,6):
    ...:     print(i)
    ...:
    ...: print("For 循环结束了")
    ...:
1
2
3
4
5
For 循环结束了
```

注意，语句 print("For 循环结束了")并不属于 for 循环结构（否则每次输出数字，也会跟着输出一次该语句），两者中间需要空 1 行，这样 Python 才能区分。

### 4.2.3　索引迭代

for 循环能够方便地提取一个序列中的元素。但有时，我们不仅需要知道序列的元素，还想知道元素的位置，该怎么办呢？

Python 提供的 enumerate()函数可以在 for 循环中同时操作元素与索引。一个简单的示例如下：

```
In [28]: for n, x in enumerate('亲爱的你好吗？'):
    ...:     print(n, x)
    ...:
0 亲
1 爱
2 的
3 你
4 好
5 吗
6 ？
```

enumerate()函数可以指定一个起始点参数 start。例如，将起始点设为 1，这样输出的索引值可能看上去更舒服。

```
In [29]: for n, x in enumerate('亲爱的你好吗？', start=1):
```

```
    ...:     print(n, x)
    ...:
1 亲
2 爱
3 的
4 你
5 好
6 吗
7 ?
```

可以看到，虽然输出的字符串序列与前面的一样，但索引值由 0～6 变为了 1～7。

### 4.2.4　多列表迭代

zip()函数提供了简便的实现多列表元素同时迭代循环的方法，用于实现对多个列表进行操作。

下例为对两个列表索引值对应的元素相加。

```
In [30]: odd = [1, 3, 5]
    ...: even = [2, 4, 6]
    ...: for i, j in zip(odd, even):
    ...:     print("和为{}".format(i+j))
    ...:
和为 3
和为 7
和为 11
```

### 4.2.5　列表推导式

列表推导式（有时也称列表生成式）是非常 Python 化的循环方式，它不仅体现着 Python 简洁优美的思想，而且比普通的循环方式更易读、易懂、节省时间。

若要实现对列表所有的数值（1～100）求平方，利用 for 循环，可以编写出下面的代码。

```
numbers = list(range(1,101))
result = []
for num in numbers:
    result.append(num * num)
```

列表推导式的写法如下：

```
result = [num * num for num in numbers]
```

可以看到，for 关键字的右侧是 for 循环结构，而左侧是要在 for 循环中执行的操作。

为了让读者对两种写法的效率有更清楚的认识，下面以两种方式求 1～100000 的平方值，并使用 time 模块计算运行时间。

```
import time
```

```
numbers = list(range(1,100001))
fl_square_numbers = []

# 计算时间
t0 = time.perf_counter()

# ------------ for 循环 ------------
for num in numbers:
    fl_square_numbers.append(num * num)

# 计算时间
t1 = time.perf_counter()

# ------- 列表推导式 -------
lc_square_numbers = [num * num for num in numbers]

# 执行结果
t2 = time.perf_counter()
fl_time = t1 - t0
lc_time = t2 - t1
improvement = (fl_time - lc_time) / fl_time * 100

# 对结果对齐并设定保留的小数点位数
print("For 循环运行时间:              {:.4f}".format(fl_time))
print("列表推导式运行时间:            {:.4f}".format(lc_time))
print("提升时间:                      {:.2f}%".format(improvement))

if fl_square_numbers == lc_square_numbers:
    print("\n 两种计算方式结果相等")
else:
    print("\n 两种方式计算结果不相等")
```

代码的执行结果如下：

```
For 循环运行时间:          0.0293
列表推导式运行时间:        0.0082
提升时间:                  72.14%

两种计算方式结果相等
```

初学者对上述代码可能有些陌生，请不要害怕，这是为了展示列表推导式的效率，这里并不要求理解和掌握所有的代码含义。注意，为了避免干扰阅读和理解，上面的代码只展示了纯代码或纯输出结果，没有列出前面的序号。

在这个例子中，除了列表推导式本身效率的提升，没有调用 append()方法也节省了大量时间。

### 4.2.6 条件列表推导式

在基本列表推导式的基础上，我们可以增加条件检测，带条件检测的列表推导式称为条件列表推导式。条件语句既可以写在 for 语句块左侧，也可以写在 for 语句块右侧。

条件列表推导式的形式如下：

```
[ 操作 1 if 条件判断 else 操作 2 for 迭代变量 in 可迭代对象（列表、元组、字典等） ]

[ 操作 for 迭代变量 in 可迭代对象 if 条件判断 ]
```

第 1 种形式是在列表推导式中使用 if-else 条件语句，如果为真，则对迭代变量执行操作 1，否则执行操作 2。

第 2 种形式是只在列表推导式中使用 if 语句块，如果为真，则对迭代变量执行相应操作。

为了介绍条件列表推导式的使用方式和执行过程，这里创建一个包含 9 个正整数的列表，利用条件列表推导式，将列表中的奇数和偶数分为单独的列表。

```
In [34]: numbers = [2, 12, 3, 25, 24, 21, 5, 9, 12]
```

如果使用 if-else 条件语句，可以写为以下略长的形式：

```
In [35]: odd_numbers  = []
    ...: even_numbers = []
    ...: [odd_numbers.append(num) if(num % 2) else even_numbers.append(num) for num in
numbers]
    ...:
Out[35]: [None, None, None, None, None, None, None, None, None]

In [36]: odd_numbers
Out[36]: [3, 25, 21, 5, 9]
In [37]: even_numbers
Out[37]: [2, 12, 24, 12]
```

基础列表推导式加上条件结构让整个语句显得有些复杂，实际上这个语句从右到左可以分为 3 个步骤。

（1）迭代变量 num 依次获取可迭代变量 numbers 的元素值。

（2）对迭代变量进行条件判断，如果能被 2 整除（余数为 0），则添加元素值到变量 oddnumbers；如果不能被 2 整除（余数不为 0），则添加元素值到变量 evennumbers。

（3）输出整个列表结果，因为元素都被添加到提前声明好的两个变量中了，所以这条语句结果是一个全空（None）的列表。

从以上过程中可以看出，带 if-else 的列表推导式看起来复杂，其实可以从由右至左来理解。这种用法的弊端比较明显，看似只用了一条语句完成了操作，但我们不得不事先声明两个空列表，让它们可以使用 append()方法。并且，列表推导式本身的输出毫无意义。该如何进行有效的简化呢？这里要想办法利用上“列表推导式本身的输出结果就是列表”这一点，因此可以将奇数和偶数分别使用条件列表推导式。

相应操作如下：

```
In [38]: odd_numbers  = [num for num in numbers if num % 2]
    ...: even_numbers = [num for num in numbers if not num % 2]
    ...:

In [39]: odd_numbers
Out[39]: [3, 25, 21, 5, 9]
In [40]: even_numbers
Out[40]: [2, 12, 24, 12]
```

解决同样的问题，有时拆分来做更简洁易懂。

元组的迭代基本和列表一致，本书不再阐述。除了列表和元组，字典也是频繁被使用和被迭代的对象，下一节将介绍相关的操作。

### 4.2.7　字典迭代

第 3 章的字典部分介绍过：keys()和 values()方法可以分别获取字典的键与值。关于字典的一个重要特性，读者应当牢记——字典是随机的。因此，正确获取元素值的方法一定是通过键进行索引，大部分针对字典的操作都应当同时针对键和值。

Python 提供了 items()方法用于字典的迭代。假设现在有一个字典，存储着用户喜欢的书籍以及相应的评分，我们可以利用字典迭代输出其内容。

```
In [41]: books = {"夏洛克*福尔摩斯":98, "哈利波特":80, "达芬奇密码":88}
In [42]: for book_name,book_score in books.items():
    ...:     print(book_name, book_score, sep=":")
    ...:
夏洛克*福尔摩斯:98
哈利波特:80
达芬奇密码:88
```

如果只对字典的键或者值进行迭代操作，分别使用 keys()和 values()方法即可。

```
In [43]: for book_key in books.keys():
    ...:     print(book_key)
    ...:
夏洛克*福尔摩斯
哈利波特
达芬奇密码

In [44]: for book_score in books.values():
    ...:     print(book_score)
    ...:
98
80
```

```
88
```

在实际的应用中，字典常作为计数器，存储序列（列表、元组）元素出现的次数。无论处理什么样的输入，这类用法都大同小异，步骤如下。

（1）创建一个空字典。

（2）对序列元素进行循环遍历。

（3）如果序列元素在字典中，则以该元素为键，对其值加 1。

（4）如果序列元素不在字典中，则创建一个新的字典元素，键为该序列元素，值为 1。

举个例子，如果从某小学随机抽取 10 名学生，分别对它们所处的年级进行计数。

10 名学生的所在年级存储在如下列表中。

```
In [45]: st_grades = [2, 3, 1, 1, 3, 5, 4, 6, 6, 1]
```

根据上述步骤，下面的代码实现了对学生所属年级的计数。

```
In [46]: grades_count = dict()   # 初始化字典

In [47]: for st_grade in st_grades:
    ...:     if st_grade in grades_count:
    ...:         grades_count[st_grade] += 1   # 如果某年级已有学生，则对该年级计数加 1
    ...:     else:
    ...:         grades_count[st_grade] = 1    # 如果某年级第一次对学生计数，则令该年级的计数
为 1
    ...:

In [48]: grades_count
Out[48]: {1: 3, 2: 1, 3: 2, 4: 1, 5: 1, 6: 2}
```

注意，这里的 gradescount[stgrade] += 1 是 gradescount[stgrade] = gradescount[stgrade] + 1 的简写。同样地，有-= 和 *=用于简写。

## 4.3 while 语句

for 语句可以解决我们常见的绝大部分循环迭代操作需求，但 for 循环的使用是建立在我们已知需要操作的循环次数的基础上。在不知道循环何时停止时，需要借助 while 语句来完成。

while 语句的格式如下：

```
while condition:
  语句块
```

condition 部分是条件检查，结果必须为逻辑值，可以是单个或组合测试语句。需要注意的是，在使用 while 语句时，一定要保证循环能够被结束或者跳出，否则程序将进入死循环，软件会卡死，甚至电脑会宕机。游戏开发代码中常用 while 语句保持等待用户输入，直到退出。

为了展示 while 语句与 for 语句使用条件的差异，这里使用 while 语句完成一个简单的猜

数字游戏。由一个人作为裁判，选择一个数字，先指定大致范围，由众人猜测，根据猜测给出高或者低的评价，然后缩小范围，最后猜中的人有奖励。

这里设定数字范围为 0～999，利用 random 模块的 randint()函数生成随机整数。为了让循环及时停止，使用下一节将介绍的 break 语句跳出循环。

```
import random  # 导入 random 模块
NUMBER = random.randint(0,999)  # 生成[0, 999]范围内的数字

while True:
  guess = int(input("请输入数字（0-999）：\n"))
  if guess == NUMBER:
    print("恭喜！猜对了！")
    break
  elif guess > NUMBER:
    print("太大了...请重新猜！")
  else:
    print("太小了...请重新猜！")
```

作者操作的游戏过程如下：

```
请输入数字（0-999）：
50
太小了...请重新猜！
请输入数字（0-999）：
500
太大了...请重新猜！
请输入数字（0-999）：
200
太大了...请重新猜！
请输入数字（0-999）：
100
太大了...请重新猜！
请输入数字（0-999）：
60
太小了...请重新猜！
请输入数字（0-999）：
80
太大了...请重新猜！
请输入数字（0-999）：
70
太大了...请重新猜！
请输入数字（0-999）：
60
太小了...请重新猜！
请输入数字（0-999）：
65
```

```
太大了...请重新猜!
请输入数字(0-999):
64
太大了...请重新猜!
请输入数字(0-999):
63
太大了...请重新猜!
请输入数字(0-999):
62
恭喜! 猜对了!
```

合理地使用 while 语句可以极大地减少使用循环结构时需要的初始认知。代码不需要知道要运行多少次，只需要知道当某种条件触发时，便立即停止，有时也需要 continue 和 break 命令的配合。

## 4.4 continue、break 与 pass

有时存在这样的问题亟待解决：一方面，数据处理的步骤是重复的、繁重的；另一方面，重复似乎没什么规律，即单纯地使用循环结构不能解决问题。Python 提供了 continue 和 break 语句来帮助扩展循环结构的应用范围，以解决上述问题。

### 4.4.1 continue

continue 语句可以让当前循环跳过余下的步骤，直接进入下一个循环。

在举例说明前，先介绍一个相关的数学概念——阶乘。

一个正整数的阶乘（factorial）是所有小于及等于该数的正整数的积，并且 0 的阶乘为 1。自然数 $n$ 的阶乘写作 $n!$。

例如，2 的阶乘 2!为 $2\times1=2$，3 的阶乘 3!为 $3\times2\times1=6$，依次类推。

如果现在需要计算从 1 到 10，除 3 的倍数以外的几个整数的阶乘，即 1、2、4、5、7、8、10 的阶乘，如果用循环实现呢？

我们可以使用列表存储这几个数，然后进行循环遍历计算数的阶乘，实现代码如下：

```
In [1]: number_list = [1, 2, 4, 5, 7, 8, 10]
In [2]: import math

In [3]: for i in number_list:
   ...:     print(math.factorial(i))
1
2
24
120
5040
40320
```

```
3628800
```

这里直接使用了 math 模块中的 factorial()函数计算阶乘。首先使用 import 语句导入模块，然后以模块名后加英文点字符、再加函数名的方式调用模块的函数。

完成这个任务看似很简单，这与 continue 语句又有什么关系呢？思考一下，如果我们需要计算的不是简单几个数的阶乘，而是计算 100 以内，甚至 1000、10000 以内除 3 的倍数以外的整的阶乘呢？

下面以 1000 以内为例。

上面解法的笨拙之处在于需要手动输入列表，实际上它们是有规律的！要计算的 number_list 是一个连续整数除去 3 的倍数的列表，如果我们能够通过循环自动创建该列表，那么就不用手动输入列表了。

```
In [4]: number_list = []
   ...: for i in range(1, 1001):
   ...:     if i % 3 == 0:
   ...:         continue
   ...:     else:
   ...:         number_list.append(i)
   ...:
   ...: len(number_list)
Out[4]: 667
```

上面代码使用循环构建所需的 numberlist。通过 range()函数产生数字 1～1000，当迭代变量 i 是 3 的倍数时，循环转向下一次；当迭代变量 i 不是 3 的倍数时，将数字加入列表 numberlist。这样代码自动生成了后面计算阶乘所需要的列表，避免了手动输入的困难。

在读者熟练掌握了列表推导式后，上述的循环操作便显得多余起来，用下面一行代码即可实现，不需要 continue。

```
number_list = [ i for i in range(1, 1001) if i % 3 != 0 ]
```

甚至可以用一行代码解答上述的问题，如下：

```
[ print(math.factorial(i)) for i in range(1, 1001) if i % 3 != 0 ]
```

这一行代码的计算量非常大，建议读者不要运行，尝试选择一个小的循环数来查看结果。

### 4.4.2　break

程序一旦循环运行到 break 会跳出循环（即停止循环），而不是像 continue 转向下一次循环。在使用 while 循环创建的猜数字游戏中，当猜中数字后，break 语句将停止游戏的操作。除了游戏，在数据分析中使用 break 也十分普遍。当遇到异常的数据或者用户在循环内部设置的测试条件被满足时，break 能够及时地停止循环。

下面再列举几个使用 break 的简单例子，说明 break 在 while 循环、for 循环以及嵌套循环结构中的应用。

### 1. break 语句在 while 循环中的应用

以下代码使用 while 语句循环打印数字 1～9。

```
In [5]: a = 1
   ...: while True:
   ...:     print(a)
   ...:     a += 1
   ...:     if a == 10:
   ...:         break
1
2
3
4
5
6
7
8
9
```

while 后接的条件设置的是 True，即无限循环，因而在循环内部通过 if 语句设置条件检测，当变量 a 数值为 10 时，运行 break 跳出循环，停止打印。

### 2. break 语句在 for 循环中的应用

以下代码使用 for 语句循环打印 5～8。

```
In [6]: for i in range(5,10):
   ...:     print(i)
   ...:     if i > 7:
   ...:         break
5
6
7
8
```

因为循环迭代的是 range(5,10)，即 5～10，所以在循环内部使用 if 语句设置条件检测，当 i 大于 7 时，运行 break 跳出循环，停止打印。

### 3. break 语句在嵌套循环中的应用

以下代码使用两层嵌套循环重复打印 3 次 1～5。

```
In [7]: a = 10
   ...: while a <= 12:
   ...:     a += 1
   ...:     for i in range(1,7):
   ...:         print(i)
```

```
   ...:         if i == 5:
   ...:             break
1
2
3
4
5
1
2
3
4
5
1
2
3
4
5
```

第 1 层循环是 while 语句，第 2 层循环是 for 语句。初始设置变量 a 的值为 10，while 循环中代码每一次先令 a 加 1，然后执行嵌套的 for 循环。因为 a 设置为大于 12 则停止循环，所以第 1 层循环会执行 3 次。再看内部的 for 语句，迭代变量 i 从 1 到 7 递增，打印 i 的值。当 i 等于 5 时，执行 break 语句，此时循环停止。注意，此时 break 语句跳出的是 for 循环，即 break 只能停止自身所在循环，不能停止外部循环。当需要停止多层循环时，需要使用多个 break 语句。

### 4.4.3　pass

pass 关键字为 Python 提供了非操作语句，通常作为未执行代码的占位符。因为 Python 需要使用空白字符划定代码块，所以需要用到 pass 语句进行占位。

在构思比较复杂的代码实现时，pass 语句是非常好的帮手，特别是它可以在某些功能还未完成的情况下，检测已有功能是否正确实现。例如，下面代码实现正负数的判断，但还未实现输入是 0 时的处理，因此利用 pass 语句进行占位。

```
if x < 0:
    print('负数！')
elif x == 0:
    # 未来要做的事情：....
    pass
else:
    print('正数！')
```

## 4.5　文件操作

数据总是存储在各式各样的文件中，包括文本、数字、图像以及视频，因此对文件进行读写是数据分析中常见的操作之一。本节将介绍基本的文件类型，以及如何使用 Python 内置的模块进行文件基本的读写操作。

### 4.5.1 文件类型

计算机中的文件通常可以分为两种类型：二进制文件与文本文件。计算机的存储在物理上是二进制的，所以文本文件与二进制文件的区别并不是物理上的，而是逻辑上的，两者只是在编码层次上有差异。简单来说，文本文件是基于字符编码的文件，常见的编码有 ASCII 编码、UNICODE 编码等（现在全世界通用的编码是 UTF-8）。二进制文件是基于值编码的文件，我们可以根据具体应用指定某个值是什么意思，这个过程也可以看作自定义编码。

文件类型常常可以通过文件后缀名得知。后缀名为.txt 的文件是典型的文本文件，常用于存储表格数据的.csv 文件、.xlsx 文件等也都是文本文件，二进制文件则通常是一些可执行的程序软件、图像、视频。在大部分情况下，数据处理的文件都是文本文件。

在磁盘上读写文件的功能是由操作系统提供的，现代操作系统不允许普通的程序直接操作磁盘，所以读写文件就是请求操作系统打开一个文件对象（通常称为文件描述符），然后通过操作系统提供的接口从这个文件对象中读取数据（读文件），或者把数据写入这个文件对象（写文件）。

### 4.5.2 使用 open()函数读取文件

Python 提供了 open()函数用于打开一个文本文件，并返回文件对象。利用该对象，Python 用户能够操作文本。open()函数常用的形式是接收两个参数：文件名（file）和模式（mode）。即如果要以读文件的模式打开一个文件对象，除了传入文件路径，还需要以 r 指定为读模式。如果该文件无法被打开，Python 会抛出 OS Error。

为了介绍如何实际读取文本，我们在 Python 工作目录下使用文本编辑器创建一个文本文件，命名为 test.txt，其内容如下：

```
这是文本的第一行
这是文本的第二行
这是文本的第三行
这是文本的最后一行
```

在 IPython 中，使用%pwd 命令即可快速获取当前 Python 的工作目录。作者当前的工作目录如下：

```
In [8]: %pwd
Out[8]: '/Users/wsx'
```

如果创建的文件在工作目录下，在 IPython 中使用%ls 命令可以查看当前目录下的文件或文件夹。

```
In [8]: %ls
Applications/    Library/         Public/          work_script.pbs*
Desktop/         Movies/          go/
```

```
Documents/        Music/          test.txt
Downloads/        Pictures/       tmp/
```

下面使用 open()函数读取 test.txt 文件。

```
In [9]: f = open('test.txt', 'r')
```

这样就成功地打开了一个文件。如果文件不存在，Python 会抛出一个 IOError 的错误，并且给出错误码和详细的信息，告知用户文件不存在。

```
In [10]: f1 = open('test1.txt', 'r')
---------------------------------------------------------------------------
FileNotFoundError                         Traceback (most recent call last)
<ipython-input-10-ef17b5d7a1d3> in <module>
----> 1 f1 = open('test1.txt', 'r')

FileNotFoundError: [Errno 2] No such file or directory: 'test1.txt'
```

当成功打开文件后，接下来用户可以调用 read()方法一次读取文件的全部内容，Python 会将其表示为一个 str 对象。

```
In [11]: f.read()
Out[11]: '这是文本的第一行\n 这是文本的第二行\n 这是文本的第三行\n 这是文本的最后一行\n'
```

文件对象会占用操作系统的资源，并且操作系统同一时间能打开的文件数量是有限的，因此文件使用完毕后必须关闭，Python 用户读取文件的最后一步是调用 close()方法关闭文件。

```
In [12]: f.close()
```

注意，文件读写可能产生 IOError，一旦发生这种情况，后面使用 f.close()关闭文件就不起作用了。为了保证无论什么情况下都能正确关闭文件，可以使用 try...finally 语句块来实现。例如，使用下面代码确保读取上面的 test.txt 异常时能够关闭文件。

```
try:
    f = open('test.txt', 'r')
    print(f.read())
finally:
    if f:
        f.close()
```

只需要修改文件名（包括路径），上述代码即可应用于任何文本文件的读取。但是每次都这么写实在烦琐，因此 Python 引入了 with 语句帮助用户自动调用 close()方法。

```
with open('test.txt', 'r') as f:
    print(f.read())
```

上述代码与 try...finally 效果一致，但明显更为简洁，而且不必显式调用 close()方法。

虽然 read()方法可以一次性将文件的所有内容读取进来，但是实际使用得并不多。如果文件过大，超过计算机内存限制，不仅文件内容不能完全读进 Python，计算机也容易崩溃。保险起见，我们可以反复调用 read(size)方法，这样每次最多读取 size 字节的内容。不过这种方式使用得也不多，因为一般处理文件是按行进行的，因而 Python 提供了 readline()方法可以每次读取一行内容；readlines()方法则可以一次读取所有内容，并按行返回为列表。读者需要根据自己的需求决定具体使用什么方法。

下面代码使用 readlines()方法将文件内容读取为列表，然后使用 for 循环进行处理。

```
In [13]: for line in f.readlines():
    ...:     print(line.strip())  # 把末尾的'\n'删掉
这是文本的第一行
这是文本的第二行
这是文本的第三行
这是文本的最后一行
```

前面介绍的是读取文本文件，并且是 UTF-8 编码的文本文件。如果要读取二进制文件，如图片、视频等，只需要将读取模式设置为'rb'即可。

```
In [14]: f = open('/Users/wsx/Pictures/cover.png', 'rb')
In [15]: f.read()  # 下面输出的结果太多，因此省略
Out[15]: b'\x89PNG\r\n\x1a\n\x00\x00\x00\rIHDR\x00\x00 ...
```

除了文件类型，文件的字符编码也是经常需要关注的。open()函数打开文件默认使用 UTF-8 编码，如果要读取非 UTF-8 编码的文本文件，需要给 open()函数传入 encoding 参数。

例如，中文一般使用 GBK 编码。下面代码读取一个 GBK 编码的文本文件，读者可以看看使用不同的编码参数得到的结果有什么不同。

```
In [16]: f = open('/Users/wsx/Documents/gbk.txt', 'r', encoding='UTF-8')
In [17]: f.read()
---------------------------------------------------------------------------
UnicodeDecodeError                        Traceback (most recent call last)
<ipython-input-17-571e9fb02258> in <module>
----> 1 f.read()

/Volumes/Data/miniconda3/lib/python3.6/codecs.py in decode(self, input, final)
    319         # decode input (taking the buffer into account)
    320         data = self.buffer + input
--> 321         (result, consumed) = self._buffer_decode(data, self.errors, final)
    322         # keep undecoded input until the next call
    323         self.buffer = data[consumed:]

UnicodeDecodeError: 'utf-8' codec can't decode byte 0xd5 in position 0: invalid
continuation byte
In [18]: f = open('/Users/wsx/Documents/gbk.txt', 'r', encoding='gbk')
In [19]: f.read()
Out[19]: '这是 GBK 编码的文本，如果你不正确解码就看不到正确内容喔~'
```

### 4.5.3　使用 open()写文件

写文件和读文件的步骤相似，唯一的区别是调用 open()函数时，需要指定模式'w'或者'wb'表示在对文本文件或二进制文件进行写入操作。

下面演示对前面的 test.txt 写入两行文字，然后读取进来查看是否成功写入。

```
In [20]: f = open('test.txt', 'w')
In [21]: f.write('我给文本加一行\n')
Out[21]: 8
In [22]: f.write('我再加一行，这是最后一行')
Out[22]: 12
In [23]: f.close()
```

我们可以反复调用 write()方法将内容写入文件，但需要注意在最后一定要使用 f.close()关闭文件，否则可能丢失数据。这是因为当使用 Python 将内容写入文件时，操作系统不会立即将数据写入磁盘，而是暂时将文本放到内存中缓存，当计算资源空闲时才进行写入，只有调用 close()方法后，操作系统才会保证把没有写入的数据全部写入磁盘文件。因此，在进行文本写入时，使用 with 语句是最为保险的方式。

```
with open('test.txt', 'w') as f:
  f.write('我给文本加一行\n')
  f.write('我再加一行，这是最后一行')
```

现在已经写入了文件，这时通过 open()将内容读取进来查看。

```
In [24]: with open('test.txt', 'r') as f:
    ...:     for line in f.readlines():
    ...:         print(line.strip())
我给文本加一行
我再加一行，这是最后一行
```

内容的确被成功写入了 test.txt 文件，但原先的内容被删除了。仅仅设定写模式'w'会首先清空文件的内容，然后将要写入的内容写进文件。为了执行文本的追加而不是覆盖操作，需要使用'wa'替换'w'，'a'为 append（追加）的缩写。有关所有模式的定义及含义，请读者阅读 Python 的官方文档。

## 4.6　章末小结

一个复杂的程序是简单的语句与各类控制循环结构的组合。本章详细介绍了控制结构 if-else 语句、循环结构 for 语句和 while 语句，通过实例介绍了它们的基本操作和较为复杂的嵌套操作，以及应用它们操作常见的列表、元组和字典等序列对象。

此外，本章介绍了 Python 基本的文件读写操作，帮助读者构建数据读写的认知体系，也为以后理解更高级的文件操作和处理打下基础。

# 第5章　函数与模块

**本章内容提要：**

- 为什么使用函数
- 函数的创建与使用
- 函数的参数
- 模块与包
- 第三方模块的下载与使用

在第 4 章中，本书介绍了如何使用控制与循环结构来自动化反复进行的操作。尽管利用这些控制流操作可以极大地简化一些处理任务，但针对一些日常的工作任务，我们可能需要频繁地复制大段的代码进行修改。这种简化的力度仍显不够，而且极易出错，因此我们需要新的工具来提升编写程序的效率。在这种情况下，我们可以自己创建函数或者使用标准模块/三方模块中提供的简便函数。本章将详细介绍如何创建函数和设定函数参数，以及使用第三方模块。

## 5.1　函数

### 5.1.1　为什么使用函数

在第 2 章中，本书已经介绍过使用身高和体重值计算 BMI 指数。假设现在需要计算 3 个人的 BMI 指数，使用如下代码：

```
# 用 w 表示体重，h 表示身高
w1 = 70.2
w2 = 60.6
w3 = 54.3
h1 = 1.90
h2 = 1.73
h3 = 1.65
```

```
BMI_1 = w1 / h1 ** 2
BMI_2 = w2 / h2 ** 2
BMI_3 = w3 / h3 ** 2
```

上述代码中出现了规律的重复。我们可以首先考虑用循环的方式进行优化：将体重数据与身高数据分别存储在列表中，然后使用 for 循环遍历并计算 BMI 指数。然而这种优化方式有两个问题，一是代码的输入量并没有减少，二是如果接下来要计算另一个人的 BMI 指数，还需要重新创建输入列表。

函数是最基本的代码抽象方式，借助函数，我们可以不用关注底层的具体计算过程，而从更高层次思考问题。如果将核心的计算步骤抽象为函数，将极大地简化问题的处理过程。

例如，将步骤 BMI = w / h**2 写为函数 calcBMI()，每次调用 calcBMI(w, h)就可以计算一次 BMI 指数，而且函数本身只需要写一次就可以多次调用。

几乎所有的编程语言都支持函数，Python 当然也不例外。Python 不但能非常灵活地创建函数，而且本身内置很多可用的函数，拿来即用。

### 5.1.2　函数的调用

Python 内置的函数无须进行导入操作，只需要知道函数的名称和参数，用户就可以直接在代码中调用。例如，abs()函数只需要一个输入参数就可以求取绝对值。读者可以输入“help(函数名)”或者“函数名?”查看函数的文档，下面用 abs()函数进行演示。

```
In [1]: help(abs)
In [2]: abs?
Signature: abs(x, /)
Docstring: Return the absolute value of the argument.
Type:      builtin_function_or_method
```

将需要进行绝对值处理的数值作为参数输入 abs()函数即可实现调用。

```
In [3]: abs(-1)
Out[3]: 1
In [4]: abs(1)
Out[4]: 1
```

在进行函数调用时，需要注意输入参数的数目和类型，如果数目或类型与函数预期的不一致，Python 会抛出 TypeError 错误，并给出错误信息。

```
In [5]: abs('a')
---------------------------------------------------------------------------
TypeError                                 Traceback (most recent call last)
<ipython-input-5-f2001f88707b> in <module>
----> 1 abs('a')

TypeError: bad operand type for abs(): 'str'
```

```
In [6]: abs(1, 2)
---------------------------------------------------------------------------
TypeError                                 Traceback (most recent call last)
<ipython-input-6-6c188a838f2b> in <module>
----> 1 abs(1, 2)

TypeError: abs() takes exactly one argument (2 given)
```

有些函数可以接收任意多个数目的参数，例如 max()可以返回一组数的最大值。

```
In [7]: max(2,1,3,4,5,2,3,10,2,4,5)
Out[7]: 10
```

函数名本质上是指向一个函数对象的引用（在 Python 中，一切都是对象，变量都是对对象的引用，方便使用）。所以，我们完全可以把函数名赋值给一个变量，这相当于给函数起了一个别名，有时可以简化使用。

```
In [8]: a = abs
In [9]: a(-10)
Out[9]: 10
```

当然，这里将 abs()函数重命名为 a()是不可取的，会降低代码的可读性和可维护性。

一般而言，Python 内建的 callable()函数可以用来判断函数是否可调用。

### 5.1.3 函数的创建

Python 内置的函数以及三方模块的函数有时不能满足工作需求，需要我们自己创建函数。

Python 使用 def 关键字对函数进行定义：在 def 语句后依次写出函数名、括号、参数和英文冒号，并在随后的代码块中编写函数体，如果需要返回一些结果，则使用 return 语句。下面定义了一个 fib 函数，用于打印到指定参数为止得到的斐波那契数列。

```
In [10]: def fib(n):
    ...:     """打印斐波那契数列到 n"""
    ...:     a, b = 0, 1
    ...:     while a < n:
    ...:         print(a, end=' ')
    ...:         a, b = b, a+b
    ...:     print()

In [11]: fib(10) # 调用函数，打印
0 1 1 2 3 5 8
In [12]: fib(2000)
0 1 1 2 3 5 8 13 21 34 55 89 144 233 377 610 987 1597
```

根据上述的代码，下面详细介绍函数的创建过程：关键字 def 引入了函数的定义，它的后面必须跟上一个函数名以及用括号括起来的正式参数列表。构建函数体的代码语句从下一行开始，而且必须正确缩进。函数体的第一个语句是一个可选的字符串文本，称为函数说明字符串

(docstring)。函数中包含 docstring 是良好代码的体现，这样别人在使用时能很容易理解该函数的功能及用法。

### 5.1.4　函数作用域

执行函数会引入新的符号表，用于函数指定的局部变量。也就是说，函数本身形成了一个相对独立的命名空间，即函数作用域，它在寻找变量值时会先从函数内部寻找，如果没有找到，则会在函数外部寻找。如果在函数外部都没有找到，Python 会抛出错误。通常，当调用函数时，函数的实际参数值会被引入为一个函数的局部变量。

为了更好地帮助读者理解局部变量的概念，下面对 fib()函数进行简单的修改。

```
def fib(n):
    """打印斐波那契数列到 n"""
    print("n 是局部变量，它的值是"+str(n)) # 打印函数的局部变量 n
    a, b = 0, 1
    while a < n:
        print(a, end=' ')
        a, b = b, a+b
    print()
```

然后对该函数进行以下调用：

```
In [13]: c = 10
    ...: fib(c)
    ...:
    ...: print(n)
n 是局部变量，它的值是 10
0 1 1 2 3 5 8
---------------------------------------------------------------------------
NameError                                 Traceback (most recent call last)
<ipython-input-13-9748ce91e137> in <module>
      2 fib(c)
      3
----> 4 print(n)

NameError: name 'n' is not defined
```

这里在函数外创建了一个变量 c，存储 fib()函数实际要传入的数值，然后调用函数。在函数定义部分，我们使用了变量 n 来指示输入参数，因此函数内部创建了一个局部变量 n 来指示实际传入变量 c 的值。n 的作用范围仅限于函数内部，如果在函数的外部使用该变量，Python 会抛出变量 n 未定义的错误。

上面的函数运行最后会将结果打印出来，大多数情况我们更希望将结果存储在变量中，这时需要利用 return 语句。实际上，即使用户没有显式地在函数中使用 return 语句来返回结果，Python 也会调用 return 语句返回 None 值。但 None 值通过会被 Python 解释器抑制，只有使用

print 语句才能显式地观测到它。

```
In [14]: fib(0)
n 是局部变量，它的值是 0
In [15]: print(fib(0))
n 是局部变量，它的值是 0
None # 这里是函数最后返回的 None 值
```

### 5.1.5 递归函数

函数的实际调用就是一行语句，因此用户可以在函数中调用不同的函数，只要知道如何正确地传递各个参数以及处理好函数返回的结果。这种方式大大简化了代码的复杂性，各个函数自身的运行逻辑被封装在内部，用户只需要关注如何合理地调用它们处理问题。大多数情况下，我们看到的是一个函数调用其他函数。除此之外，函数还可以实现自我调用，称为递归函数。本节将重点介绍递归函数的函数嵌套与自我调用的特点。

介绍递归函数最好的例子之一是计算阶乘。

阶乘可以直观展示为 $n! = 1 \times 2 \times 3 \times \cdots \times n$ 的形式，也可以展示为递归的方式 $n! = (n-1)! \times n$。读者可以通过图 5-1 中不断循环的捧着画框的蒙娜丽莎直观地理解递归。

此时如果令函数 factorial(n)为 n!，那么递归的函数表示法为 factorial(n) = factorial(n−1) × n。

图 5-1 递归可视化：捧着画框的蒙娜丽莎

现在用代码来表征这一过程，并对结果进行测试。

```
In [16]: def factorial(n):
    ...:     if n == 1:
    ...:         return 1
    ...:     else:
    ...:         return n * factorial(n-1)

In [17]: factorial(1)
Out[17]: 1

In [18]: factorial(5)
Out[18]: 120

In [19]: factorial(10)
Out[19]: 3628800
```

factorial(5)的计算过程表示如下：

```
===> factorial(5)
===> 5 * factorial(4)
===> 5 * (4 * factorial(3))
===> 5 * (4 * (3 * factorial(2)))
===> 5 * (4 * (3 * (2 * factorial(1))))
===> 5 * (4 * (3 * (2 * 1)))
===> 5 * (4 * (3 * 2))
===> 5 * (4 * 6)
===> 5 * 24
===> 120
```

相比对使用循环进行阶乘的运算，递归在逻辑上更加清晰，定义更加简单，不过运算过程更为抽象。理论上，所有的递归函数都可以写成循环的形式。在使用递归函数时需要注意，必须有一个明确的递归结束条件，以避免无限调用。

递归函数的最大问题是效率低，占用了大量的内存和时间，当递归次数过多时，容易发生栈溢出。发生栈溢出的原因是，在计算机中函数的调用是通过堆栈（stack）来实现的，每进行一次调用，栈帧就会增加一层；每当函数返回，栈帧就减少一层，然而计算机提供的栈帧不是无限大的，就像我们不可能真正地在蒙娜丽莎画像上画出无限个捧着画框的子图，当递归调用次数过多时，就会发生栈溢出。

```
In [20]: factorial(1000)
Out[20]: 4023872600770937735437024339230039857193748642107146325437999104299385123986
2902059204420848696940480047998861019719605863166687299480855890132382966994459099742
4504087073759918823627727188732519779505950995276120874975462497043601418278094646496
2910563938874378864873371191810458257836478499770124766328898359557354325131853239584
6307555740911426241747434934755342864657661166779739666882029120737914385371958824980
8126867838374559731746136085379534524221586593201928090878297308431392844403281231558
```

```
6110369768013573042161687476096758713483120254785893207671691324484262361314125087802
0800026168315102734182797770478463586817016436502415369139828126481021309276124489635
9928705114964975419909342221566832572080821333186116811553615836546984046708975602900
9505376164758477284218896796462449451607653534081989013854424879849599533191017233555
5660213945039973628075013783761530712776192684903435262520001588853514733161170210396
8175921510907788019393178114194545257223865541461062892187960223838971476088506276862
9671466746975629112340824392081601537808898939645182632436716167621791689097799119037
5403127462228998800519544441428201218736174599264295658174662830295557029902432415318
1617210465832036786906117260158783520751516284225540265170483304226143974286933061690
8979684825901254583271682264580665267699586526822728070757813918581788896522081643483
4482599326604336766017699961283186078838615027946595513115655203609398818061213855860
0301435694527224206344631797460594682573103790084024432438465657245014402821885252470
9351906209290231364932734975655139587205596542287497740114133469627154228458623773875
3823048386568897646192738381490014076731044664025989949022222176590433990188601856652
6485061799702356193897017860040811889729918311021171229845901641921068884387121855646
1249607987229085192968193723886426148396573822911231250241866493531439701374285319266
4987533721894069428143411852015801412334482801505139969429015348307764456909907315243
3278288269864602789864321139083506217095002597389863554277196742822248757586765752344
2202075736305694988250879689281627538488633969099598262809561214509948717012445164612
6037902930912088908694202851064018215439945715680594187274899809425474217358240106367
7404595741785160829230135358081840096996372524230560855903700624271243416909004153690
1059339838357779394109700277534720000000000000000000000000000000000000000000000000000
0000000000000000000000000000000000000000000000000000000000000000000000000000000000000
0000000000000000000000000000000000000000000000000000000000000000000000000000000000000
000000000000000000000000000

In [21]: factorial(100000)
---------------------------------------------------------------------------
RecursionError                            Traceback (most recent call last)
<ipython-input-21-43ad924d46ef> in <module>
----> 1 factorial(100000)

<ipython-input-16-b3332bd42a71> in factorial(n)
      3         return 1
      4     else:
----> 5         return n * factorial(n-1)

... last 1 frames repeated, from the frame below ...

<ipython-input-16-b3332bd42a71> in factorial(n)
      3         return 1
      4     else:
----> 5         return n * factorial(n-1)

RecursionError: maximum recursion depth exceeded in comparison
```

上述代码的运行结果显示当计算 1000 的阶乘时，计算机还能正常运行并计算出结果，而将输入参数设为 100000 时，Python 直接报错，提示递归已经超出支持的最大深度。

## 5.2 函数的参数

定义函数时把参数的名字和位置确定下来，就完成了函数的接口的定义。对于函数的使用者来说，只需要知道如何传递正确的参数，以及函数将返回什么样的值就够了，函数内部的复杂逻辑被封装起来，使用者无须了解。这就如同我们用铅笔写字，却无须知道铅笔的制造过程。反之，函数创建者应当考虑函数内部的逻辑，合适地设定函数的参数，以便使用者能够轻松调用。

Python 的函数定义非常简单，但灵活度很高。函数的参数主要可以分为位置参数、关键字参数和可变参数 3 种类型，合理组合 3 种参数类型定义函数接口，不但能处理复杂的参数，还可以简化函数调用者的代码。

### 5.2.1 位置参数

位置参数的含义比较直观，即通过位置指定的参数。既然关键在于位置，那么参数名就显得不那么重要了。位置参数是创建函数时通常使用的参数，下面用一个简单例子说明。

创建一个函数用来计算数值 *x* 的 *n* 次幂。

```
In [22]: def power(x, n):
    ...:     s = 1
    ...:     while n > 0:
    ...:         n = n - 1
    ...:         s = s * x
    ...:     return s

In [23]: power(2, 2)
Out[23]: 4
In [24]: power(2, 3)
Out[24]: 8
```

这里 power(x, n)函数中的两个参数 x 和 n 都是位置参数，在调用时传入的值会依次传给 x 和 n。

有意思的是，如果显式地指定参数名，会发生报错的情况，如下所示：

```
In [25]: power(x = 2, 5)
  File "<ipython-input-40-b1e390a5e3ac>", line 1
    power(x = 2, 5)
                ^
SyntaxError: positional argument follows keyword argument

In [26]: power(2, n = 5)
Out[26]: 32
```

```
In [27]: power(x = 2, n = 5)
Out[27]: 32
```

可以发现，在几种调用方式中，如果先输入带参数名的参数，后面就不能接位置参数了。

### 5.2.2　关键字参数

为什么指定参数名会报错呢？这是因为在使用 power(x = 2, 5)时，我们引入了一个新的参数类型——关键字参数，它干扰了 Python 对于参数的解析。在 Python 的逻辑中，关键字参数必须放到位置参数的后面，不然 Python 不知道谁是谁，而这里恰恰相反，所以 Python 抛出错误。

对于关键字参数，位置就不重要了，而是通过名字指定，这时调用者可以任意地修改顺序。关键字参数最有用的形式是为一个或多个参数指定一个默认参数值，这样创建出来的函数用户通过设定少量参数即可调用。

例如，下面的 ask_ok()函数向用户发出询问，如果用户同意并输入 y 或 ye 或 yes，函数都会返回 True；如果用户不同意并输入 n 或 no 或 nop 或 nope，函数会返回 False；其他情况会提示用户再次输入。

```
In [28]: def ask_ok(prompt, retries=4, reminder='Please try again!'):
    ...:     while True:
    ...:         ok = input(prompt)
    ...:         if ok in ('y', 'ye', 'yes'):
    ...:             return True
    ...:         if ok in ('n', 'no', 'nop', 'nope'):
    ...:             return False
    ...:         retries = retries - 1
    ...:         if retries < 0:
    ...:             raise ValueError('invalid user response')
    ...:         print(reminder)
```

该函数可以通过以下 3 种不同的方式调用。

- 仅给出一个必需参数：ask_ok("你真想退出吗？")。
- 指定一个可选参数：ask_ok("你真想退出吗？", 2)。
- 给出所有的参数：ask_ok("你真想退出吗？", 1, "不好意思，只能是 yes 或 no！")。

下面对上述调用方式进行简单的测试。

```
In [29]: ask_ok("你真想退出吗? ")
你真想退出吗? y
Out[29]: True

In [30]: ask_ok("你真想退出吗? ", 2)
你真想退出吗? fgfg
Please try again!
你真想退出吗? fewe
Please try again!
```

```
你真想退出吗? gdhgds
---------------------------------------------------------------------------
ValueError                                Traceback (most recent call last)
<ipython-input-24-e2ab09b6f802> in <module>
----> 1 ask_ok("你真想退出吗? ", 2)

<ipython-input-22-16d7c37266ff> in ask_ok(prompt, retries, reminder)
      8         retries = retries - 1
      9         if retries < 0:
---> 10             raise ValueError('invalid user response')
     11         print(reminder)

ValueError: invalid user response

In [31]: ask_ok("你真想退出吗? ", 1, "不好意思，只能是 yes 或 no! ")
你真想退出吗? npe
不好意思，只能是 yes 或 no!
你真想退出吗? yes
Out[31]: True
```

可以看到，无论是简单调用还是复杂调用，只需要定义一个函数，因此关键字参数降低了函数的使用难度，也给函数的使用提供了灵活性。

虽然使用关键字参数设定默认值非常有用，但使用不当会出现较大的问题。下面定义了一个简单的函数来说明这个问题。

```
In [32]: def f(a, L=[]):
    ...:     L.append(a)
    ...:     return L

In [33]: print(f(1))
    ...: print(f(2))
    ...: print(f(3))
[1]
[1, 2]
[1, 2, 3]
```

结果非常奇怪，在第 2 次和第 3 次调用前的结果居然还在，可是在函数定义时设定了默认参数为空列表！这是因为 Python 只对函数的默认值计算一次，所以当默认参数是可变对象（如列表、字典）时，参数会累积变化，看起来它继承了前面调用的输入。为了解决这个问题，我们需要将默认参数设定为不可变对象 None。

```
In [34]: def f(a, L=None):
    ...:     if L is None:
    ...:         L = []
    ...:     L.append(a)
    ...:     return L
```

```
In [35]: print(f(1))
    ...: print(f(2))
    ...: print(f(3))
[1]
[2]
[3]
```

现在无论调用多少次，函数也不会出现问题了。

### 5.2.3 可变参数

在上面的例子中，我们能够传入的参数是有限的。如果要向函数传入成千上万个（虽然有点夸张，但一些实际情况就是如此）参数，我们需要新的解决办法。

现在我们定义一个函数，用于计算任意个参数的平方和：

```
In [36]: def calcSquareSum(*numbers):
    ...:     sum = 0
    ...:     for n in numbers:
    ...:         sum = sum + n * n
    ...:     return sum

In [37]: calcSquareSum(1, 2, 3)
Out[37]: 14
In [38]: calcSquareSum()
Out[38]: 0

In [39]: input = [3, 4, 5]
In [40]: calcSquareSum(*input)
Out[40]: 50
```

这里无论 input 有多长，函数都是可以使用的。显然，星号发挥着至关重要的作用，函数识别到该符号会将输入的位置参数自动组装为元组，这一点可以通过以下代码验证。

```
In [41]: def print_params(*params):
   ...:     print(params)
   ...:

In [42]: print_params(1, 3, 5, 7, 9)
(1, 3, 5, 7, 9)
```

简而言之，星号起到收集“剩余”位置参数的作用。为什么要强调“剩余”和“位置参数”呢？一方面，该操作可以与单个位置参数搭配使用；另一方面，该操作不能用于关键字参数。

```
In [43]: def print_params2(name, *params):
   ...:     print(name, params)
   ...:
```

```
In [44]: print_params2("Admin", 1, 2, 3, 4)  # 我们会看到 name 和 params 是分开的
Admin (1, 2, 3, 4)
In [45]: print_params({"a":1, "b":2})   # 我们得到的是元组而不是字典
({'a': 1, 'b': 2},)
```

相应地，为了处理关键字参数，Python 引入了两个星号。

```
In [46]: def person(name, age, **kw):  # 这里的 kw 就是关键字参数
    ...:     print('性别：', name, '年龄', age, '其他', kw)

In [47]: person("Shixiang", 25)
性别：Shixiang 年龄 25 其他{}

In [48]: person("小丹", 25, city = "上海", job = "数据分析工程师")
性别：小丹 年龄 25 其他{'city': '上海', 'job': '数据分析工程师'}
```

总结一下，可变参数并没有概念上的创新，实质上是位置参数和关键字参数的变体，用来处理任意输入参数的情形。

## 5.3 模块

实际完成一个软件开发或者数据分析流程的代码量往往是巨大的，一个文件里所存储的代码越长，就越不容易维护。为了编写可维护的代码，程序员通常将函数按照功能进行分组并将它们放到不同的文件中去，这样每个文件中的代码就少了很多，功能专一，便于查找、调试错误，增加功能特性等，很多编程语言都采用这种组织代码的方式。

在 Python 中，每一个以.py 为文件扩展名的代码文件都是一个模块（Module）。模块大大提高了代码的可维护性，并扩大了应用范围，编写代码不需要从头开始，用户可以选择直接引用别人已经创建好的优秀模块，包括 Python 内置的模块和来自第三方的模块。数据分析常常建立在众多的计算模块基础之上，如 NumPy、Pandas 和 SciPy 等，基于这些行业标准级别的模块，读者可以快速实现数据的读取、操作、分析、可视化和结果输出。

模块学习的核心在于了解模块、安装模块以及学习使用模块提供的函数，下面分别进行介绍。

### 5.3.1 模块与包结构

前面提到，一个.py 文件就是一个模块，例如一个 abc.py 文件就是一个叫作 abc 的模块。因为很多 Python 使用者在创建模块时，会采用易用易懂的文件名命名规则，所以模块名很容易与其他的模块冲突。为了解决这个问题，Python 引入了包对模块进行组织。包其实就是一个包含众多模块的目录，只要包名不与别的包名冲突，那么该包的所有模块都不会产生冲突。

下面展示了一个名字为 fib 包的结构，该包下面有 3 个模块，这里的 abc.py 模块名字不再是 abc，而是 fib.abc。

```
fib
├── __init__.py
├── abc.py
└── fib.py
```

每一个包目录下都会有一个__init__.py 文件，它的模块名为包名 fib，该文件可以为空，也可以有 Python 代码，它必须存在于包的目录下，否则 Python 会将该目录当作普通目录，而非包。

包也可以嵌套存在，组成多层次的包结构，如下所示：

```
fib
├── __init__.py
├── abc.py
└── fib.py
└── calc
  ├── __init__.py
  ├── def.py
  └── calculation.py
```

这里 def.py 的模块名是 fib.calc.def。每多一个层级，其中的模块名就多一个层级，层级之间用英文句号 . 区分。模块名要遵循 Python 变量命名规范，不要使用中文、特殊字符。

### 5.3.2　模块的创建

本节以内置的 sys 和 math 模块为例，编写一个 fact 模块，用于计算阶乘。

首先用文本编辑器创建一个以.py 为文件扩展名的文本文件，然后输入以下代码：

```python
#!/usr/bin/env python3
# -*- coding: utf-8 -*-

"""这是一个计算阶乘的模块，
它利用了 math 模块和 sys 模块"""

__author__ = 'Shixiang'

import sys
import math

def fact():
    args = sys.argv
    if len(args)==1:
        print('请重新运行并输入一个数字。')
    elif len(args)==2:
        print(math.factorial(int(args[1])))
    else:
        print('这个函数只接收一个参数，而且必须是数字！')
```

```
if __name__=='__main__':
    fact()
```

上面代码中的第 1、2 行是标准的注释，其中第 1 行的注释可以让该模块直接在 Linux 系统和 macOS 系统上运行，第 2 行注释指定代码文件使用标准的 UTF-8 编码。这两行注释是标准的规范，请读者在编写模块时务必遵守。

接下来的一行是字符串，是对整个模块的功能说明，一般称为文档字符串（docstring），这与编写函数是一致的。任何模块/函数代码的第一个字符串都被视为文档注释。

__author__ = 'Shixiang'使用专门的变量记录模块的作者，别人在使用时可以查看模块的创作者是谁。

上述提及的内容是 Python 模块文件的标准版本，是一个可选项，可以删除不写，但建议读者都使用标准的写法。

随后的内容是真正的代码部分，使用 import 关键字可以直接导入已经安装好的 Python 模块，导入后 Python 用户就可以使用模块名来引用模块提供的函数和参数等。利用 sys 和 math 变量名，我们可以访问这两个模块的所有功能。

fact 模块使用了 sys 模块的 argv 值以及 math 模块中的 factorial()函数。argv 变量用 list 的形式存储了 Python 命令行的所有参数，其中第一个参数永远是被运行 Python 文件的文件名称，这里即是 fact.py；第二个是需要模块使用者输入的数字。

在实际运行 fact 模块前，我们再来看看最后两行代码的含义。

```
if __name__=='__main__':
    fact()
```

当使用命令行运行 fact 模块时，Python 解释器会将特殊变量__name__变为__main__，但如果在其他位置导入 fact 模块，该判断语句将失效。这种操作方便我们通过命令行测试代码，但直接在代码中使用 import 导入该模块也依然有效。

通过命令行运行代码需要打开操作系统的终端，并将其切换到 fib.py 文件所在的目录。下面的$是终端提示符，读者无须理会。

```
$ python3 fib.py
请重新运行并输入一个数字。
$ python3 fib.py 3
6
```

IPython 提供了更便捷的方式运行.py 文件（这些方式在 IPython Shell、Jupyter Notebook 和 nteract 软件中的操作是一致的），一种方式与命令行运行类似，在命令前加一个!，这样 IPython 会将其自动解析为系统命令运行。

```
In [49]: !python3 fib.py 3
6
```

IPython 还提供了魔术命令%run 运行模块文件，请在 IPython 中输入%magic，以便阅读与学习更多魔术命令。

```
In [50]: %run fib.py 3
6

In [51]: %run fib.py 5
120
```

### 5.3.3 模块的作用域

前面介绍了函数的作用域，模块也有其作用域。在一个模块中，我们可以定义很多函数和变量，但我们希望有的函数和变量给别人使用，有的仅在模块内部使用。

在 Python 中，模块的作用域是通过符号前缀_来实现的。正常的函数和变量名是公开的，可以被直接引用，如 abc、weight123。而类似__xxx__这样的变量是特殊变量，虽然也可以被直接引用，但是有些特殊用途。例如上面的阶乘模块代码中，__author__、__name__就是特殊变量，另外模块定义的文档注释也可以用特殊变量__doc__访问。非公开（或称私有）的函数名或变量名类似_xxx 和__xxx，它们不应该被直接引用（而非不能），如_abc、__abc。

按照模块的逻辑，它会将私有函数或变量隐藏起来，来实现更高层级的代码封装和抽象。例如，某个模块只实现一个功能函数，但因为实现代码复杂，作者写了很多的函数组合实现各个细节部分，使用一个主函数调用，因而作者只想提供主函数作为公开函数，其他的函数对用户不可见。这种情况下使用私有函数是有好处的，用户只需要关注实现功能的主函数，无须了解其内部逻辑，私有函数都公开反而是一种干扰。

因此，在编写模块时，我们不需要将使用的函数或变量全部定义为私有函数或私有变量，需要使用的函数或变量则定义为公开函数或私有变量。

### 5.3.4 三方模块的安装

Python 本身内置了非常多（约 200 个）的模块，涵盖了众多的功能需求，安装 Python 后即可使用，如 sys 模块包含系统相关的参数与函数、builtins 模块包含内置对象、os 模块包含多方面的操作系统接口、math 模块提供了数学处理函数。

当内置模块不能满足需求时，如果要实现的功能并不复杂，建议先尝试自己编写代码解决。如果要实现的功能太过复杂，超过自身的能力，可以通过网络搜索实现相关功能的三方模块。PyPI（Python Package Index）是 Python 的软件仓库，目前提供了近 16 万个 Python 软件包，涵盖互联网的各个领域。Anaconda 是 Python 常用计算包的软件仓库，目前提供了近 2000 个计算软件包，涵盖了数据分析领域的各个方面。

PyPI 和 Anaconda 提供的软件包分别可以通过 pip 工具和 conda 工具进行安装，它们具有极为相似的语法，简单易上手。

因为本书的内容是基于 Anaconda 的，所以这里介绍 conda 工具的使用。

conda 工具是一个命令行工具，在终端命令行中使用--help 选项可以列出所有 conda 支持的命令及其解释。

```
$ conda --help
usage: conda [-h] [-V] command ...

conda is a tool for managing and deploying applications, environments and packages.

Options:

positional arguments:
  command
    clean         Remove unused packages and caches.
    config        Modify configuration values in .condarc. This is modeled
                  after the git config command. Writes to the user .condarc
                  file (/Users/wsx/.condarc) by default.
    create        Create a new conda environment from a list of specified
                  packages.
    help          Displays a list of available conda commands and their help
                  strings.
    info          Display information about current conda install.
    install       Installs a list of packages into a specified conda
                  environment.
    list          List linked packages in a conda environment.
    package       Low-level conda package utility. (EXPERIMENTAL)
    remove        Remove a list of packages from a specified conda environment.
    uninstall     Alias for conda remove. See conda remove --help.
    search        Search for packages and display associated information. The
                  input is a MatchSpec, a query language for conda packages.
                  See examples below.
    update        Updates conda packages to the latest compatible version. This
                  command accepts a list of package names and updates them to
                  the latest versions that are compatible with all other
                  packages in the environment. Conda attempts to install the
                  newest versions of the requested packages. To accomplish
                  this, it may update some packages that are already installed,
                  or install additional packages. To prevent existing packages
                  from updating, use the --no-update-deps option. This may
                  force conda to install older versions of the requested
                  packages, and it does not prevent additional dependency
                  packages from being installed. If you wish to skip dependency
                  checking altogether, use the '--force' option. This may
                  result in an environment with incompatible packages, so this
                  option must be used with great caution.
    upgrade       Alias for conda update. See conda update --help.

optional arguments:
  -h, --help      Show this help message and exit.
```

```
  -V, --version  Show the conda version number and exit.
```

在 IPython 环境中，使用!conda --help 也可以返回与上述一致的结果。

常用的操作是搜索、安装以及删除（卸载）包，分别对应 search、install 和 remove 子命令。下面是搜索 ipython 包的例子。

```
$ conda search ipython
Loading channels: done
# Name                  Version           Build  Channel
ipython                    0.13         py26_0  pkgs/free
ipython                    0.13         py27_0  pkgs/free
ipython                  0.13.1         py26_0  pkgs/free
ipython                  0.13.1         py26_1  pkgs/free
ipython                  0.13.1         py27_0  pkgs/free
ipython                  0.13.1         py27_1  pkgs/free
ipython                  0.13.1         py33_0  pkgs/free
ipython                  0.13.1         py33_1  pkgs/free
ipython                  0.13.2         py26_0  pkgs/free
ipython                  0.13.2         py27_0  pkgs/free
ipython                  0.13.2         py33_0  pkgs/free
ipython                   1.0.0         py26_0  pkgs/free
ipython                   1.0.0         py27_0  pkgs/free
ipython                   1.0.0         py33_0  pkgs/free
... 此处省略若干行
```

从上述结果中可以看到，存在不同的 Python 版本和包版本，所以读者在安装时需要注意自己使用的 Python 版本以及想要安装的包版本。默认情况下，conda 会根据用户的 Python 版本安装最新版本的包，用户也可以通过等号来指定版本。

```
$ conda install ipython        # conda 自动安装 ipython 包的最新版本
$ conda install ipython=0.13   # conda 安装 ipython 包，这里指定版本为 0.13
```

为了检测包是否已经安装成功，可以在 IPython 中用 import 语句导入包，如果没有报错，则安装成功。

### 5.3.5 模块的使用

Python 通过 import 关键字可以导入模块，下面更加详细地介绍导入模块的方法以及简介模块搜索路径的知识。

当存在多个模块需要导入使用时，只需要用英文逗号将模块名分割即可。例如下面导入 3 个模块：

```
import sys, os, time
```

不过，建议将每个导入语句单独放在一行书写。

```
import sys
```

```
import os
import time
```

有时模块的名字过长或者不好理解，每次编写显得很麻烦，可以使用 as 语句重命名模块名。

```
import sys as system
```

现在 sys 模块有了 system 的别名。Python 中有不少包都有着公认的别名，如 numpy 导入为 np。使用英文句号（成员操作符）可以导入指定模块的子模块，matplotlib 包的子模块 pyplot 就常被导入为 plt。

```
import numpy as np
import matplotlib.pyplot as plt
```

有时我们想要仅使用某个模块特定的函数，这可以通过 from 语句来导入，例如从 math 模块中导入阶乘函数 factorial()。

```
from math import factorial
```

这样就可以直接使用 factorial()函数了。如果使用 import math 的方式，则必须通过 math.factorial()才能调用该函数。

使用星号可以导入模块的全部内容。

```
from os import *
```

这样导入的好处是调用起来方便，不需要使用成员操作符，但带来的麻烦更大。当导入的多个模块存在同名函数或变量时，这样 Python 的命名空间很混乱，用户不知道自己使用的到底是哪一个，因此不推荐使用该方式导入模块函数。

使用模块时除了需要了解几种不同的导入方式，还需要注意模块的搜索路径。

当用户加载模块时，Python 会在指定的路径下搜索对应的.py 文件，如果找不到，就会报错：

```
In [1]: import somemodule
---------------------------------------------------------------------------
ModuleNotFoundError                       Traceback (most recent call last)
<ipython-input-1-b58142f7538b> in <module>()
----> 1 import somemodule

ModuleNotFoundError: No module named 'somemodule'
```

默认情况下，Python 会搜索 Python 自身的系统环境变量（找到安装包所在路径）以及当前目录（用户可能自己创建的模块路径）。可以通过 sys 模块的 path 变量获取搜索路径，如下所示：

```
In [2]: import sys

In [3]: sys.path
Out[3]:
```

```
['',
 '/home/zd/anaconda3/bin',
 '/home/zd/anaconda3/lib/python37.zip',
 '/home/zd/anaconda3/lib/python3.7',
 '/home/zd/anaconda3/lib/python3.7/lib-dynload',
 '/home/zd/anaconda3/lib/python3.7/site-packages',
 '/home/zd/anaconda3/lib/python3.7/site-packages/IPython/extensions',
 '/home/zd/.ipython']
```

添加自定义的搜索路径有两种方法：一种是修改 sys.path 变量，它是一个列表，可以通过 append()方法添加路径（字符串），该操作在 Python 退出后会失效，这意味着每一次进入 Python 都需要重新设置；另一种方法是设置环境变量 PYTHONPATH，该变量内容会被自动加入模块搜索路径中，一旦设定，则永久有效。后者需要读者掌握一定的系统知识，因此本书不作详细介绍。

## 5.4 章末小结

函数和模块是 Python 用户常见的操作对象，因此熟练地掌握使用和创建函数、使用模块极为重要。本章对函数的使用和创建、参数设定、模块的安装、导入与创建，以及相关注意事项方面进行了详尽的介绍，读者在实际的操作中需要多加练习。关于编写函数与模块有两条注意事项：对于一个好的函数，调用者（用户）需要设定的参数数目很少，因此在编写时需要合理设置一些默认参数；创建模块时，名字不能和 Python 自带的模块名称一样，否则会产生冲突。

# 第6章 NumPy

**本章内容提要：**

- NumPy 简介与 ndarray
- ndarray 数组操作
- ndarray 数组函数与方法

前几章介绍了 Python 基本的编程知识，第 6～8 章开始将分别介绍 Python 数据分析基础模块，包括 NumPy、Matplotlib 和 Pandas 三大模块。

NumPy 是 Python 数据处理最重要的基础包，绝大多数的 Python 数据分析软件包都是基于 NumPy 构建的，因此学会操作 NumPy 是熟练使用 Python 进行数据分析的基石。

## 6.1 NumPy 简介与 ndarray

### 6.1.1 NumPy 简介

在学习 NumPy 之前，我们先来了解一下它的历史。

Python 的面向数组计算可以追溯到 1995 年，Jim Hugunin 创建了 Numeric 库。在接下来的 10 年中，许多科学编程社区纷纷开始使用 Python 的数组编程，但是进入 21 世纪后，Numeric 库的生态系统变得碎片化了。2005 年，Travis Oliphant 从 Numeric 和 Numarray 项目整理出了 NumPy 项目，将所有 Python 计算社区都集合到了这个框架下。

NumPy 有着较漫长的演化历史，它本身关注于底层语言（如 C、C++）的交互、数组运算、数学函数运算、磁盘数据的读写等。NumPy 在计算机一个独立于其他 Python 内置对象的连续的内存块中存储数据，它内部的 C 语言算法库可以直接操作内存，可以对数组执行复杂的计算，减少内存的消耗，提升计算效率。虽然 NumPy 本身并没有提供很高级的数学分析功能，但它所提供的底层语言接口、无须编写循环的快速运算数学函数、操作快速且节省空间的多维数组等特性，使它成为 Python 数据分析最核心的计算库之一。除此之外，理解和熟练操作

NumPy 数组将有助于我们使用 Pandas 等高级库。

在数据分析时，NumPy 能提供的实用功能主要如下。

- 向量化数组操作，包括数据子集的构建、数据过滤与数据转换等。
- 常用的数组算法操作，包括排序、唯一值、集合运算等。
- 描述性统计量和数据汇总摘要。
- 关系型数据操作，包括数据集的合并、连接等。
- 数组的分组运算，包括聚合、转换、函数应用等。
- 条件循环结构的数组化，即使用数组操作替换 if-else 等结构，获得高效的计算效率。

为了体现 NumPy 与 Python 本身具体的计算性能差异，这里用一个 1000 万整数的数组和一个等长的 Python 列表进行测试。

```
In [1]: import numpy as np

In [2]: np_array = np.arange(10000000)

In [3]: py_array = list(range(10000000))

In [4]: %time for i in range(10): np_array * 2
CPU times: user 136 ms, sys: 300 ms, total: 436 ms
Wall time: 435 ms

In [5]: %time for i in range(10): [ x*2 for x in py_array ]
CPU times: user 6.04 s, sys: 1.66 s, total: 7.7 s
Wall time: 7.7 s
```

上述代码将两个序列都分别乘以 2，计算了 10 次。很明显，NumPy 比列表推导式节省了 90%以上的时间；在操作上，NumPy 更简单直接。（另外，NumPy 占用的内存更少，不过这里没有体现出来。）

这里最让人惊叹的是对于一个 1000 万个元素的数组（成为向量或矢量）乘法操作，NumPy 使用方法与单个值（称为标量）完全一致。这种高效且简易操作的 NumPy 数组，其正式对象名为 ndarray。

## 6.1.2 创建 ndarray

ndarray（N 维数组对象）是一个快速且灵活的数据集容器，Python 用户可以利用 ndarray 对数组的整块数据或选择性数据执行批量操作，它的语法与标量运算一致。

在上一节中，我们使用 arange()函数快速创建了一个含连续值的 ndarray 对象，这对应 Python 常用的内置函数 range()。除了 arange()函数，创建 ndarray 最简单的办法是用 array()函数，它接受序列（列表、元组等）作为输入，输出一个包含输入数据的 ndarray。

下面代码演示了使用列表和元组创建 ndarray 以及一个错误示例。

```
In [7]: np.array([1, 3, 5, 7])
```

```
Out[7]: array([1, 3, 5, 7])
In [8]: np.array((2, 4, 6, 8))
Out[8]: array([2, 4, 6, 8])

In [9]: np.array(2, 4, 6, 8)
---------------------------------------------------------------------------
ValueError                                Traceback (most recent call last)
<ipython-input-9-1ec14a5e9a23> in <module>()
----> 1 np.array(2, 4, 6, 8)

ValueError: only 2 non-keyword arguments accepted
```

嵌套列表可以转换为一个多维数组，数组元素等长和不等长会得到不同类型的结果。从下面代码的输出中可以发现，当输入的嵌套列表元素等长时，得到的是一个多维数组（这里是二维）；而元素不等长时，得到的是一个一维数组，内部的子列表是 ndarray 一个维度上的两个元素。

```
In [10]: np.array([[1, 3, 5, 7], [2, 4, 6, 8]])
Out[10]:
array([[1, 3, 5, 7],
       [2, 4, 6, 8]])

In [11]: np.array([[1, 3, 5, 7], [2, 4, 6]])
Out[11]: array([list([1, 3, 5, 7]), list([2, 4, 6])], dtype=object)
```

创建 ndarray 后，我们可以通过对象属性获取数组的一些信息。例如，ndim 属性可以获取维度，shape 属性可以获取每个维度具体的长度。

```
In [12]: arr1 = np.array([[1, 3, 5, 7], [2, 4, 6, 8]])
In [14]: arr1.ndim
Out[14]: 2
In [15]: arr1.shape
Out[15]: (2, 4)
```

ndarray 除了存储常见的数值类型数据外，还可以存储 Python 其他的常见数据类型，如字符串、逻辑值。默认情况下，NumPy 的 array()函数会自动为输入序列选择一个合适的数据类型，类型值会被保存在一个叫作 dtype 的特殊对象中，它同样可以以属性的形式访问。

```
In [16]: arr1.dtype
Out[16]: dtype('int64')
```

上述结果显示，当输入都是整数时，NumPy 存储的数据类型是 int64，即 64 位整数。当输入的数据包含浮点类型时，NumPy 生成的 ndarray 都为浮点数。ndarray 会强制所有的元素数据类型保持一致。

```
In [17]: arr2 = np.array([[1.0, 3, 5, 7], [2, 4.0, 6, 8]])
In [18]: arr2.dtype
```

```
Out[18]: dtype('float64')
```

尽管对象 arr2 与 arr1 存储的数据在信息层面没有差异，但 NumPy 存储它们的方式是不一样的。

一般在数据分析操作的对象是数值型的数组，为了方便创建一些常用数组，NumPy 提供了专门的函数。例如，zeros()函数可以创建全 0 数组，ones()函数可以创建全 1 数组，empty()函数可以创建空数组。使用这些函数时只需要传入一个表示形状的数值或元组。

下面代码演示了一维到三维数组的创建。

```
In [19]: np.ones(5)
Out[19]: array([1., 1., 1., 1., 1.])

In [20]: np.empty((2, 5))
Out[20]:
array([[6.94152610e-310, 4.66070032e-310, 4.66070031e-310,
        6.94152610e-310, 7.35167805e+223],
       [5.40761401e-067, 1.39835953e-076, 7.01413727e-009,
        2.17150970e+214, 6.45967520e+270]])

In [21]: np.zeros((2,3,4))
Out[21]:
array([[[0., 0., 0., 0.],
        [0., 0., 0., 0.],
        [0., 0., 0., 0.]],

       [[0., 0., 0., 0.],
        [0., 0., 0., 0.],
        [0., 0., 0., 0.]]])
```

创建的数组默认数据类型都是浮点数，这一点可以在创建时指定 dtype 参数进行更改。在 IPython Shell 或 Jupyter Notebook 中输入 np.ones?即可查看详细的参数说明以及示例，这几个函数的用法大致是一样的。

```
Signature: np.ones(shape, dtype=None, order='C')
Docstring:
Return a new array of given shape and type, filled with ones.

Parameters
----------
shape : int or sequence of ints
    Shape of the new array, e.g., ''(2, 3)'' or ''2''.
dtype : data-type, optional
    The desired data-type for the array, e.g., 'numpy.int8'.  Default is
    'numpy.float64'.
order : {'C', 'F'}, optional, default: C
    Whether to store multi-dimensional data in row-major
```

```
    (C-style) or column-major (Fortran-style) order in
    memory.

Returns
-------
out : ndarray
    Array of ones with the given shape, dtype, and order.

See Also
--------
ones_like : Return an array of ones with shape and type of input.
empty : Return a new uninitialized array.
zeros : Return a new array setting values to zero.
full : Return a new array of given shape filled with value.
```

如果字符串数组存储的数据都是数字，我们常将它转换为数值型，这可以通过 ndarray 对象的 astype()方法实现。

```
In [24]: num_string = np.array(['1.0', '2', '3.45'], dtype = np.string_)

In [25]: num_string
Out[25]: array([b'1.0', b'2', b'3.45'], dtype='|S4')
In [26]: num_string.astype(float)
Out[26]: array([1.  , 2.  , 3.45])
```

上例中的 astype()中使用了 float，它是 Python 内置的数据类型，NumPy 会将其自动映射到等价的 dtype 上，即 float64。将整数型数据转换为浮点数，信息不会丢失；但将浮点数转换为整数，小数部分将会被丢失。

下面的例子在上例的基础上构建，除了使用 Python 内置的 float、int 等数据类型，还可以使用 NumPy 提供的更精确的数据类型，如 int32、int64、float32、float64 等。

```
In [28]: num_string.astype(float).astype(np.int32)
Out[28]: array([1, 2, 3], dtype=int32)
In [29]: num_string.astype(float).astype(np.int64)
Out[29]: array([1, 2, 3])
```

## 6.2 数组操作

### 6.2.1 数组运算

利用 NumPy 数组，Python 用户在不使用循环的情况下就可以对数据进行批量运算，该特性称为向量化计算。向量化计算意味着大小相同的数组之间的任何算术运算都会应用到成对的元素。下面代码展示了一个二维矩阵的例子。

```
In [30]: arr = np.array([[2, 3., 4.], [4, 5.4, 6]])
```

```
In [31]: arr
Out[31]:
array([[2. , 3. , 4. ],
       [4. , 5.4, 6. ]])

In [32]: arr * arr
Out[32]:
array([[ 4.   ,  9.   , 16.   ],
       [16.   , 29.16, 36.   ]])

In [33]: arr ** 2
Out[33]:
array([[ 4.   ,  9.   , 16.   ],
       [16.   , 29.16, 36.   ]])

In [34]: arr - arr
Out[34]:
array([[0., 0., 0.],
       [0., 0., 0.]])

In [35]: arr / arr
Out[35]:
array([[1., 1., 1.],
       [1., 1., 1.]])

In [36]: arr + arr
Out[36]:
array([[ 4. ,  6. ,  8. ],
       [ 8. , 10.8, 12. ]])
```

当上述操作的某一方是标量时（或维度更低），NumPy 会自动进行填充，将标量的维度扩展到与 ndarray 数组一致，然后进行向量化运算，这种方式称为广播。

例如，我们用一个标量对一个 ndarray 进行算术运算。

```
In [37]: 1 + np.array([2, 3, 4])
Out[37]: array([3, 4, 5])

In [38]: 1 - np.array([2, 3, 4])
Out[38]: array([-1, -2, -3])
```

当 NumPy 遇到这种情况时，会首先将 1 转变为 ndarray [1, 1, 1]，然后进行运算，即：

```
In [39]: np.array([1, 1, 1]) + np.array([2, 3, 4])
Out[39]: array([3, 4, 5])
```

如果运算的是两个数组，NumPy 会尝试同时填充两个数组，使它们维度一致。如果不能使维度一致，会发生什么情况呢？

```
In [40]: np.array([1, 1]) + np.array([2, 3, 4])
---------------------------------------------------------------------------
ValueError                                Traceback (most recent call last)
<ipython-input-40-1fbcd8e2dd89> in <module>()
----> 1 np.array([1, 1]) + np.array([2, 3, 4])

ValueError: operands could not be broadcast together with shapes (2,) (3,)
```

Python 会抛出错误，例如这里提示无法将维度分别是(2,)和(3,)的数组广播到一起。

ndarray 数组之间除了进行算术运算外，还能进行比较操作，得到的结果是相同维度的布尔型数组。注意比较的方式也是成对的，即按元素比较。

```
In [43]: np.array([5, 1, 7, 2]) > np.array([2, 3, 4, 5])
Out[43]: array([ True, False, True, False])
```

上面代码的比较结果是 5 比 2 大、1 比 3 小、7 比 4 大、2 比 5 小。

NumPy 可以将多种数据处理任务表示为简洁的数组表达式，减少使用循环，提高了计算效率。通常向量化的数组运算要比等价的纯 Python 操作至少快 1 个数量级，特别是进行各种数值计算时。

网格搜索算法常用在科学计算中寻找全局最优解时，它的一个计算实现基础是首先构建解的网格空间。现在假设我们要在一组网格型值上计算函数 $x+y$^2，首先使用 np.meshgrid()函数产生 $x$ 与 $y$ 的定义域（取值区间）。

```
In [7]: x = np.arange(-5, 2, 0.01)
In [8]: y = np.arange(-20, -10, 0.2)
In [9]: xspace, yspace = np.meshgrid(x, y)

In [10]: xspace
Out[10]:
array([[-5.  , -4.99, -4.98, ...,  1.97,  1.98,  1.99],
       [-5.  , -4.99, -4.98, ...,  1.97,  1.98,  1.99],
       [-5.  , -4.99, -4.98, ...,  1.97,  1.98,  1.99],
       ...,
       [-5.  , -4.99, -4.98, ...,  1.97,  1.98,  1.99],
       [-5.  , -4.99, -4.98, ...,  1.97,  1.98,  1.99],
       [-5.  , -4.99, -4.98, ...,  1.97,  1.98,  1.99]])
In [11]: yspace
Out[11]:
array([[-20. , -20. , -20. , ..., -20. , -20. , -20. ],
       [-19.8, -19.8, -19.8, ..., -19.8, -19.8, -19.8],
       [-19.6, -19.6, -19.6, ..., -19.6, -19.6, -19.6],
       ...,
       [-10.6, -10.6, -10.6, ..., -10.6, -10.6, -10.6],
       [-10.4, -10.4, -10.4, ..., -10.4, -10.4, -10.4],
       [-10.2, -10.2, -10.2, ..., -10.2, -10.2, -10.2]])
```

```
In [12]: xspace + yspace ** 2
Out[12]:
array([[395.  , 395.01, 395.02, ..., 401.97, 401.98, 401.99],
       [387.04, 387.05, 387.06, ..., 394.01, 394.02, 394.03],
       [379.16, 379.17, 379.18, ..., 386.13, 386.14, 386.15],
       ...,
       [107.36, 107.37, 107.38, ..., 114.33, 114.34, 114.35],
       [103.16, 103.17, 103.18, ..., 110.13, 110.14, 110.15],
       [ 99.04,  99.05,  99.06, ..., 106.01, 106.02, 106.03]])
```

这里 meshgrid()函数接受两个一维 ndarray，产生两个二维矩阵，分别对应两个 ndarray 的元素对。

为了易于理解，下面生成两个短小的矩阵来解释上述过程。

```
In [13]: x = np.arange(-5, -2, 1)
In [16]: y = np.arange(-20, -15, 1)
In [17]: xspace, yspace = np.meshgrid(x, y)

In [18]: x
Out[18]: array([-5, -4, -3])
In [19]: y
Out[19]: array([-20, -19, -18, -17, -16])

In [20]: xspace
Out[20]:
array([[-5, -4, -3],
       [-5, -4, -3],
       [-5, -4, -3],
       [-5, -4, -3],
       [-5, -4, -3]])
In [21]: yspace
Out[21]:
array([[-20, -20, -20],
       [-19, -19, -19],
       [-18, -18, -18],
       [-17, -17, -17],
       [-16, -16, -16]])
```

数组 x 有 3 个元素，数组 y 有 5 个元素，它们组合起来就有 15 种情况，即[(−5, −20), (−5, −19), ...]，我们可以称为 xy 对。meshgrid()函数返回结果时将 xy 对拆开，就可以得到 xy 对中 15 个 x 值、15 个 y 值。

### 6.2.2 索引与切片

在 3.1 节中已经介绍过 Python 索引，它是非常丰富的主题，同一个目的可以用不同的方法达成。本节重点介绍 ndarray 的索引与切片操作，它在原理上与列表索引与切片基本一致，但在实际操作时更为复杂，且具有更多的特性。

一维数组的索引非常简单，与列表索引类似。下面代码演示了一些基本的索引操作，包括单值索引、范围索引和重新赋值。再次注意，Python 索引从 0 开始，涉及范围操作时所用区间都是左闭右开的，如 2:5 表示第 3～5 个元素，包含 2（第 3 个元素）不包含 5（第 6 个元素）。

```
In [44]: arr = np.arange(20)
In [45]: arr
Out[45]:
array([ 0,  1,  2,  3,  4,  5,  6,  7,  8,  9, 10, 11, 12, 13, 14, 15, 16,
       17, 18, 19])

In [46]: arr[5]           # 单个值索引，提取第 6 个元素
Out[46]: 5
In [47]: arr[2:5]         # 范围索引，取第 3～5 个元素
Out[47]: array([2, 3, 4])
In [48]: arr[2:5] = 10    # 将第 3～5 到元素重新赋值为 10
In [49]: arr
Out[49]:
array([ 0,  1, 10, 10, 10,  5,  6,  7,  8,  9, 10, 11, 12, 13, 14, 15, 16,
       17, 18, 19])

In [50]: arr[10:13] = [111, 222, 333]  # 将第 11～13 个元素分别赋值为 111、222、333
In [51]: arr
Out[51]:
array([  0,   1,  10,  10,  10,   5,   6,   7,   8,   9, 111, 222, 333,
        13,  14,  15,  16,  17,  18,  19])
```

NumPy 数组切片与数组切片有一个重要的区别，NumPy 切片后赋值给变量不会产生数组子集的副本，它依旧指向原始数据，提醒读者在获取数组子集时需要特别注意。下面用一个实例来演示 ndarray 切片和 list 切片的区别。

首先分别创建一个 list 和一个 ndarray，它们都保存 0～9 这 10 个数字。

```
In [52]: ls = [i for i in range(10)]
In [53]: ls
Out[53]: [0, 1, 2, 3, 4, 5, 6, 7, 8, 9]

In [54]: arr = np.arange(10)
In [55]: arr
Out[55]: array([0, 1, 2, 3, 4, 5, 6, 7, 8, 9])
```

然后对第 5～8 个元素切片，并赋值给新的变量。

```
In [56]: ls2 = ls[4:8]
In [57]: ls2
Out[57]: [4, 5, 6, 7]
```

```
In [60]: arr2 = arr[4:8]
In [61]: arr2
Out[61]: array([4, 5, 6, 7])
```

最后更改新的变量第 1 个元素，查看原始变量是否会被影响。

```
In [67]: ls2[0] = 100  # 修改列表第 1 个元素值为 100
In [68]: ls2
Out[68]: [100, 5, 6, 7]
In [69]: ls
Out[69]: [0, 1, 2, 3, 4, 5, 6, 7, 8, 9]

In [70]: arr2[0] = 100 # 修改 ndarray 第 1 个元素值为 100
In [71]: arr2
Out[71]: array([100,   5,   6,   7])
In [72]: arr
Out[72]: array([  0,   1,   2,   3, 100,   5,   6,   7,   8,   9])
```

代码结果直观展示了两个 Python 列表看起来互不干扰，但两个 ndarray 是相互影响的。这里产生两种不同结果的原因是，当 Python 列表切片并赋值时，Python 会对切片的数据（这里是 4～7）重新生成一份副本，然后将新变量 ls2 指向这个新的数据副本；而 NumPy 数组进行切片时只是把原始数据对应的位置（4～7）指向新变量 arr2，所以一改则全改。

从简单的使用来看，列表更令人感觉舒适，使用 NumPy 数组一不小心就可能犯错。但 NumPy 这样做有潜在的好处，符合它处理大数据的目的，当存在大数据处理时，多次进行没必要的复制操作会占用大量的内存，降低计算性能。

高维度的 ndarray 能存储更广泛的数据，每一个元素都是低一维的数组，例如矩阵的元素是一维数组、三维数组的元素是矩阵。对高维度 ndarray 进行索引取值和赋值需要使用一到多个索引符、切片符以及它们的组合。

下面以二维数组和三维数组为对象实现一些常见的索引和切片操作。可以将二维数组想象为一个大的正方形或矩形，内部的小正方形是它的元素。将三维矩阵想象为一个大的正方体（魔方）或长方体，构成它的小正方体是它的元素。更高维度的数组操作原理相通，但高维度太过抽象不方便理解，因此本书不作介绍。

```
In [1]: import numpy as np
In [2]: arr2d = np.array([[1, 2, 3], [4, 5, 6]])  # 初始化一个二维数组，即矩阵

In [3]: arr2d[0]       # 提取矩阵的第 1 行
Out[3]: array([1, 2, 3])

In [4]: arr2d[:,0]     # 提取矩阵的第 1 列
Out[4]: array([1, 4])

In [5]: arr2d[0, 0]    # 提取矩阵位于第 1 行第 1 列的元素
```

```
Out[5]: 1

In [6]: arr2d[0:2, 0] # 提取矩阵第 1 列前两个元素
Out[6]: array([1, 4])

In [7]: arr2d[0:2]     # 提取矩阵的前两行，这跟 arr2d[0:2, :]结果是一致的
Out[7]:
array([[1, 2, 3],
       [4, 5, 6]])

In [8]: arr2d[:2, 1:] = 0  # 矩阵前两行的第 2 列开始往右元素值全为 0

In [9]: arr2d
Out[9]:
array([[1, 0, 0],
       [4, 0, 0]])

In [10]: arr3d = np.array([[[1,2,3],[4,5,6],[7,8,9]]])  # 创建一个简单的三维数组

In [11]: arr3d
Out[11]:
array([[[1, 2, 3],
        [4, 5, 6],
        [7, 8, 9]]])

In [12]: arr3d[0]  # 这是沿着第 0 轴（第一个轴）切片的结果，注意与 arr3d 的区别，这里是一个 3×3 数组
（矩阵）
Out[12]:
array([[1, 2, 3],
       [4, 5, 6],
       [7, 8, 9]])

In [13]: new_array = arr3d[0].copy()  # 创建矩阵新的副本

In [14]: new_array
Out[14]:
array([[1, 2, 3],
       [4, 5, 6],
       [7, 8, 9]])

In [15]: arr3d[0] = 42  # 对原始三维数组第 1 个子维度重新赋值

In [16]: arr3d           # 此处 42 进行了广播，矩阵全部元素都为 42
Out[16]:
array([[[42, 42, 42],
        [42, 42, 42],
```

```
        [42, 42, 42]]])

In [17]: arr3d[0] = new_array  # 将存储在 new_array 的原始值重新赋值回去

In [18]: arr3d
Out[18]:
array([[[1, 2, 3],
        [4, 5, 6],
        [7, 8, 9]]])
```

### 6.2.3 布尔型索引

除了整数索引和切片，NumPy 还可以使用布尔值型的索引。布尔值一般由数组的比较运算得到，该过程也是向量化的、可广播的。

继续使用上面的 arr3d 变量，将其与数值 5 进行比较，得到的结果是与 arr3d 维度一致的数组。

```
In [19]: arr3d > 5
Out[19]:
array([[[False, False, False],
        [False, False,  True],
        [ True,  True,  True]]])
```

利用逻辑数组，我们可以选择性地提取出想要的数据。下面代码创建了一个一维数组和一个二维随机矩阵，一维数组的元素个数与矩阵的行数一致。

```
In [20]: subject = np.array(['chinese', 'math', 'chinese', 'english', 'history'])
In [21]: df = np.random.randn(5, 3)
In [22]: df
Out[22]:
array([[ 0.50025766, -0.4625053 , -1.85743193],
       [ 0.63757593,  0.55624546, -1.7669166 ],
       [-0.18061614, -0.71896639, -0.26744936],
       [ 1.37094842, -0.21829646, -0.34926808],
       [-0.90192432, -0.2821726 ,  0.54411861]])
```

这里假设每个 subject 都对应随机矩阵的一行，而我们想要提取出与 chinese 相对应的行，这里利用数组 subject 与字符 'chinese' 的比较结果进行数组索引。

```
In [23]: subject == 'chinese'
Out[23]: array([ True, False,  True, False, False])
In [24]: df[subject == 'chinese']
Out[24]:
array([[ 0.50025766, -0.4625053 , -1.85743193],
       [-0.18061614, -0.71896639, -0.26744936]])
```

注意，布尔索引数组的长度与被索引的轴长度一致，在不加英文逗号的情况下，默认比较的都是 0 轴，即第一个维度。

布尔索引数组可以和切片、整数索引等搭配使用，从而实现高度自定义要获取的数组子集。

```
In [25]: df[subject == 'chinese', 1:] # 满足 chinese 对应行，去除第 1 列
Out[25]:
array([[-0.4625053 , -1.85743193],
       [-0.71896639, -0.26744936]])

In [26]: df[subject == 'chinese', 2:] # 满足 chinese 对应行，去除第 1、2 列
Out[26]:
array([[-1.85743193],
       [-0.26744936]])

In [27]: df[subject != 'chinese', 2:] # 不满足 chinese 对应行，去除第 1、2 列
Out[27]:
array([[-1.7669166 ],
       [-0.34926808],
       [ 0.54411861]])
```

除了使用不等号 != 表示否定，还可以使用波浪号 ~ 表示对条件结果取反。

```
In [29]: df[~ (subject == 'chinese'), 2:] # 该代码行与上一个代码行结果一致
Out[29]:
array([[-1.7669166 ],
       [-0.34926808],
       [ 0.54411861]])
```

如果需要应用多个逻辑判断，可以使用和（&）、或（|）等布尔操作符。注意，当存在多个判断时，一定要用括号将每一个逻辑比较运算括起来，否则会报错。

```
In [31]: df[subject == "chinese" | subject == "math"]
---------------------------------------------------------------------------
TypeError                                 Traceback (most recent call last)
<ipython-input-31-ec9c993564c8> in <module>()
----> 1 df[subject == "chinese" | subject == "math"]
```

正确的写法如下：

```
In [33]: df[(subject == "chinese") | (subject == "math")]
Out[33]:
array([[ 0.50025766, -0.4625053 , -1.85743193],
       [ 0.63757593,  0.55624546, -1.7669166 ],
       [-0.18061614, -0.71896639, -0.26744936]])
```

利用布尔型数组索引可以非常方便地对符合条件的数据进行重赋值，这是数据分析最常用的操作之一。

```
In [34]: df[df < 0] = 0
```

```
In [35]: df
Out[35]:
array([[0.50025766, 0.        , 0.        ],
       [0.63757593, 0.55624546, 0.        ],
       [0.        , 0.        , 0.        ],
       [1.37094842, 0.        , 0.        ],
       [0.        , 0.        , 0.54411861]])
```

除了上述利用逻辑组合选取子集进行重新赋值外，NumPy 提供的 where()函数可以实现整个数组的条件逻辑运算，它是三元表达式 x if condition else y 的向量化版本。

例如，如下代码可以解决这样一个问题，将一个随机数据数组中的正数替换为 1，将负数替换为 0。

```
In [22]: arr_random = np.random.randn(4, 4)
In [23]: arr_random
Out[23]:
array([[-1.48064102,  1.4408966 , -0.13313057,  1.09683071],
       [ 0.44698237,  0.01854261,  0.56719151, -1.03926198],
       [ 1.45070221,  0.04421898,  0.787423  , -1.28715644],
       [ 2.27759091, -0.06808282, -0.99294482, -0.39755302]])
In [24]: arr_random > 0
Out[24]:
array([[False,  True, False,  True],
       [ True,  True,  True, False],
       [ True,  True,  True, False],
       [ True, False, False, False]])

In [25]: np.where(arr_random > 0, 1, 0)
Out[25]:
array([[0, 1, 0, 1],
       [1, 1, 1, 0],
       [1, 1, 1, 0],
       [1, 0, 0, 0]])
```

where()函数中替换的 1 和 0 可以是一个与 arr_random 维度相同的数组。

### 6.2.4 数组转置与轴转换

转置是一种常见的数学矩阵操作，即互换矩阵的行列，比如位于第 1 行第 2 列的元素转置后位于第 2 行第 1 列，第 2 行第 1 列的元素转置后位于第 1 行第 2 列。NumPy 将这一概念应用到了多维数组中，ndarray 不仅有转置方法，还有一个特殊的 T 属性。

```
In [2]: import numpy as np
In [3]: arr = np.arange(12).reshape((3, 4))
In [4]: arr
Out[4]:
```

```
array([[ 0,  1,  2,  3],
       [ 4,  5,  6,  7],
       [ 8,  9, 10, 11]])

In [5]: arr.T
Out[5]:
array([[ 0,  4,  8],
       [ 1,  5,  9],
       [ 2,  6, 10],
       [ 3,  7, 11]])

In [6]: arr.transpose()
Out[6]:
array([[ 0,  4,  8],
       [ 1,  5,  9],
       [ 2,  6, 10],
       [ 3,  7, 11]])
```

为了更加简便地重塑数组形状，NumPy 提供了 reshape()方法。在上面代码中，为了快速生成一个 3 行 4 列的样例矩阵，我们使用 arange 方法首先生成一个长度为 12 的一维数组，然后使用 reshape()方法将其重塑为 3 行 4 列的 ndarray，使用 T 属性或者 transpose()方法都可以获得转置数组。这里 reshape()方法中要使用元组提供数组维度，数组维度可以通过 shape 属性获取。

```
In [10]: arr.shape
Out[10]: (3, 4)
```

在进行矩阵计算时经常用到一些操作，如使用 np.dot()函数计算矩阵的内积。

```
In [11]: np.dot(arr, arr.T)
Out[11]:
array([[ 14,  38,  62],
       [ 38, 126, 214],
       [ 62, 214, 366]])
```

如果处理的是高维数组，进行转置时需要通过轴序指定互换的维度。

```
In [12]: arr = np.arange(24).reshape((2,3,4))
In [13]: arr
Out[13]:
array([[[ 0,  1,  2,  3],
        [ 4,  5,  6,  7],
        [ 8,  9, 10, 11]],

       [[12, 13, 14, 15],
        [16, 17, 18, 19],
        [20, 21, 22, 23]]])
```

```
In [14]: arr.transpose((1,0,2)) # 0表示第1轴、1表示第2轴、2表示第3轴
Out[14]:
array([[[ 0,  1,  2,  3],
        [12, 13, 14, 15]],

       [[ 4,  5,  6,  7],
        [16, 17, 18, 19]],

       [[ 8,  9, 10, 11],
        [20, 21, 22, 23]]])
```

默认的轴序是（0, 1, 2），上述代码的 transpose()方法中指定的是（1, 0, 2），因此转置的结果是数组第 1 个轴变成了第 2 个轴、第 2 个轴变成了第 1 个轴，而第 3 个轴不变。只要理清需要互换的轴，即可将相同的操作应用到更高维度。

此外，NumPy 还提供了一个 swapaxes()方法转换轴，该方法需要输入互换的一对轴编号，示例代码如下。

```
In [15]: arr.swapaxes(1, 2)
Out[15]:
array([[[ 0,  4,  8],
        [ 1,  5,  9],
        [ 2,  6, 10],
        [ 3,  7, 11]],

       [[12, 16, 20],
        [13, 17, 21],
        [14, 18, 22],
        [15, 19, 23]]])

In [16]: arr.swapaxes(0, 1)
Out[16]:
array([[[ 0,  1,  2,  3],
        [12, 13, 14, 15]],

       [[ 4,  5,  6,  7],
        [16, 17, 18, 19]],

       [[ 8,  9, 10, 11],
        [20, 21, 22, 23]]])
```

## 6.3 数组函数与方法

### 6.3.1　通用函数

在 NumPy 中，除了 ndarray 数组操作的操作符（算术、比较等）运算是元素级别的，可

以操作 ndarray 的各类通用函数也执行元素级运算。NumPy 的简便在于，用户操作向量化计算与标量计算的操作方法基本相同。

NumPy 提供的通用数学运算函数大多是 Python 元素级函数（来自内置模块、math 模块等）的变体，如开方函数 sqrt()、指数函数 exp()。

```
In [17]: arr = np.arange(10).reshape((2, 5))
In [18]: arr
Out[18]:
array([[0, 1, 2, 3, 4],
       [5, 6, 7, 8, 9]])

In [19]: np.sqrt(arr)
Out[19]:
array([[0.        , 1.        , 1.41421356, 1.73205081, 2.        ],
       [2.23606798, 2.44948974, 2.64575131, 2.82842712, 3.        ]])
In [20]: np.exp(arr)
Out[20]:
array([[1.00000000e+00, 2.71828183e+00, 7.38905610e+00, 2.00855369e+01,
        5.45981500e+01],
       [1.48413159e+02, 4.03428793e+02, 1.09663316e+03, 2.98095799e+03,
        8.10308393e+03]])
```

一些函数接收两个或多个数组，返回一个数组。

```
In [21]: arr2 = np.random.randn(10).reshape((2,5))
In [22]: arr2
Out[22]:
array([[-0.81547072,  0.02248639, -0.3004805 ,  1.53433534,  0.59514916],
       [ 1.60022692, -0.68780704,  0.79007821,  0.72034177, -1.33966745]])

In [23]: np.add(arr, arr2)       # 对应元素相加
Out[23]:
array([[-0.81547072,  1.02248639,  1.6995195 ,  4.53433534,  4.59514916],
       [ 6.60022692,  5.31219296,  7.79007821,  8.72034177,  7.66033255]])
In [24]: np.maximum(arr, arr2)  # 返回对应元素较大的那个
Out[24]:
array([[0., 1., 2., 3., 4.],
       [5., 6., 7., 8., 9.]])
```

还有一些函数可以返回多个数组，如 modf()函数可以返回浮点 ndarray 数组的小数与整数部分。

```
In [25]: part1, part2 = np.modf(arr2)
In [26]: part1
Out[26]:
array([[-0.81547072,  0.02248639, -0.3004805 ,  0.53433534,  0.59514916],
       [ 0.60022692, -0.68780704,  0.79007821,  0.72034177, -0.33966745]])
```

```
In [27]: part2
Out[27]:
array([[-0.,  0., -0.,  1.,  0.],
       [ 1., -0.,  0.,  0., -1.]])
```

表 6-1 中列出了 NumPy 提供的常见的通用函数。NumPy 提供的通用函数非常多，本书不再一一举例介绍，读者在实际使用时可以参考对应的帮助文档。

表 6-1　　NumPy 提供的常见的通用函数

| 函数 | 说明 |
|---|---|
| abs、fabs | 计算绝对值 |
| sqrt | 计算元素的平方根，等价于 arr ** 0.5 |
| square | 计算元素的平方，等价于 arr ** 2 |
| exp | 计算元素的指数 |
| log、log2、log10 | 分别计算自然对数、底数是 2 的对数、底数是 10 的对数 |
| sign | 计算元素的正负号：结果 1 表示正数、0 表示零、-1 表示负数 |
| floor | 计算小于元素的最大整数，如 floor(5.3)结果为 5 |
| ceil | 计算大于元素的最大正数，如 ceil(5.3)结果为 6 |
| rint | 元素四舍五入，并保留 dtype |
| modf | 以两个独立数组返回数组的小数与整数部分 |
| isnan | 返回数组元素是否为 NaN 的布尔型数组 |
| isfinite | 返回数组元素是否为有限值的布尔型数组 |
| isinf | 返回数组元素是否为无穷值的布尔型数组 |
| cos、cosh、sin、sinh、tan、tanh | 普通和双曲型三角函数 |
| arccos、arccosh、arcsin、arcsinh、arctan、arctanh | 反三角函数 |
| logical_not | 计算逻辑型元素的反，如 arr([True, False])的结果是 arr([False, True]) |
| add | 将数组对应的元素相加 |
| subtract | 将数组对应的元素相减 |
| multiply | 将数组对应的元素相乘 |
| divide、floor_divide | 除法和整除法（丢掉余数） |
| power | 第一个数组元素为底，第二个数组元素为幂 |
| maximum、fmax | 最大值计算，fmax 会忽略 NaN |
| minimum、fmin | 最小值计算，fmin 会忽略 NaN |
| mod | 求模计算（除法的余数） |
| copysign | 将第二个数组中元素值的符号复制给第一个数组中的值 |
| greater、greaterequal、less、lessequal、equal、not_equal | 执行元素级比较运算，产生布尔型数组，等价于操作符>、>=、<、<=、==、!= |
| logicaland、logicalor、logical_xor | 元素级逻辑运算，等价于操作符&、!、^ |

## 6.3.2 基本统计

NumPy 除了提供很多便于使用的通用函数，还提供了一些数学统计的基本方法，用于计算常见的统计量，如均值、方差、标准差。这些统计方法可以处理整个数组或者以特定的数轴为方向的数组子集。

下面创建一个正态分布随机矩阵来展示基本统计方法的使用。

首先计算整个数组的基本统计量：均值、求和、方差和标准差。

```
In [2]: import numpy as np
In [3]: arr = np.random.randn(5, 5)
In [4]: arr
Out[4]:
array([[-0.51132191, -0.88525544, -1.10119999, -2.3272623 ,  0.24502215],
       [ 0.22767771, -0.43164608,  0.62262033, -1.68672377, -0.19473212],
       [-0.65820486, -1.62823718,  0.0798516 ,  0.1056899 , -0.45333499],
       [ 0.86035323,  1.79121647,  0.75648603,  0.56113024, -1.57487612],
       [ 0.90551266, -2.35820418,  0.34951423, -1.23775123, -0.62627856]])

In [5]: arr.mean()  # 求均值
Out[5]: -0.36679816721832453
In [6]: arr.sum()   # 求和
Out[6]: -9.169954180458113
In [7]: arr.var()   # 求方差
Out[7]: 1.0772072348109176
In [8]: arr.std()   # 求标准差
Out[8]: 1.037885944991509
```

对于整个数组的计算结果都是标量，但如果指定一个轴向参数 axis，最终的结果会是一个一维的数组。

```
In [9]: arr.mean(axis=0)   # 计算列的平均值
Out[9]: array([ 0.16480337, -0.70242528,  0.14145444, -0.91698343, -0.52083993])
In [10]: arr.mean(axis=1)  # 计算行的平均值
Out[10]: array([-0.9160035 , -0.29256078, -0.51084711,  0.47886197, -0.59344142])
```

这类方法计算的结果比输入维度小，所以常被称为聚合（aggregation）计算。

当然，也存在一些非聚合计算的方法，如累计和（即累加）cumsum()。

```
In [11]: arr = np.arange(10)
In [12]: arr
Out[12]: array([0, 1, 2, 3, 4, 5, 6, 7, 8, 9])

In [13]: arr.cumsum()
Out[13]: array([ 0,  1,  3,  6, 10, 15, 21, 28, 36, 45])
```

累加得到的数组第 $i$ 个元素都是输入数组前 $i$-1 个元素之和。

除了上面提到的 mean()、sum()、var()、std()、cumsum()方法外，还有几个常用的数组统计方法：min()用于计算最小值，max()用于计算最大值，argmin()用于获取最小元素索引，argmax()用于获取最大元素索引，cumprod()用于计算累计积。

### 6.3.3 排序与集合操作

数据处理离不开排序和集合操作，NumPy 也提供了相应的操作方法或函数。

sort()方法可以实现 ndarray 的就地排序。

```
In [2]: arr = np.random.randn(10)
In [3]: arr
Out[3]:
array([-1.03434834, -0.1066477 , -0.18138105, -0.02874672,  0.37446326,
       -0.19669119,  0.00594903,  0.19048595,  0.14961745,  0.5749973 ])

In [4]: arr.sort()
In [5]: arr
Out[5]:
array([-1.03434834, -0.19669119, -0.18138105, -0.1066477 , -0.02874672,
        0.00594903,  0.14961745,  0.19048595,  0.37446326,  0.5749973 ])
```

如果操作的是多维数组，需要按照某个轴进行排序，则要指定轴的编号。

```
In [8]: arr = np.random.randn(3, 4)
In [9]: arr
Out[9]:
array([[-1.36520054, -1.61647551, -1.19945064,  1.37181547],
       [-0.10126557, -0.39124394, -0.34307793, -0.8307224 ],
       [ 0.76972754,  1.10906676, -0.17070844,  0.06256465]])

In [10]: arr.sort(1) # 每行按升序排列
In [11]: arr
Out[11]:
array([[-1.61647551, -1.36520054, -1.19945064,  1.37181547],
       [-0.8307224 , -0.39124394, -0.34307793, -0.10126557],
       [-0.17070844,  0.06256465,  0.76972754,  1.10906676]])
```

NumPy 提供的 sort()函数（使用方式是 np.sort(arr)）也可以实现相同的功能，两者的区别是 sort()方法（使用方式是 arr.sort()）是实现被操作数组的就地修改，而 sort()函数返回的是一个副本。

NumPy 提供的集合运算主要针对一维 ndarray。函数 unique()、intersect1d()、union1d()、setdiff1d()分别实现唯一化、交集、并集以及差集操作，其中唯一化最常用。

unique()函数不仅会找出数组的唯一值，还会对结果进行排序。

```
In [14]: arr_int = np.array([3, 4, 5, 8, 4, 3, 2, 1, 6, 10])
In [15]: arr_int
Out[15]: array([ 3,  4,  5,  8,  4,  3,  2,  1,  6, 10])

In [16]: np.unique(arr_int)
Out[16]: array([ 1,  2,  3,  4,  5,  6,  8, 10])
```

等效的纯 Python 代码需要调用两个函数实现该操作。

```
In [17]: sorted(set(arr_int))
Out[17]: [1, 2, 3, 4, 5, 6, 8, 10]
```

交集、并集与差集操作分别举例如下。

```
In [18]: arr_int2 = np.array([1, 3, 22, 5, 6])  # 另外新建一个一维数组

In [19]: np.intersect1d(arr_int, arr_int2)  # 交集
Out[19]: array([1, 3, 5, 6])
In [20]: np.union1d(arr_int, arr_int2)      # 并集
Out[20]: array([ 1,  2,  3,  4,  5,  6,  8, 10, 22])
In [21]: np.setdiff1d(arr_int, arr_int2)    # 差集
Out[21]: array([ 2,  4,  8, 10])
```

集合操作后的结果都自动进行了排序。

### 6.3.4 线性代数操作

线性代数的主要内容是矩阵乘法、矩阵分解和行列式等，由于矩阵运算方法与基本的数值计算有极大的不同，NumPy 提供了专门的方法或函数实现线性代数操作。

```
In [22]: x = np.array([[1, 2, 3], [4, 5, 6]])
In [23]: y = np.array([[3, 5, 6], [7, 8, 9]])
In [24]: x * y
Out[24]:
array([[ 3, 10, 18],
       [28, 40, 54]])
```

使用乘法运算符得到的是两个数组元素级别的相乘，而不是矩阵的点积，点积操作需要使用 dot()函数（或方法）。

```
In [25]: np.dot(x, y)
---------------------------------------------------------------------------
ValueError                                Traceback (most recent call last)
<ipython-input-25-c3a58f1d73f8> in <module>()
----> 1 np.dot(x, y)

ValueError: shapes (2,3) and (2,3) not aligned: 3 (dim 1) != 2 (dim 0)
```

输入两个矩阵并不代表函数能够成功运行，进行点积的两个矩阵需要满足特殊的要求：假设矩阵 x 维度是 $m$ 行 $n$ 列，那么矩阵 y 必须为 $n$ 行 $p$ 列，即矩阵 x 的列数与矩阵 y 的行数必须相等，得到的矩阵维度是 $m$ 行 $p$ 列。

```
In [27]: np.dot(x, y)
Out[27]:
array([[ 39,  46],
       [ 90, 109]])
```

这里矩阵 x 维度是 2 行 3 列，矩阵 y 维度是 3 行 2 列，所以点积得到的矩阵是 2 行 2 列。np.dot(x, y)函数操作可以使用等价的 x.dot(y)方法操作实现，还可以使用中缀运算符@。

```
In [28]: x.dot(y)
Out[28]:
array([[ 39,  46],
       [ 90, 109]])

In [29]: x @ y
Out[29]:
array([[ 39,  46],
       [ 90, 109]])
```

NumPy 的子模块中提供了一组函数，用于实现标准的矩阵分解运算、求逆、求行列式等，表 6-2 中列出了常用的线性代数函数。

表 6-2 常用的线性代数函数

| 函数 | 说明 |
| --- | --- |
| diag | 返回方阵的对角线（或非对角线）元素 |
| dot | 矩阵乘法 |
| trace | 求对角线元素和 |
| det | 求行列式 |
| eig | 求方阵的本征值、本征向量 |
| inv | 求方阵的逆 |
| pinv | 求 Moore-Penrose 伪逆 |
| qr | QR 分解 |
| svd | 奇异值分解 |
| solve | 解线性方程 |
| lstsq | 求线性方程最小二乘解 |

## 6.3.5 伪随机数的生成

NumPy 的 random 子模块提供了一系列高效生成多种概率分布的函数。前面的章节中已经用过 randn()函数创建随机数据，本节将进行更详细的介绍。

使用 normal()函数可以创建标准的正态分布抽样数据，下面代码创建一个 $5 \times 5$ 的数组。

```
In [30]: np.random.normal(size=(5,5))
Out[30]:
array([[ 0.03488939, -1.58459629, -1.46781029, -1.13217542, -1.06312407],
       [ 0.83678804,  1.21880709, -0.90811673, -1.71748912,  0.92877163],
       [-0.49898785, -0.17523296, -1.73258953, -0.47749123, -1.49576169],
       [ 0.15254935,  0.46308905,  0.1221845 , -2.15762674,  2.23510318],
       [-0.70557981,  0.96598878,  0.43192638, -0.2049251 ,  0.23281444]])
```

randn()函数可以产生平均值为 0、标准差为 1 的正态分布样本。

```
In [31]: np.random.randn(10)
Out[31]:
array([-0.559106  ,  1.36880898, -0.24559224, -0.16668403,  2.42001793,
        0.39617551, -1.06446839,  1.02696512,  0.08217648,  1.07538155])
In [36]: np.random.randn(5,5)
Out[36]:
array([[-0.77315232,  0.4786622 , -1.38927237, -0.20433972, -2.43830605],
       [ 0.34922348,  0.87849643,  1.5239394 , -0.73135812,  2.21068918],
       [ 0.12944191,  1.01207972, -0.57685143,  2.63207061, -0.74326986],
       [ 0.73286193,  0.42616076, -0.42334269, -0.98384705, -0.02632024],
       [-0.6184617 ,  0.40202667, -0.3722806 ,  0.16819083,  0.55132166]])
```

注意，上面 normal()函数与 randn()函数在产生 $5\times5$ 数组上的不同之处：normal()需要传入一个元组，而 randn()只需要传入一系列维度值。

除了生成随机的数据外，最常用的操作还有设置随机种子。上述的随机数实际上是计算机依据随机数生成器在确定性条件下生成的数据，我们一般称之为伪随机数。通过设置随机种子，我们可以重复之前生成的随机数据，这为重复同样的分析结果（该分析使用到了随机数据）提供了帮助。

```
In [37]: np.random.seed(1234)
```

此处使用 random 子模块的 seed()函数设定一个全局的随机种子。如果要避免全局状态，可以使用 RandomState()函数创建一个隔离的随机数生成器。

```
In [37]: r = np.random.RandomState(123456)
In [38]: r.randn(10)
Out[38]:
array([ 0.4691123 , -0.28286334, -1.5090585 , -1.13563237,  1.21211203,
       -0.17321465,  0.11920871, -1.04423597, -0.86184896, -2.10456922])
```

表 6-3 给出了 random 子模块中常用的随机函数。

表 6-3 常用的随机函数

| 函数 | 说明 |
| --- | --- |
| seed | 设定全局随机数生成器种子 |
| RandomState | 设定局部随机数生成器种子 |
| permutation | 随机排列输入序列 |
| shuffle | 将输入序列就地随机排列（洗牌） |
| rand | 生成随机值 |
| randint | 根据指定范围随机选取整数 |
| randn | 从标准正态分布中随机抽样 |
| binomial | 二项分布取样 |
| normal | 正态分布取样 |
| beta | 贝塔分布取样 |

续表

| 函数 | 说明 |
| --- | --- |
| chisquare | 卡方分布取样 |
| gamma | 伽马分布取样 |
| uniform | 均匀分布取样 |

### 6.3.6 数组文件的输入与导出

除了提供多维数组对象ndarrary、高效的数组操作函数和方法外，NumPy还支持磁盘文本或二进制数据的读写操作。本节主要介绍NumPy内置的数据存储二进制格式，第8章将介绍数据处理中常见的文本格式的导入与保存操作。

NumPy提供了两个主要的函数，分别用于将ndarray写入磁盘和从磁盘中读入保存的数组数据文件。

在默认情况下，数组会以未压缩的二进制格式保存在文件扩展名为.npy的文件中。

```
In [2]: arr1 = np.random.randn(10)  # 创建一些数组
In [3]: arr2 = np.random.randn(10)
In [4]: arr_res =  arr1 + arr2      # 操作数组
In [5]: np.save('result', arr_res)  # 保存结果数组
```

np.save()函数的第一个参数是一个文件名（可以包含指定路径），第二个参数是要保存的数组。如果用户没有指定文件扩展名，NumPy会在实际保存时将.npy加上。

这样数据就被保存到了计算机磁盘上，当要导入该数据时，只需要调用np.load()函数并传入文件路径。

```
In [6]: np.load('result.npy')
Out[6]:
array([-1.62141731,  0.22330449,  0.52851935, -0.34489954,  0.00938235,
        3.27527395, -0.83738875,  0.45741888, -0.12050226, -0.90452199])
```

注意，导入时需要完整输入文件名及文件扩展名，否则load()函数将找不到文件。

```
In [7]: np.load('result')
---------------------------------------------------------------------------
FileNotFoundError                         Traceback (most recent call last)
<ipython-input-7-f17638fbbc1f> in <module>()
----> 1 np.load('result')

~/anaconda3/lib/python3.7/site-packages/numpy/lib/npyio.py in load(file, mmap_mode,
allow_pickle, fix_imports, encoding)
    382     own_fid = False
    383     if isinstance(file, basestring):
--> 384         fid = open(file, "rb")
    385         own_fid = True
    386     elif is_pathlib_path(file):
```

```
FileNotFoundError: [Errno 2] No such file or directory: 'result'
```

在实际进行数组操作时往往会产生多个需要保存的数据结果，np.savez()函数可以将多个ndarray 保存到二进制文件中。与 np.save()一样，该函数需要的第一个参数，也是保存的文件名，但以.npz 作为文件扩展名，后面的参数可以是任意多个用户指定的关键字参数。

下面的代码将之前生成的 3 个数组保存到一个文件中。

```
In [8]: np.savez('array_save.npz', input1=arr1, input2=arr2, result=arr_res)
```

如果直接将其导入，返回的结果是一个不可查看的 NpzFile 对象。

```
In [9]: np.load('array_save.npz')
Out[9]: <numpy.lib.npyio.NpzFile at 0x7f917c6caba8>
```

我们需要将其赋值给一个变量，然后通过保存时设定的关键字参数进行索引来查看单个的数组数据。

```
In [10]: arr_save =  np.load('array_save.npz')
In [11]: arr_save['input1']
Out[11]:
array([-0.79417709,  0.57095314,  1.59839779, -0.96875458, -1.35098779,
        2.5673315 ,  0.64841217,  0.28681969,  0.26718872,  0.26876572])
In [12]: arr_save['input2']
Out[12]:
array([-0.82724022, -0.34764864, -1.06987844,  0.62385504,  1.36037014,
        0.70794245, -1.48580092,  0.17059919, -0.38769099, -1.17328771])
In [13]: arr_save['result']
Out[13]:
array([-1.62141731,  0.22330449,  0.52851935, -0.34489954,  0.00938235,
        3.27527395, -0.83738875,  0.45741888, -0.12050226, -0.90452199])
```

上述保存的文件都是未压缩的，如果需要将数据压缩，不妨使用 np.savez_compressed()函数，该函数的使用方法与 np.savez()一致，因此不再赘述。

## 6.4 章末小结

NumPy 模块中的 ndarray 数据存储对象，以及一系列高效数据操作方法和函数为更高级别的数据处理和统计建模提供了坚实的底层实现。

通过本章的学习，读者应当对 NumPy 的长处有所认知：NumPy 模块提供了独立于 Python 内置对象的 ndarray 多维数组对象，并将其存储在一个连续的内存块中，利用 C 语言实现对算法库的操作和修改数据，减少对内存资源的消耗；NumPy 可以对整个数组执行复杂的数值计算，避免使用 for 循环，提升了计算速度。相应地，在处理大数据集时，我们应当尽量利用 NumPy 的优势，一方面在数组操作时避免创建过多的中间变量，另一方面熟练使用 NumPy 提供的向量化计算函数和方法。

# 第7章　Matplotlib

**本章内容提要：**

- Matplotlib 命名约定
- Matplotlib 的 3 种绘图场景
- Matplotlib 的两种应用接口
- 基本图形绘制

简单的图形可以给数据分析师带来更多的信息。在第 6 章中，本书介绍了 Python 数据分析最核心的底层库 NumPy、基于 ndarray 对象的数组操作方法与基本统计。本章将开始引导读者从更直观的角度——图形，来了解数据的分布与规律，主要介绍 Matplotlib 库的基本理念和接口，以及如何绘制常见的图形以及更多的自定义。

## 7.1 Matplotlib 入门

### 7.1.1 Matplotlib 库简介

数据可视化是数据分析最核心的工作之一，它既能帮助我们探索数据，如寻找异常值，也能帮助我们汇总分析结果，即“一图胜千言”。Python 有着众多的库来实现静态或动态的数据可视化，其中最流行的是 Matplotlib。因此，本书主要介绍如何利用 Matplotlib 合理地选择和创建图形。

Matplotlib 库的历史并不久远，它是 John Hunter 在 2002 年启动的一个项目，目的是为 Python 构建商业科学计算软件 MATLAB 的绘图接口，在 2003 年发布了 0.1 版本（实验版本）。Matplotlib 的重要特点之一是它可以很好地与许多操作系统和图形后端工作，用它可以基于任何操作系统、输出任意格式的图形（PDF、JPG、PNG、GIF 等）。这种跨平台、一切皆可用的特性成为了 Matplotlib 最显著的长处，为它带来了大量的基础用户和活跃的开发者。

目前，Matplotlib 已经和 IPython 合作，简化了在 IPython Shell 和 Jupyter Notebook 中进行

交互式绘图的方式。除此之外，Python 社区出现了许多以 Matplotlib 为底层的可视化计算库，其中最有名的是 Seaborn，后续章节会有所介绍。

### 7.1.2　命名约定

在深入了解使用 Matplotlib 创建图形之前，先来介绍 Python 科学计算社区一些通用的命名约定。

在导入 NumPy 包时，我们使用 Python 社区约定的 np 替代 numpy。这里也使用 Matplotlib 的一些标准简写用于导入。

```
import matplotlib as mpl
import matplotlib.pyplot as plt
```

在 Python 中，绘图基本上只会用到 pyplot 子模块中的功能特性，因此 plt 是使用 Matplotlib 绘图最常用的简写。

### 7.1.3　如何展示图形

Matplotlib 最佳的使用方法取决于用户如何使用它，通常有 3 种应用绘图的场景：脚本、IPython Shell 和 Jupyter Notebook。

#### 1. 使用脚本绘制

在脚本中使用 Matplotlib，通常要用到 plt.show()函数。该函数会寻找当前活跃的所有图形队形，打开一个或多个交互式的窗口展示图形。

假设下面是代码文件 plot.py 的内容：

```
# -*- coding: utf-8 -*-

# 导入模块/包
import matplotlib.pyplot as plt
import numpy as np

# 生成数据
x = np.linspace(0, 10, 200)

# 绘制图形
plt.plot(x, np.sin(x))
plt.plot(x, np.cos(x))

# 显示图形
plt.show()
```

接下来在终端中运行该脚本，会弹出一个显示图形的窗口，如图 7-1 所示。此处，plt.show()函数在后台完成了多项工作，它与系统的交互式图形后端进行交流，而 Matplotlib 向我们隐藏了所有的细节。

```
$ python plot.py
```

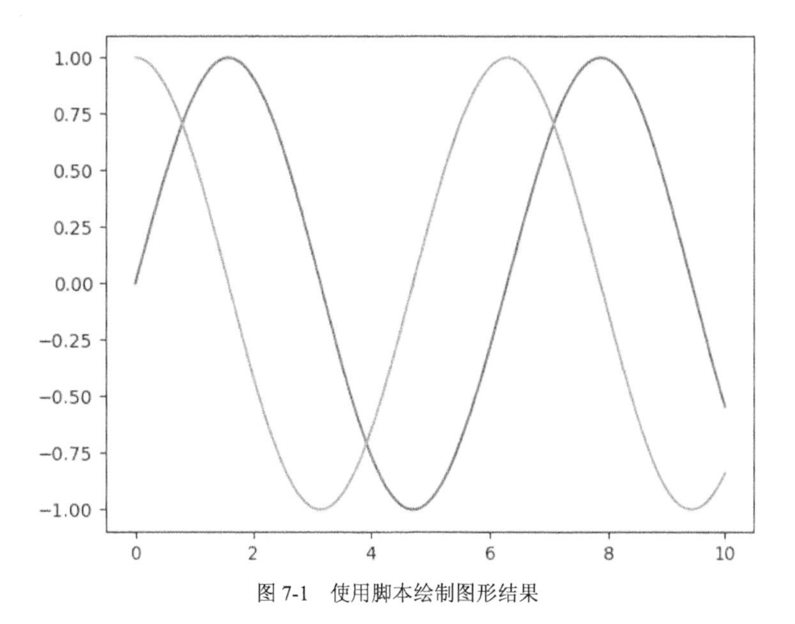


图 7-1 使用脚本绘制图形结果

注意，如果是编写脚本文件进行绘图，一个文件尽量只使用一次 plt.show()函数，如果使用多次，图形后端行为将可能因为频繁地调用而出错。

### 2. 从 IPython Shell 绘制

在 IPython Shell 中使用 Matplotlib 非常方便，我们如果指定 Matplotlib 模式，IPython 可以工作得非常好。启动 IPython 后，键入魔术命令%matplotlib 能够激活该模式。

```
%matplotlib
import matplotlib.pyplot as plt
# Using matplotlib backend: Qt5Agg
```

这时如果调用 plt.plot()函数，会打开一个图形窗口，接下来输入的绘图指令会不断更新这个图。有时一些对图形属性的更改不会及时生效，可以利用 plt.draw()函数强制执行。

### 3. 在 Jupyter Notebook 中绘制

在 Jupyter Notebook 中使用 Matplotlib 进行交互式绘图也要用到魔术命令%matplotlib，它与在 IPython Shell 中的工作方式类似，我们可以使用以下两种选项。

- %matplotlib notebook 会在 Notebook 中嵌入交互式图形。
- %matplotlib inline 会在 Notebook 中嵌入静态图形。

第二种方式更为常用。

```
%matplotlib inline
```

运行这条命令后，任何创建图形的单元格都会嵌入对应的 PNG 图形。例如，下面创建了一幅与刚才执行 Python 脚本类似的图形，但这里略微修改了绘图数据并设置了线条的类型，如图 7-2 所示。

```
import numpy as np
x = np.linspace(0, 10, 100)

fig = plt.figure()   # 生成一个空白图形并将其赋给 fig 对象
plt.plot(x, np.sin(x), '-')    # 绘制实线
plt.plot(x, np.cos(x), '--')   # 绘制虚线
```

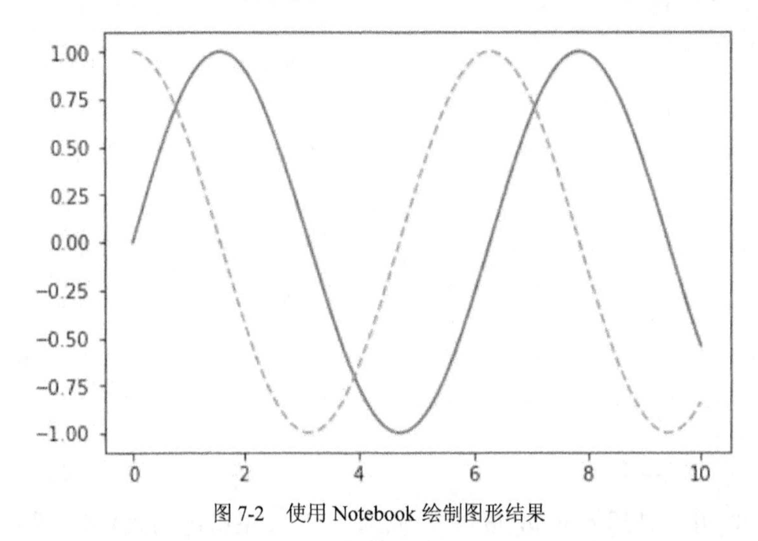


图 7-2　使用 Notebook 绘制图形结果

请读者先试着运行%matplotlib notebook，再运行上述代码，观察执行的结果与%matplotlib inline 有何不同。

在本章接下来的内容中，将统一使用 IPython Shell 的方式进行绘图。

### 7.1.4　保存图形

Matplotlib 支持各种系统和图形格式。此外，Matplotlib 保存所有图形格式的代码都是一样的，只需要调用图形对象的 savefig()方法，非常简单易用。

例如，创建上面的正弦、余弦曲线图，然后用 PNG 格式保存，并进行检查。

```
In [1]: %matplotlib
   ...: import matplotlib.pyplot as plt
Using matplotlib backend: Qt5Agg

In [2]: import numpy as np
   ...: x = np.linspace(0, 10, 100)
```

```
   ...:
   ...: fig = plt.figure()  # 生成一个空白图形并将其赋给 fig 对象
   ...: plt.plot(x, np.sin(x), '-')   # 绘制实线
   ...: plt.plot(x, np.cos(x), '--')  # 绘制虚线
Out[2]: [<matplotlib.lines.Line2D at 0x7f90d0955f98>]

In [3]: # 保存图形
   ...: fig.savefig("first.png")
   ...:
   ...: # 调用系统命令 ls 检查
   ...: !ls -l first.png
-rw-r--r-- 1 wsx wsx 37468 8月  17 10:26 first.png
```

PDF 是常见的矢量图形格式，现在我们使用一样的函数，仅改动保存的文件扩展名。

```
In [4]: # 保存 pdf 矢量图
   ...: fig.savefig("first.pdf")
   ...:
   ...: # 调用系统命令 ls 检查
   ...: !ls -l first.pdf
-rw-r--r-- 1 wsx wsx 8555 8月  17 10:26 first.pdf
```

读者不妨使用 PDF 阅读器打开该文件看一看。

下面代码结果列出了 Matplotlib 支持的所有图形格式：

```
In [5]: fig.canvas.get_supported_filetypes()
Out[5]:
{'ps': 'Postscript',
 'eps': 'Encapsulated Postscript',
 'pdf': 'Portable Document Format',
 'pgf': 'PGF code for LaTeX',
 'png': 'Portable Network Graphics',
 'raw': 'Raw RGBA bitmap',
 'rgba': 'Raw RGBA bitmap',
 'svg': 'Scalable Vector Graphics',
 'svgz': 'Scalable Vector Graphics',
 'jpg': 'Joint Photographic Experts Group',
 'jpeg': 'Joint Photographic Experts Group',
 'tif': 'Tagged Image File Format',
 'tiff': 'Tagged Image File Format'}
```

注意，由于不同读者使用的操作系统以及安装的图形后端可能不同，因此支持的图形格式可能也会有所变化，如果与上述输出结果不一致也是正常的。

### 7.1.5 两种绘图接口

在前面的几节中，我们使用类似 MATLAB 的命令操作方式完成图形的创建工作。除了这

种操作方式，Matplotlib 还提供了比较原生的 Python 方式操作图形：把每一个图形都看作一个对象，可以通过对象方法的调用达到图形元素增改的目的。

MATLAB 操作十分简便，而面向对象的方式则功能强大。大多数数据分析师或数据科学家往往同时使用两者，因此用户在阅读代码时容易产生困惑。本节对两种绘图接口进行简要介绍，帮助读者理清它们的区别。

### 1. MATLAB 样式接口

MATLAB 样式接口由 plt 模块提供，plt 包含一系列绘图命令（函数），名称与 MATLAB 基本一致。下面展示了如何利用 plt 快速绘制包含两个子图的图形，输出如图 7-3 所示。

```
In [6]: # 创建一个图形
   ...: plt.figure()
   ...:
   ...: # 创建两个子图面板
   ...: # 创建第 1 个子图
   ...: plt.subplot(2, 1, 1)
   ...: plt.plot(x, np.cos(x))   # 绘制图形
   ...:
   ...: # 创建第 2 个子图
   ...: plt.subplot(2, 1, 2)
   ...: plt.plot(x, np.sin(x))   # 绘制图形
Out[6]: [<matplotlib.lines.Line2D at 0x7f90d2fbfbe0>]
```

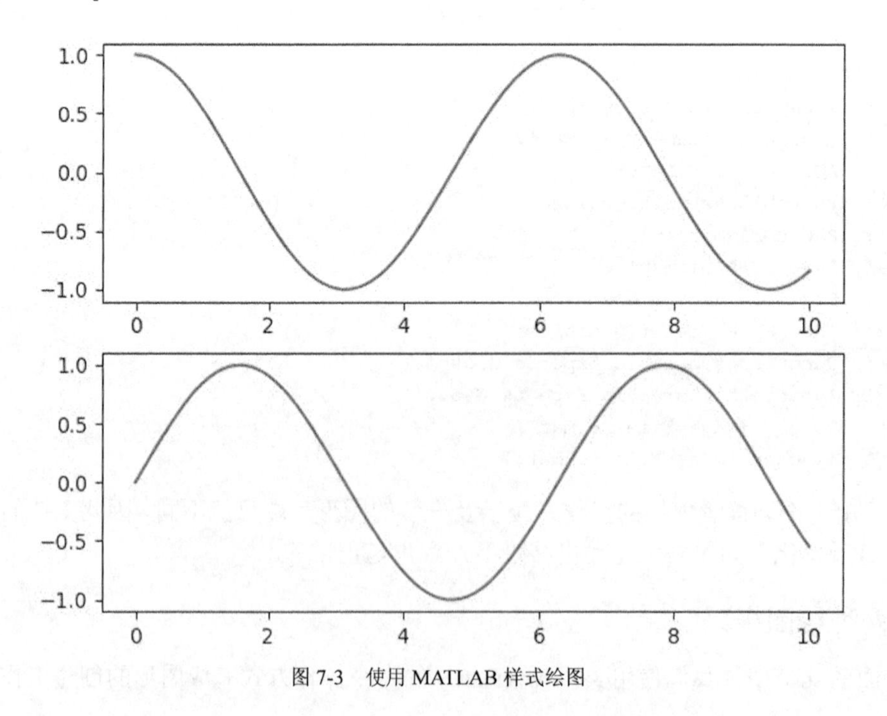


图 7-3　使用 MATLAB 样式绘图

这里使用了 3 个命令，每一个都非常简明。

（1）figure()函数：创建一个空白图形。

（2）subplot(rows, columns, subplot_number)函数：创建子图，第 1 个参数设定子图行数，第 2 个参数设定子图列数，第 3 个参数设定子图序号。

（3）plot(x, y)函数：绘制图形，第 1 个参数为 $x$ 轴提供数据，第 2 个参数为 $y$ 轴提供数据。

对于简单的图形来说，这种接口是极好的，既快又简单。然而，如果绘制的图形比较复杂，这种接口可能就不适应或者出问题了。例如，当我们操作第 2 个子图时，想要对已经绘制的第 1 个子图进行增、删、改，该怎么办？MATLAB 样式接口不可能完成这个任务。不过，我们还有更好的办法——面向对象接口。

### 2. 面向对象接口

面向对象接口可以应对更为复杂的绘图场景，它通过调用图和坐标轴等图形对象方法来实现各种绘图操作。

下面我们用面向对象接口实现刚才的图形。

```
In [7]: # 首先创建一个图形网格
   ...: fig, ax = plt.subplots(2)
   ...:
   ...: # 在坐标轴对象上调用 plot() 方法
   ...: ax[0].plot(x, np.cos(x))
   ...: ax[1].plot(x, np.sin(x))
Out[7]: [<matplotlib.lines.Line2D at 0x7f90d2d9a160>]
```

显示的图形与 MATLAB 接口实现一致，这里不再展示。

这里 subplot()函数返回一个元组，其中第 2 个元素是一个包含坐标轴对象的数组，在坐标轴对象上调用方法即可绘制、修改图形。

可以看到，两种接口绘制图形的操作都比较简单。对于简单的图形，选择哪一种接口取决于读者的喜好。至于绘制复杂的图形，还是需要掌握面向对象的接口。

## 7.2 基本图形绘制

上一节介绍了 Matplotlib 的绘图场景以及绘图接口，本节接着介绍常见图形的绘制，包括线图、散点图、直方图、饼图等。不同类型的图形有很多相同的元素，在线图部分会详细地进行介绍，以便读者快速理解、掌握和应用其他类型图形的绘制。

### 7.2.1 线图

线图通常用来表示某个变量随另一个变量变化的趋势，如金融领域中的经济走势图、医学中的心电图。

pyplot 模块提供的 plot()函数可以轻松地绘制线图，该函数需要我们提供 $y$ 轴的数据或者

同时提供 $x$ 轴和 $y$ 轴的数据。如果只提供 $y$ 轴的数据，那么函数会自动将 $x$ 轴数据设为同等长度的整数序列，从 0 开始。

下面代码结果显示，无论是使用 Python 内置的函数 range()，还是使用 numpy 模块提供的 range()函数生成序列 1 到 10，绘制的图形完全一致，如图 7-4 和图 7-5 所示。可见我们使用 Matplotlib 绘图的重点是准备数据，它会自动帮助我们处理好不同的数据类型。

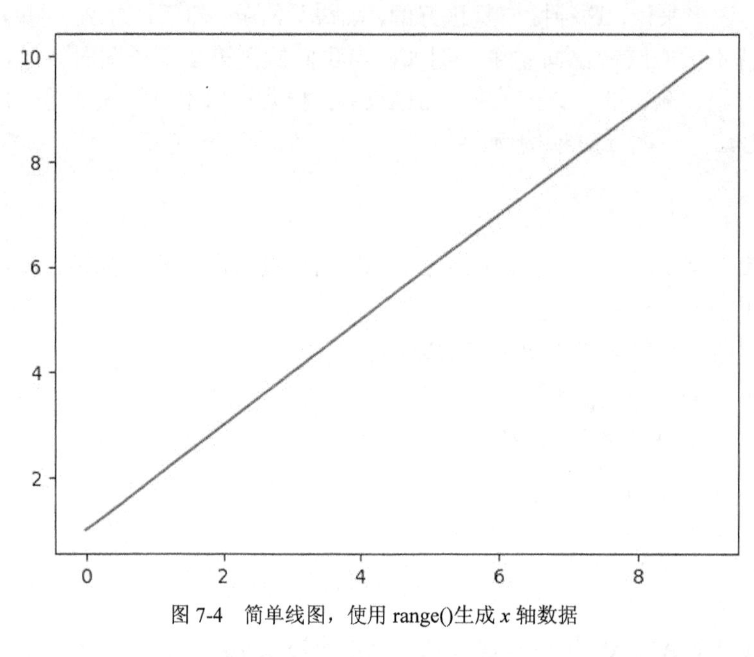


图 7-4　简单线图，使用 range()生成 $x$ 轴数据

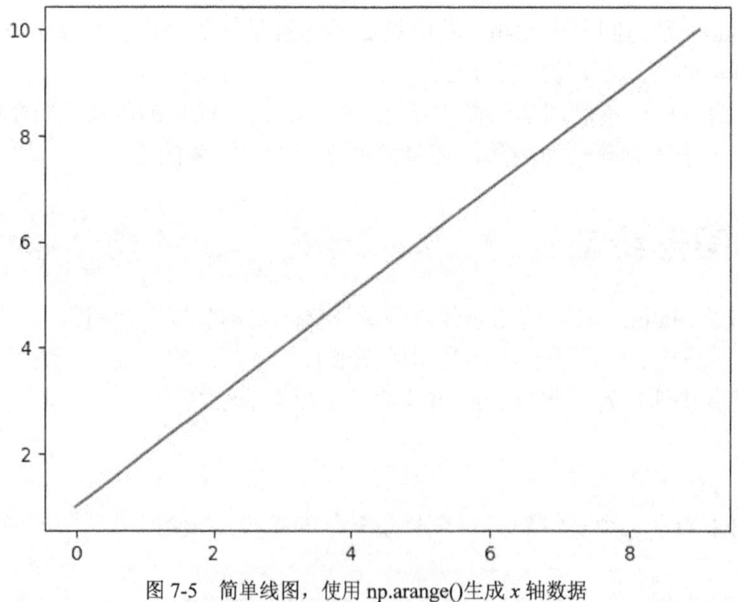


图 7-5　简单线图，使用 np.arange()生成 $x$ 轴数据

```
In [8]: import numpy as np
   ...: import matplotlib.pyplot as plt
   ...:
   ...: plt.plot(range(1, 11))
Out[8]: [<matplotlib.lines.Line2D at 0x7f90d2d20c50>]
In [9]: plt.plot(np.arange(1,11))
Out[9]: [<matplotlib.lines.Line2D at 0x7f90d2b2d160>]
```

下面来看面向对象接口的使用。

```
In [10]: fig = plt.figure()
    ...: ax  = plt.axes()

In [11]: type(fig)
Out[11]: matplotlib.figure.Figure
In [12]: type(ax)
Out[12]: matplotlib.axes._subplots.AxesSubplot
```

上面代码先使用 figure()函数创建了一个 Figure 对象，Figure 对象可以看作包含一切图形元素的容器，如坐标轴、文字、标签。之后 axes()创建了一个 Axes（坐标轴）对象，也就是我们看到的一个包含刻度和标签的箱子，如图 7-6 所示。

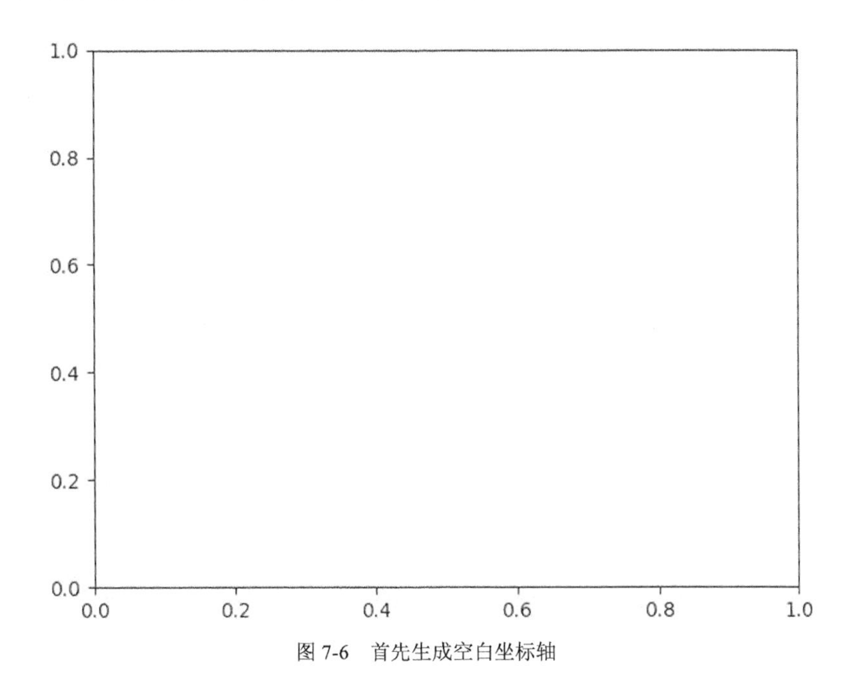


图 7-6　首先生成空白坐标轴

在使用 Matplotlib 绘图时，我们通常会使用 fig 指向一个 Figure 对象，ax 指向一个坐标轴对象。

现在已经有了坐标轴，我们需要做的是往上添加数据。

在上一节中，我们使用了 linspace()函数，但没有进行解释，该函数可以创建一个等长的数据序列。例如，linspace(0, 5, 20)就会将 0～5 分割为 20 份，如图 7-7 所示。

```
In [13]: fig = plt.figure()
    ...: ax = plt.axes()
    ...:
    ...: x = np.linspace(0, 5, 20)
    ...: ax.plot(x, np.cos(x))
Out[13]: [<matplotlib.lines.Line2D at 0x7f90d2fa3fd0>]
```

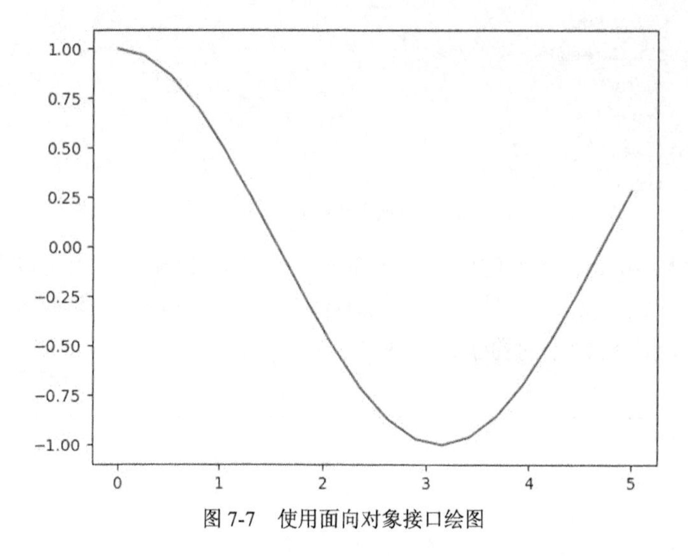


图 7-7　使用面向对象接口绘图

当我们需要在一个图中绘制多条曲线时，最简单的办法是多次调用 plot()函数，如图 7-8 所示。

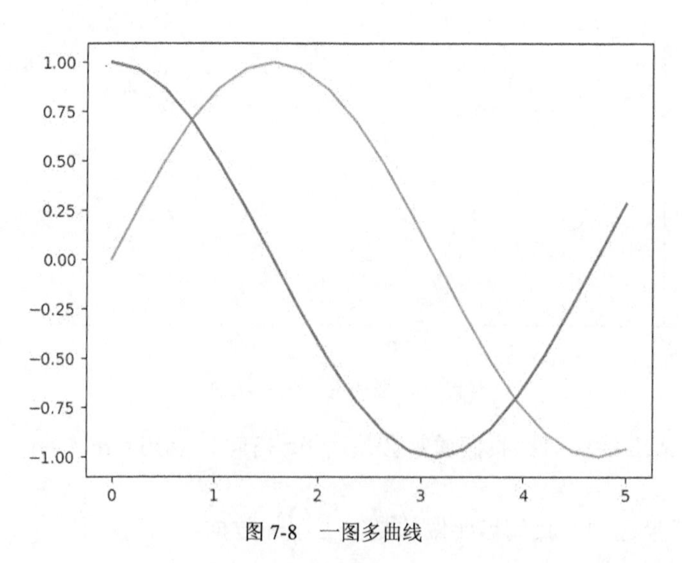


图 7-8　一图多曲线

```
In [14]: plt.plot(x, np.sin(x))
    ...: plt.plot(x, np.cos(x))
Out[14]: [<matplotlib.lines.Line2D at 0x7f90d2a58eb8>]
```

上面 Matplotlib 为曲线自动设置了颜色和类型，在实际应用时我们需要使用关键字参数 color 和 linestyle 自行设定。

color 参数接收一个代表任何颜色的字符串，支持多种不同类型的颜色编码，如名字、颜色代码、十六进制、RGB 等，如图 7-9 所示。

```
In [16]: plt.plot(x, 2*x,   color = "red")             # 按名字指定颜色
    ...: plt.plot(x, 2*x+1, color = "g")               # 短颜色编码（rgbcmyk）
    ...:
    ...: plt.plot(x, 2*x+2, color = "0.6")             # 灰度，范围在 0-1 之间
    ...: plt.plot(x, 2*x+3, color = "#FFEE22")         # 十六进制编码
    ...: plt.plot(x, 2*x+4, color = (0.8, 0.7, 0.1)) # RGB 元组，值从 0 到 1
    ...: plt.plot(x, 2*x+5, color = "chartreuse")      # 支持所有的 HTML 颜色名
    ...: 字
Out[16]: [<matplotlib.lines.Line2D at 0x7f90b3832630>]
```

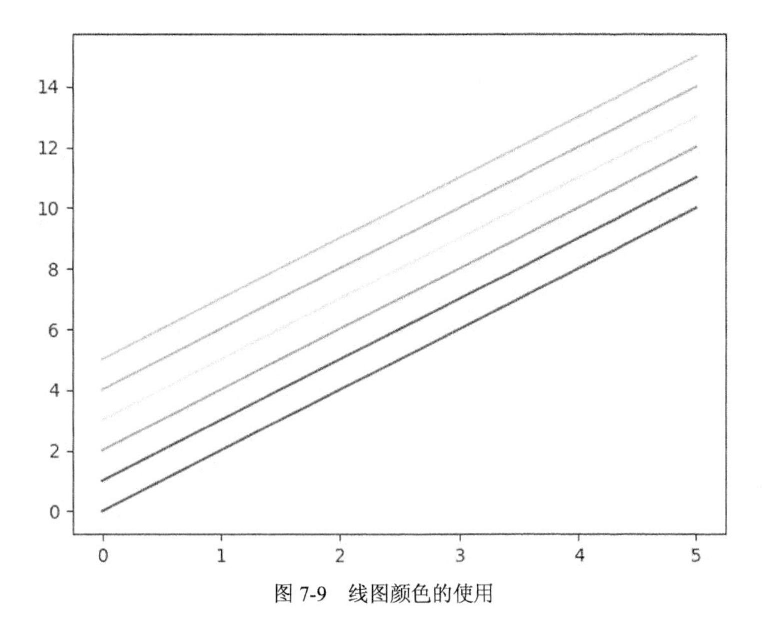


图 7-9　线图颜色的使用

通过设定 linestyle 参数，我们可以展示非常丰富的线条类型，包括虚线、实现、点划线等，如图 7-10 所示。

```
In [17]: plt.plot(x, 2*x,   linestyle = 'solid')   # 实线
    ...: plt.plot(x, 2*x+1, linestyle = 'dashed')  # 虚线
    ...: plt.plot(x, 2*x+2, linestyle = 'dashdot') # 点划线
    ...: plt.plot(x, 2*x+3, linestyle = 'dotted')  # 小圆点
Out[17]: [<matplotlib.lines.Line2D at 0x7f903f3b1cf8>]
```

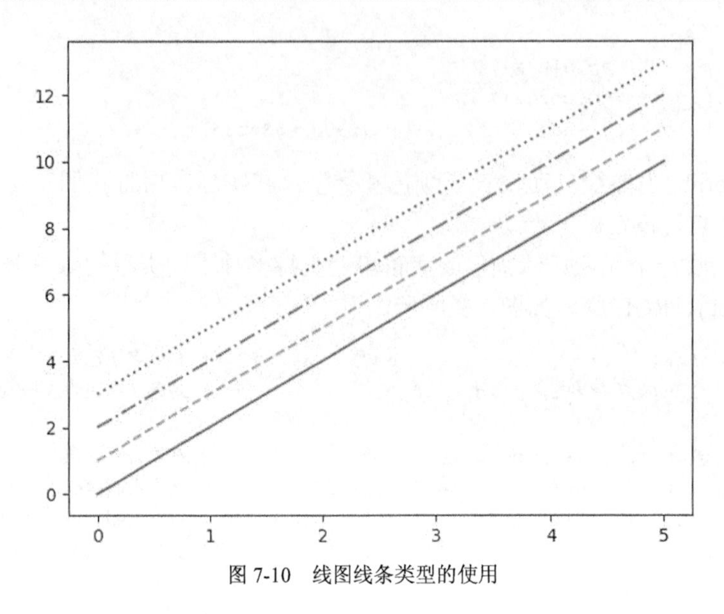

图 7-10　线图线条类型的使用

为了简便，我们也可以使用相应的字符代码。

```
In [18]: plt.plot(x, 2*x,   linestyle = '-')   # 实线
    ...: plt.plot(x, 2*x+1, linestyle = '--')  # 虚线
    ...: plt.plot(x, 2*x+2, linestyle = '-.')  # 点划线
    ...: plt.plot(x, 2*x+3, linestyle = ':')   # 小圆点
Out[18]: [<matplotlib.lines.Line2D at 0x7f903f396fd0>]
```

线条类型和颜色通常组合使用，为了简便，我们可以提供一个同时包含线条类型代码和颜色代码的字符串，作为非关键字参数传入 plot()函数，如图 7-11 所示。

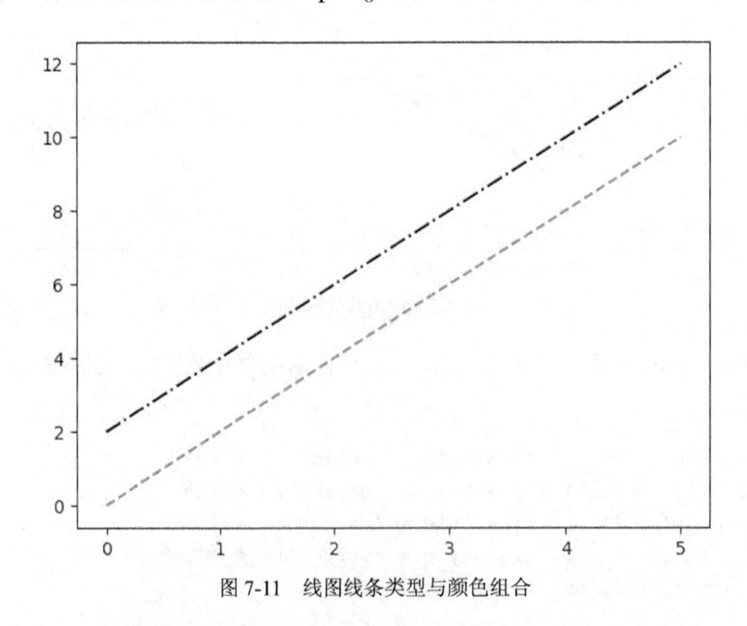

图 7-11　线图线条类型与颜色组合

```
In [19]: plt.plot(x, 2*x,   '--c')    # 青色的虚线
    ...: plt.plot(x, 2*x+2, '-.k')    # 黑色的点划线
Out[19]: [<matplotlib.lines.Line2D at 0x7f903f3779b0>]
```

了解了如何为线图设定颜色和线条类型后，我们接下来系统学习 plot()函数常见的参数列表。

```
plot(x, y, linestyle,
     linewidth, color, marker,
     markersize, markeredgecolor,
     label, alpha)
```

具体说明如下。

- x：线图 $x$ 轴数据。
- y：线图 $y$ 轴数据。
- linestyle：线条类型。
- linewidth：线条宽度。
- color：颜色。
- marker：可以为线图添加散点，该参数指定点的形状。
- markersize：指定点的大小。
- markeredgecolor：指定点的边框色。
- label：图例标签。

虽然 plot()函数提供了图例标签信息，但需要配合 legend()函数才能显示，如图 7-12 所示。

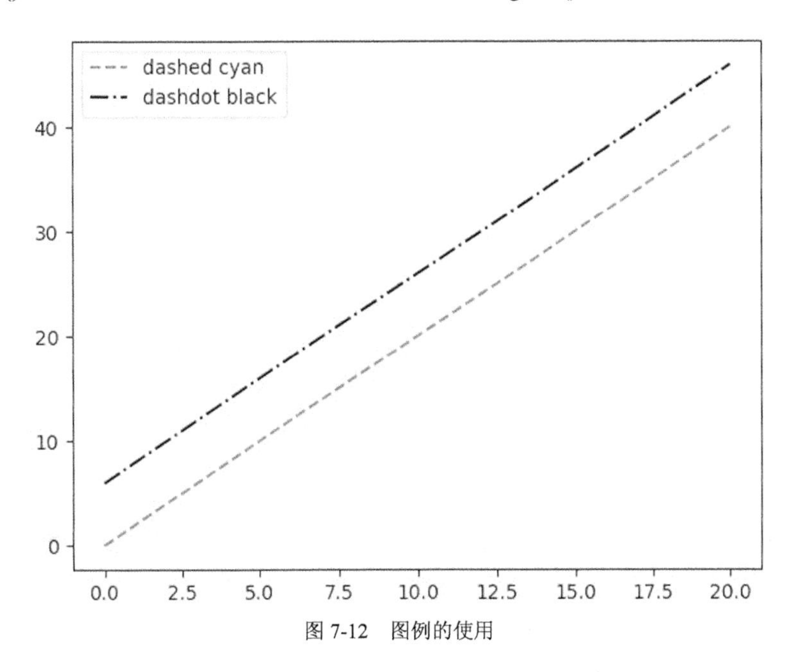


图 7-12　图例的使用

```
In [20]: x = np.linspace(0, 20, 100)
    ...: plt.plot(x, 2*x,   '--c', label = 'dashed cyan')
    ...: plt.plot(x, 2*x+6, '-.k', label = 'dashdot black')
    ...:
    ...: plt.legend()
Out[20]: <matplotlib.legend.Legend at 0x7f903de46c18>
```

plot()函数其他几个选项主要用于自定义线条和描述数据点。线图中的线条描述了连续的变化，但实际上观测的数据值是有限的，因此在一些分析中，同时观测线条和点是非常有必要的。

下面的代码示例将 plot()函数涉及的常见选项都进行了自定义设定，如图 7-13 所示。

```
In [21]: x = range(0, 20)
    ...: y = np.cos(x)
    ...:
    ...: plt.plot(x, y, linestyle = '-.',
    ...:      linewidth = 2, color = 'blue', marker = 'o',
    ...:      markersize = 12, markeredgecolor = 'red',
    ...:      label = 'Example Plot', alpha = 0.8)
    ...: plt.legend()
Out[21]: <matplotlib.legend.Legend at 0x7f903de12d68>
```

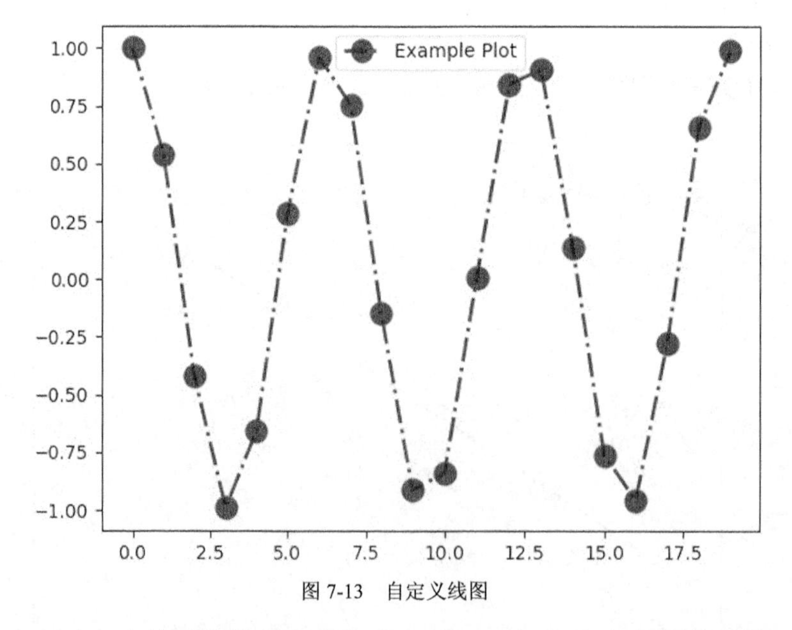


图 7-13　自定义线图

了解了如何创建一个美观的带点线图后，我们只要对相应的选项略加更改就可以创建自己喜欢的线图。在实际应用时，线条与点的类型、颜色与大小的选择都需要花费时间去探索。

图形的作用除了显示数据的变化趋势或模式外，还常用于比较。下面代码新增了一条红色的曲线，如图 7-14 所示，两者的差异一目了然。

```
In [22]: x = range(0, 20)
    ...: y = np.cos(x)
    ...: y2 = np.sin(x) - 0.5
    ...:
    ...: plt.plot(x, y, linestyle = '-.',
    ...:      linewidth = 2, color = 'blue', marker = 'o',
    ...:      markersize = 12, markeredgecolor = 'red',
    ...:      label = 'Blue line', alpha = 0.8)
    ...: plt.plot(x, y2, linestyle = '--',
    ...:      linewidth = 2, color = 'red', marker = 'x',
    ...:      markersize = 6, markeredgecolor = 'red',
    ...:      label = 'Red line')
    ...: plt.legend()
Out[22]: <matplotlib.legend.Legend at 0x7f903e7b7c18>
```

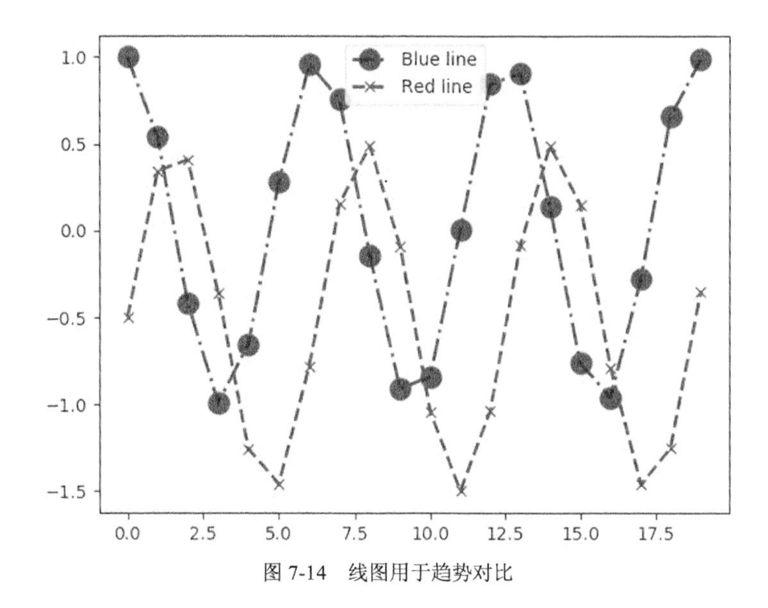


图 7-14 线图用于趋势对比

图虽然现在已经绘制好了，但缺乏一些必要的说明：坐标轴标签以及图标题。

实现这些需求非常简单，可以分别通过 xlabel()和 ylabel()函数添加 $x$ 轴与 $y$ 轴标签，使用 title()添加图标题。

为了方便演示，下面代码绘制了一条简单的余弦曲线，并添加轴标签和标题，如图 7-15 所示。

```
In [23]: x = np.linspace(0, 200, 100)
    ...: plt.plot(x, np.cos(x))
    ...: plt.xlabel('Time (s)')
    ...: plt.ylabel('Cos(x)')
    ...: plt.title('A simple cosine curve')
Out[23]: Text(0.5,1,'A simple cosine curve')
```

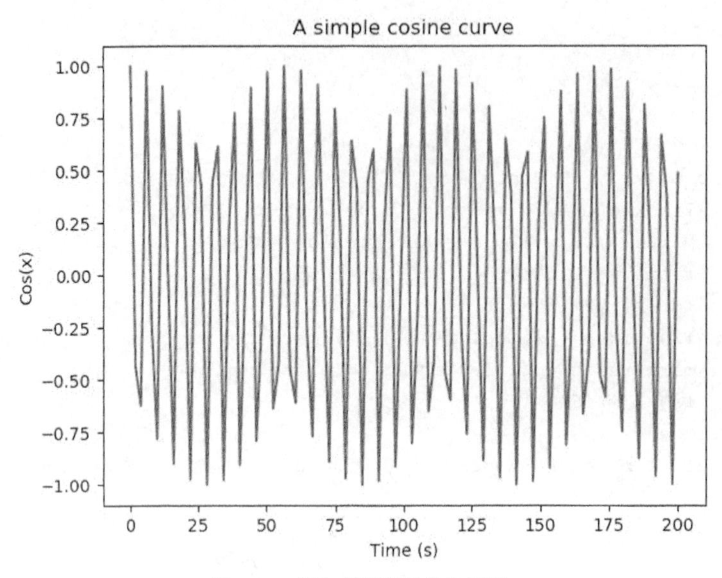


图 7-15　添加坐标轴标签和标题

上面所有绘制的图形都显示了所有的数据区域，当要把焦点放到某一个区域时，需要对轴的范围进行限制，Matplotlib 提供 xlim()和 ylim()用于实现对 $x$ 轴和 $y$ 轴范围的限制。

现在我们将 $x$ 轴范围限定为 50～150，$y$ 轴范围限定为−0.5～0.5，如图 7-16 所示。

```
In [24]: plt.plot(x, np.cos(x))
    ...: plt.xlim(50, 150)
    ...: plt.ylim(-0.5, 0.5)
Out[24]: (-0.5, 0.5)
```

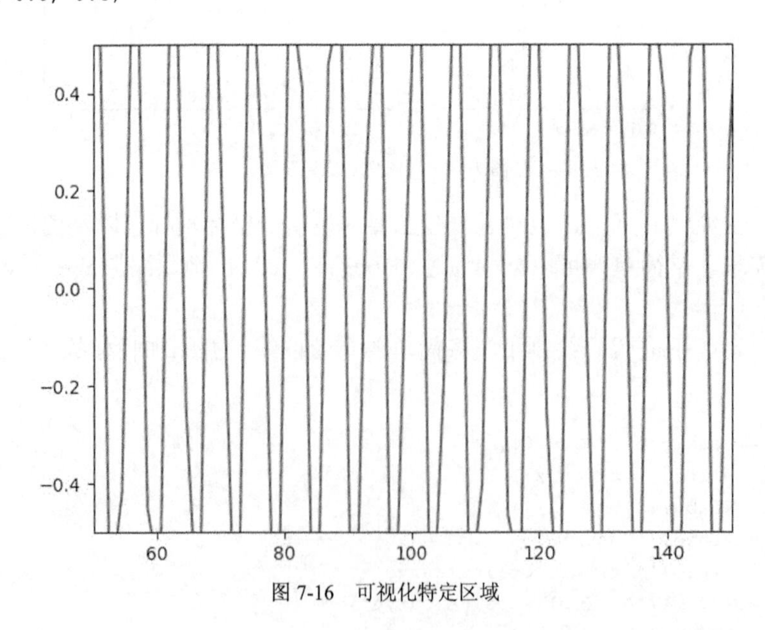


图 7-16　可视化特定区域

如果将上面设定的参数值反过来，就实现了坐标轴的反转，如图 7-17 所示。

```
In [25]: plt.plot(x, np.cos(x))
    ...: plt.xlim(150, 50)
    ...: plt.ylim(0.5, -0.5)
Out[25]: (0.5, -0.5)
```

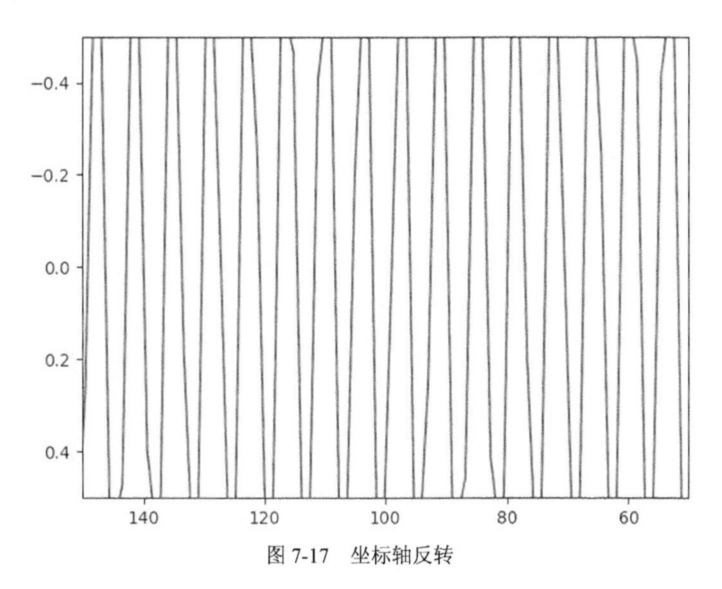


图 7-17 坐标轴反转

除了使用 xlim()和 ylim()函数分别设置 *x* 轴和 *y* 轴的范围外，Matplotlib 还提供了 axis()函数对它们同时进行设定，该函数需要一个形如[xmin, xmax, ymin, ymax]的列表作为参数，如图 7-18 所示。

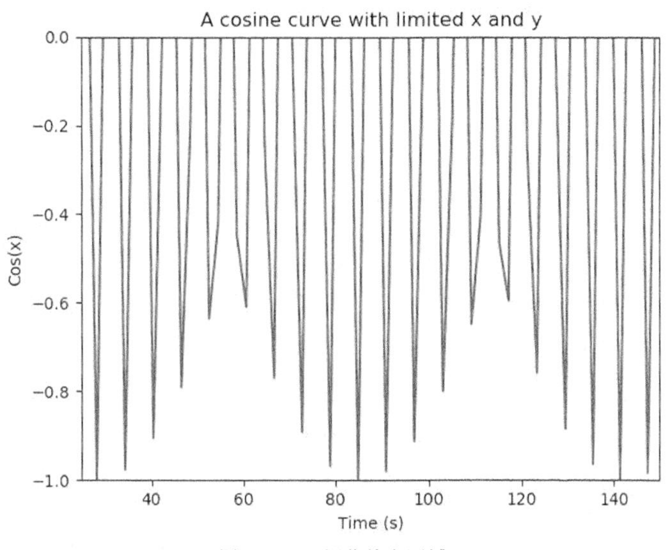


图 7-18 可视化特定区域

```
In [26]: plt.plot(x, np.cos(x))
    ...: plt.axis([25, 150, -1, 0])
    ...: plt.xlabel('Time (s)')
    ...: plt.ylabel('Cos(x)')
    ...: plt.title('A cosine curve with limited x and y')
Out[26]: Text(0.5,1,'A cosine curve with limited x and y')
```

axis()函数除了支持数值列表作为输入外，还支持字符选项。Matplotlib 会根据输入的字符选项自动地对轴进行调整，对用户十分友好。

axis()函数常见支持的选项如下。

- axis('off')：关闭轴线和标签。
- axis('equal')：使 *x* 轴与 *y* 轴保持与屏幕一致的高宽比（横纵比）。
- axis('tight')：使 *x* 轴与 *y* 轴限制在有数据的区域。
- axis('square')：使 *x* 轴与 *y* 轴坐标一致。

下面通过一些图来认识这些选项的实际效果，如图 7-19～图 7-22 所示，其他 axis()支持的选项请通过 plt.axis?访问函数文档。

```
In [27]: plt.plot(x, np.cos(x))
    ...: plt.axis('off')
Out[27]: (-10.0, 210.0, -1.0999621189366728, 1.0999981961398415)
```

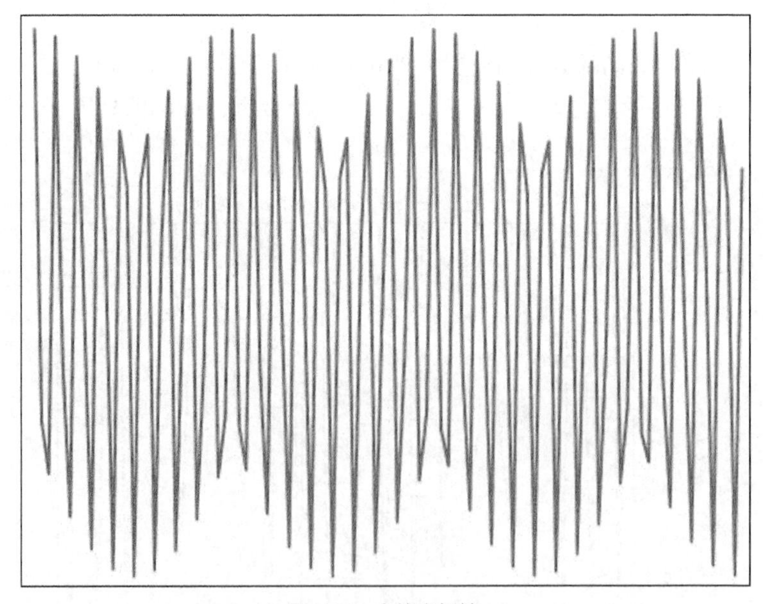

图 7-19　去掉坐标轴

```
In [28]: plt.plot(x, np.cos(x))
    ...: plt.axis('square')
Out[28]: (-10.0, 210.0, -1.0999621189366728, 218.90003788106333)
```

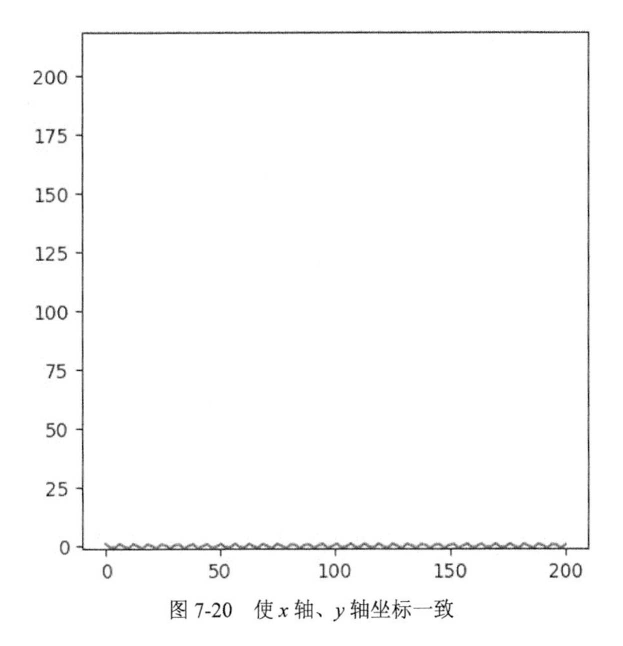


图 7-20 使 $x$ 轴、$y$ 轴坐标一致

```
In [29]: plt.plot(x, np.cos(x))
    ...: plt.axis('equal')
Out[29]: (-10.0, 210.0, -1.0999621189366728, 1.0999981961398415)
```

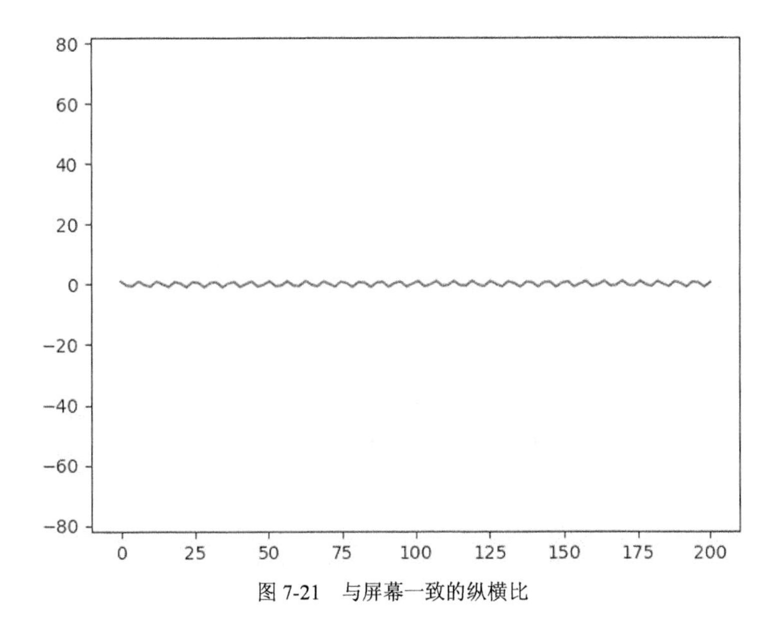


图 7-21 与屏幕一致的纵横比

```
In [30]: plt.plot(x, np.cos(x))
    ...: plt.axis('tight')
Out[30]: (-10.0, 210.0, -1.0999621189366728, 1.0999981961398415)
```

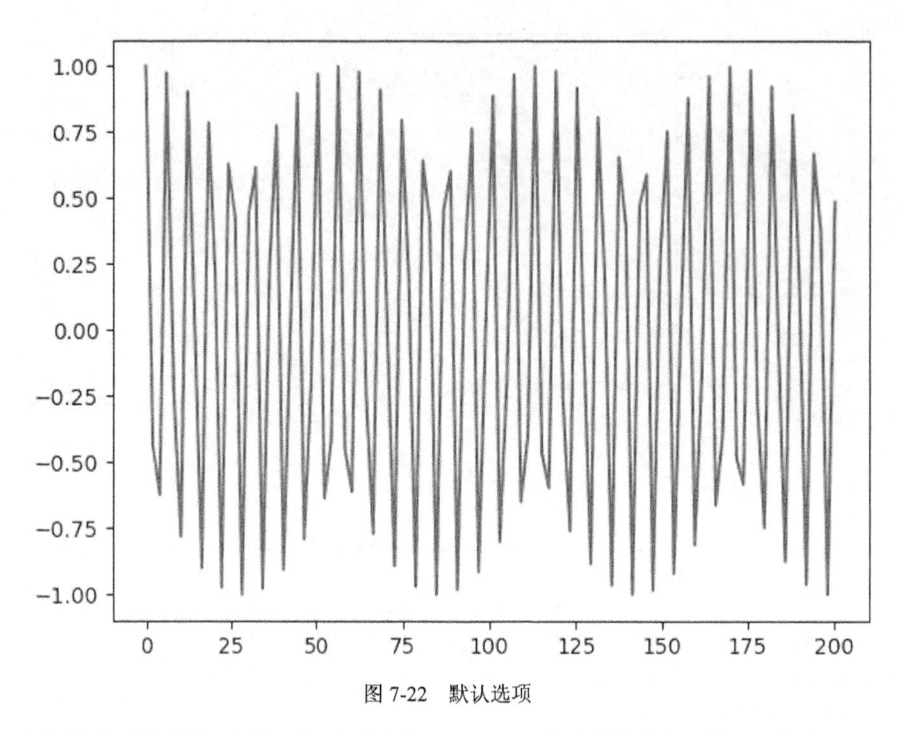


图 7-22　默认选项

本节以线图为对象详细介绍了如何使用 Matplotlib 绘制线图这一常见的图形，以及如何添加标签、标题、轴范围限定等自定义操作。有了线图的基础，接下来将不再对自定义的操作进行赘述，只介绍基础图形的绘图函数。

### 7.2.2　散点图

在观察数据量以及数据的分布时，散点图非常有用。Matplotlib 提供了两种方式绘制点图：一种是 plot()函数，另一种是本节将要介绍的 scatter()函数。

对于简单的图形，我们可以根据自己的习惯选择一种方式。plot()函数比较简单，scatter()则提供了更多可以自定义的特性，但在实现上会需要更多的计算资源。因此对于大型的数据集，plot()可能更为实用。

下面通过两个简单的点图来了解两种方式使用方法上的不同。plot()函数默认绘制的是线图，为了显示点图，我们需要传入非关键字参数"o"表示点，而 scatter()函数不需要这样的设定，如图 7-23 所示。

```
In [31]: import numpy as np
    ...: import matplotlib.pyplot as plt
    ...:
    ...: x = range(1, 11)
    ...: plt.plot(x, x, "o", color = "red") # 设定为红色的点
Out[31]: [<matplotlib.lines.Line2D at 0x7f903a168048>]
```

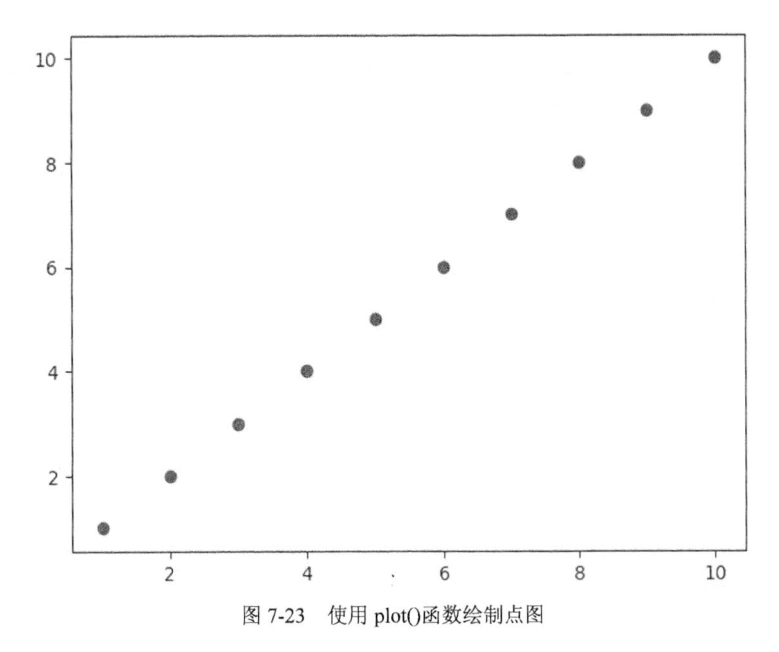


图 7-23　使用 plot()函数绘制点图

scatter()函数使用关键字参数 marker 来设定点的类型，默认用"o"表示小圆点，如图 7-24 所示。

```
In [32]: x = range(1, 11)
    ...: plt.scatter(x, x)
Out[32]: <matplotlib.collections.PathCollection at 0x7f903f04c668>
In [33]: plt.scatter(x, x, marker = 'o')  # 与上面代码输出图形一致
```

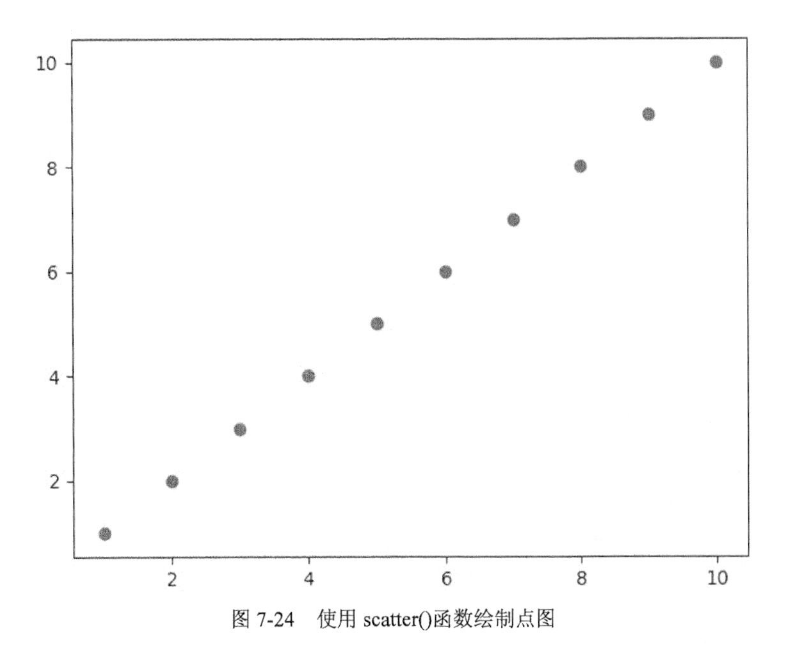


图 7-24　使用 scatter()函数绘制点图

Python 支持多种点类型，如圆点、方块、三角形。为了方便展示点的符号与对应的类型，下面生成一些随机的数据点，调用 for 循环根据不同的点类型绘制图形，并用图例直观展示符号与点类型的对应关系，如图 7-25 所示。

```
In [34]: # 创建一个隔离的随机数生成器
    ...: rng = np.random.RandomState(123456)
    ...:
    ...: # 循环绘制点图
    ...: for marker in ['o', '.', ',', 'x', '+', 'v', '^', '<', '>', 's', 'd
    ...: ']:
    ...:     plt.scatter(list(rng.rand(5)), list(rng.rand(5)), marker = mark
    ...: er,
    ...:                 label="marker='{0}'".format(marker))
    ...:
    ...: # 显示图例
    ...: plt.legend(numpoints=1)
    ...: plt.xlim(0, 2)  # 避免图例与点重叠
Out[34]: (0, 2)
```

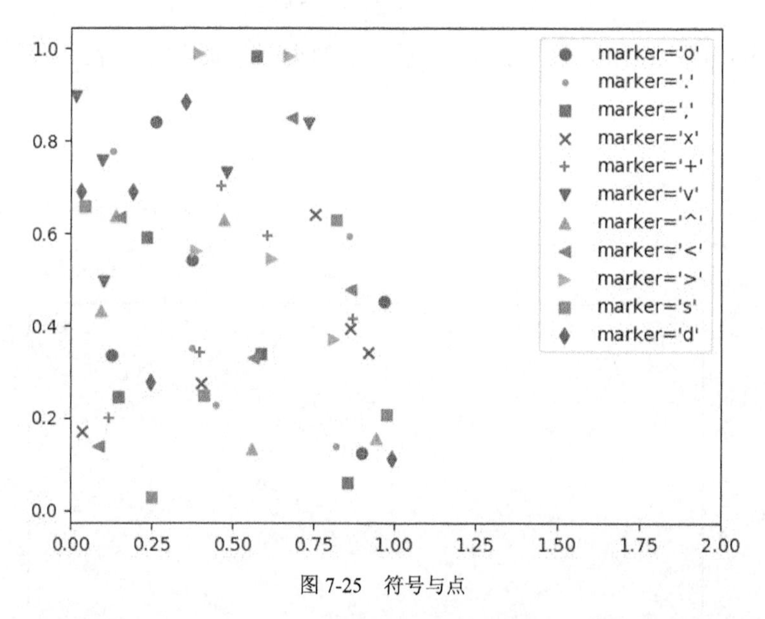


图 7-25　符号与点

如果数据点太多，点和点会有重叠，这样图形可能会不美观并影响读者对于数据量的判断，如图 7-26 所示。比较好的解决办法是为点设置一定的透明度，如图 7-27 所示。

```
In [35]: rng = np.random.RandomState(12)
    ...: x = rng.randn(200)
    ...: y = rng.randn(200)
    ...:
    ...: _ = plt.scatter(x, y)
```

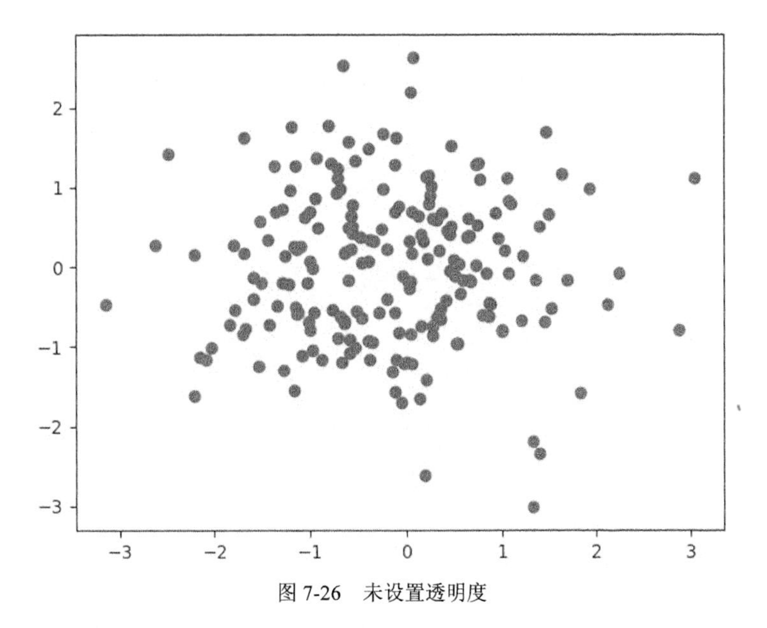


图 7-26 未设置透明度

```
In [36]: plt.scatter(x, y, alpha=0.5)  # 为数据点设置透明度
Out[36]: <matplotlib.collections.PathCollection at 0x7f903ec65b00>
```

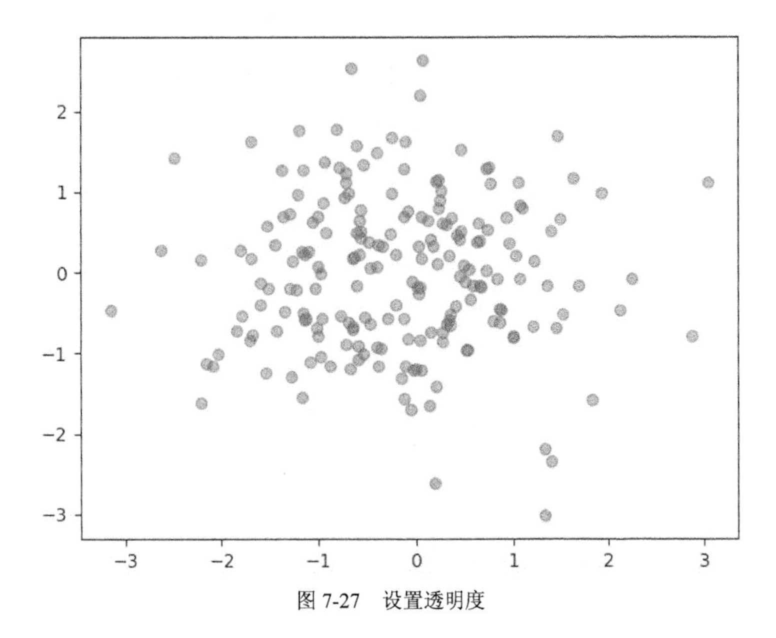


图 7-27 设置透明度

点的大小和颜色通常用来表示有价值的信息，可以分别通过关键字参数 s 和 c 进行设置，如图 7-28 所示。

```
In [37]: colors = rng.rand(200)
    ...: sizes = 1000 * rng.rand(200)
    ...:
```

```
    ...: plt.scatter(x, y, c=colors, s=sizes, alpha=0.3)
Out[37]: <matplotlib.collections.PathCollection at 0x7f903e90cb70>
```

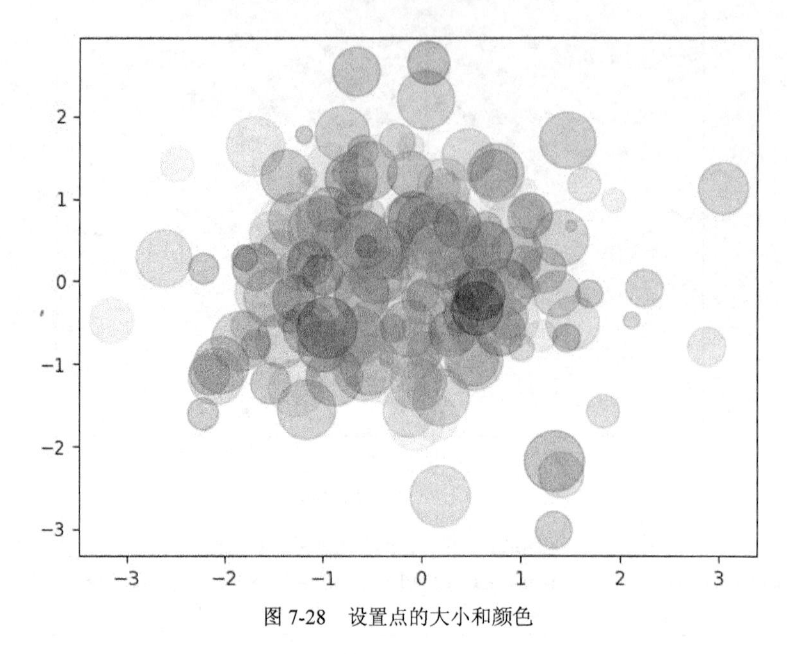


图 7-28　设置点的大小和颜色

还可以加上颜色条，以显示颜色代表的数值信息，如图 7-29 所示。

```
In [38]: plt.scatter(x, y, c=colors, s=sizes, alpha=0.3)
    ...: plt.colorbar()
Out[38]: <matplotlib.colorbar.Colorbar at 0x7f903e89a438>
```

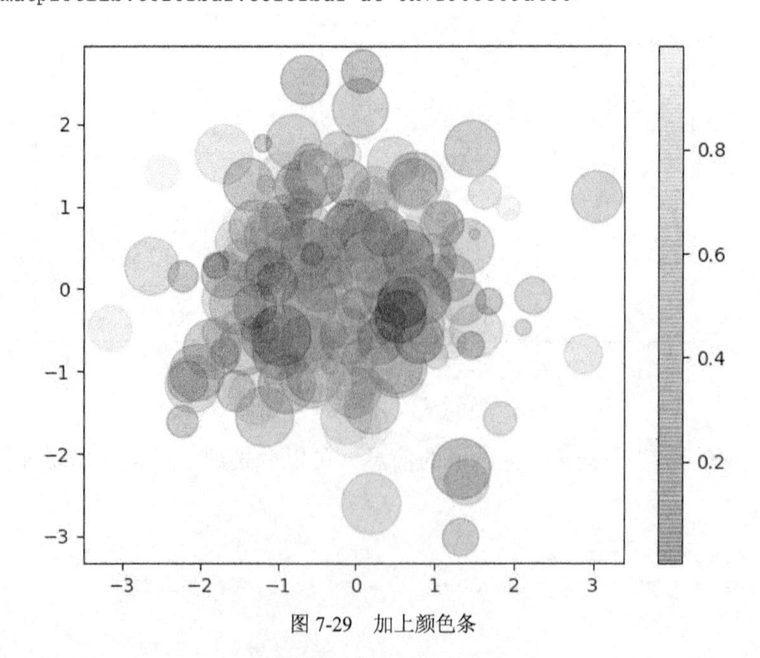


图 7-29　加上颜色条

### 7.2.3　条形图

条形图是一种常用的图形，比如在各种 PPT 的展示中为各种职业人士所喜爱。条形图能够直观地展示各种场景下数值的比较。Matplotlib 提供了 bar()函数绘制条形图，本节通过例子介绍如何绘制垂直条形图、水平条形图、分组条形图和堆叠条形图。

#### 1．垂直条形图

假设某销售公司需要在 PPT 中展示 4 位员工的年度销售业绩，用条形图绘制小红、小王、小李、小张的业绩，分别是 400 万元、300 万元、250 万元、375 万元。

在图中标注一些中文信息，而 Matplotlib 本身对中文的支持并不是很好，在绘图之前，请使用下面代码进行设置。

```
In [39]: import numpy as np
    ...: import matplotlib.pyplot as plt
    ...:
    ...: plt.rcParams['font.sans-serif']=['SimHei']   # 用来正常显示中文标签
    ...: plt.rcParams['axes.unicode_minus']=False     # 用来正常显示负号
```

接下来，生成数据并绘制条形图，如图 7-30 所示。

```
In [40]: member = [u'小红', u'小王', u'小李', u'小张']
    ...: sales  = [400, 300, 250, 375]
    ...:
    ...: # 绘图
    ...: plt.bar(range(4), sales, align = 'center',color='steelblue', alpha
    ...: = 0.7)
    ...: # 添加 y 轴标签
    ...: plt.ylabel(u'年度销售额（万元）')
    ...: # 添加标题
    ...: plt.title(u'员工年度销售额对比')
    ...: # 添加刻度标签
    ...: plt.xticks(range(4), member)
    ...: # 设置 Y 轴的刻度范围
    ...: plt.ylim([200,500])
    ...:
    ...: # 在没有条形图上方添加数值标签
    ...: for x,y in enumerate(sales):
    ...:     plt.text(x,y+10,'%s' %round(y,1),ha='center')
```

创建条形图与创建点图或线图相似，都是给函数提供 $x$ 轴与 $y$ 轴的数据，只是不同的图形有着不同的数据展示方式和自定义选项。这里 bar()函数设置 $x$ 轴刻度标签为水平居中，条形图的填充色为铁蓝色，同时设置透明度为 0.7。

另外，我们添加了 $y$ 轴标签、标题、$x$ 轴刻度标签值，使图形更富有信息。为了突出条形图各柱体之间的差异，这里将 $y$ 轴范围设置为 200～500。

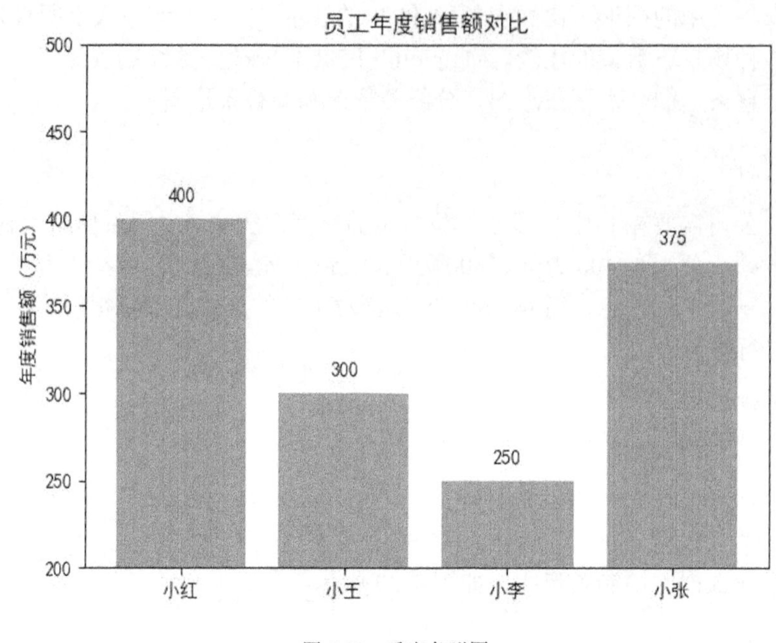


图 7-30 垂直条形图

最后，通过循环的方式在条形的上方添加数值标签，指定具体的数值，便于查看。

### 2. 水平条形图

将上面的垂直条形图改变为水平条形图，只需要将 bar()函数调整为 barh()函数，并调整相应的标签即可，如图 7-31 所示。

```
In [41]: # 绘图
    ...: plt.barh(range(4), sales, align = 'center',color='steelblue', alpha
    ...:  = 0.7)
    ...: # 添加 y 轴标签
    ...: plt.xlabel(u'年度销售额（万元）')
    ...: # 添加标题
    ...: plt.title(u'员工年度销售额对比')
    ...: # 添加刻度标签
    ...: plt.yticks(range(4), member)
    ...: # 设置 X 轴的刻度范围
    ...: plt.xlim([200,500])
    ...:
    ...: # 在没有条形图右方添加数值标签
    ...: for x,y in enumerate(sales):
    ...:     plt.text(y+10,x,'%s' %y,va='center')
```

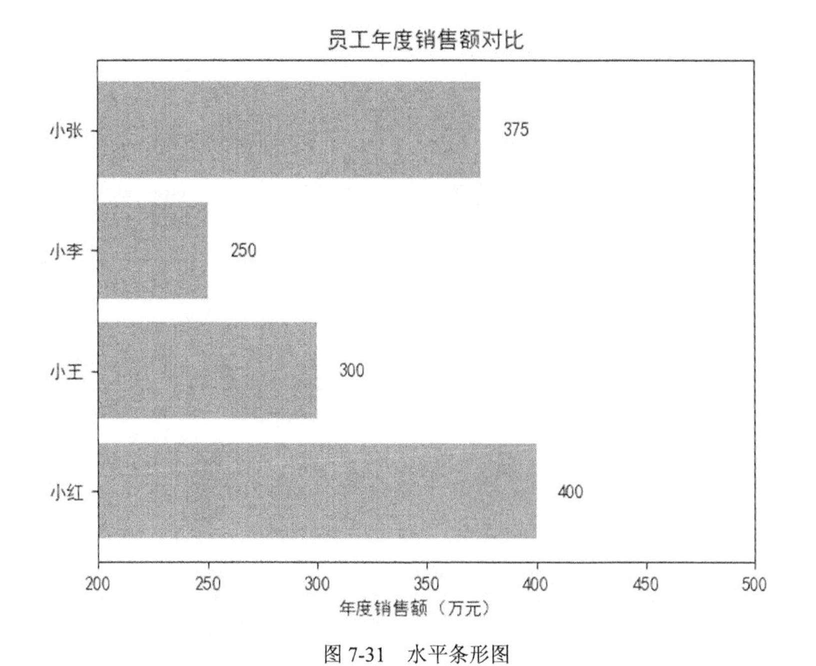


图 7-31　水平条形图

在添加条形图的数值标签时需要注意，在水平条形图中，$x$ 轴表示销售额，$y$ 轴表示员工，所以 text()函数前两个参数的顺序恰好与上一幅图的相反。

### 3. 分组条形图

下面我们拓展一下问题的复杂度：使用水平条形图展示每位员工前 3 个月的销售额。此时，我们需要将每位员工的销售额按月分组，分别绘制条形图进行展示，如图 7-32 所示，代码实现如下。

```
In [42]: member = [u'小红', u'小王', u'小李', u'小张']
    ...: sales_jan  = [30, 42, 25, 35]  # 一月的销售额
    ...: sales_feb  = [60, 55, 10, 27]  # 二月的销售额
    ...: sales_mar  = [40, 20, 5, 70]   # 三月的销售额
    ...:
    ...: bar_width = 0.2  # 设置分组条形的宽度
    ...:
    ...: # 绘图
    ...: plt.bar(range(4), sales_jan, label = u'一月',
    ...:          color = 'steelblue', alpha = 0.7, width = bar_width)
    ...: # 也可以使用 numpy 模块的 arange()函数构造横坐标
    ...: plt.bar(np.arange(4) + bar_width, sales_feb, label = u"二月",
    ...:          color = 'indianred', alpha = 0.7, width = bar_width)
    ...: plt.bar(np.arange(4) + bar_width*2, sales_mar, label = u"三月",
    ...:          color = 'green', alpha = 0.7, width = bar_width)
    ...:
```

```
   ...: # 添加 y 轴标签
   ...: plt.ylabel('月度销售额（万元）')
   ...: # 添加标题
   ...: plt.title('员工第一季度月度销售额对比')
   ...: # 添加刻度标签
   ...: plt.xticks(np.arange(4)+bar_width, member)
   ...: # 添加图例
   ...: plt.legend()
   ...: plt.xlim(-0.5, 4.5)
Out[42]: (-0.5, 4.5)
```

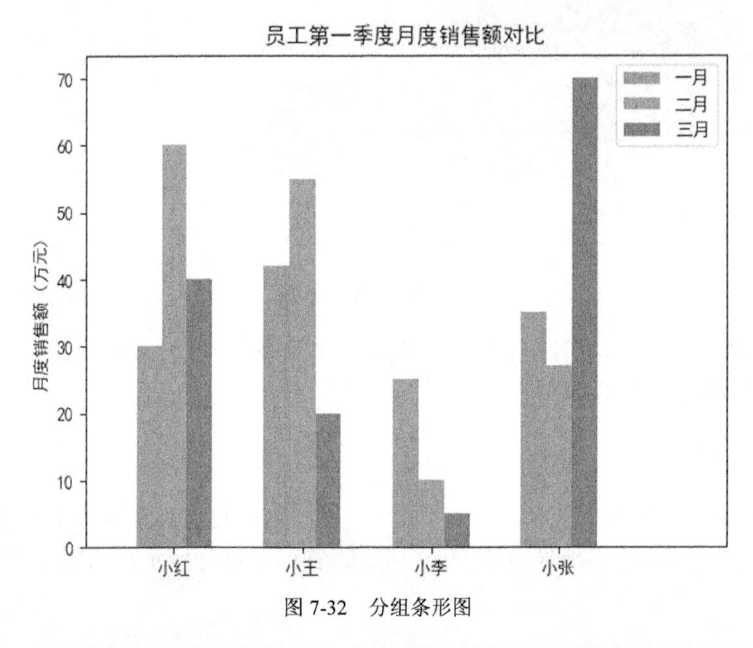


图 7-32　分组条形图

分组条形图比简单条形图的复杂之处在于，在摆放数据 $x$ 轴坐标和刻度位置时，需要进行额外的计算和调整。在执行坐标的计算时，推荐读者使用 numpy，因为它支持广播机制，向量化的算术运算更加简单。例如，上例中在设置第二个和第三个条形的 $x$ 轴坐标时，我们使用了 np.arange(4) + bar_width 和 np.arange(4) + bar_width*2，而利用 Python 列表实现将十分复杂。

### 4. 堆叠条形图

堆叠条形图是分组条形图展示的另一种形式，它把分类的数据堆叠在一起，显得更简约紧密，同时提供了求和信息。在实现上，绘制的思路与条形图相似，不过前者是垂直偏移，后者是水平偏移。

下面将同样的数据展示为堆叠条形图，如图 7-33 所示。

```
In [43]: # 绘图
   ...: plt.bar(np.arange(4), sales_jan, label = u'一月',
```

```
   ...:            color = 'steelblue', alpha = 0.7)
   ...: # 也可以使用 numpy 模块的 arange()函数构造横坐标
   ...: plt.bar(np.arange(4), sales_feb, bottom = sales_jan, label = u"二月
   ...: ",
   ...:            color = 'indianred', alpha = 0.7)
   ...: plt.bar(np.arange(4), sales_mar, bottom = np.array(sales_jan) + np.
   ...: array(sales_feb), label = u"三月",
   ...:            color = 'green', alpha = 0.7)
   ...:
   ...: # 添加 y 轴标签
   ...: plt.ylabel('月度销售额（万元）')
   ...: # 添加标题
   ...: plt.title('员工第一季度月度销售额对比')
   ...: # 添加刻度标签
   ...: plt.xticks(np.arange(4), member)
   ...: # 添加图例
   ...: plt.legend()
   ...: plt.xlim(-0.5, 4.5)
Out[43]: (-0.5, 4.5)
```

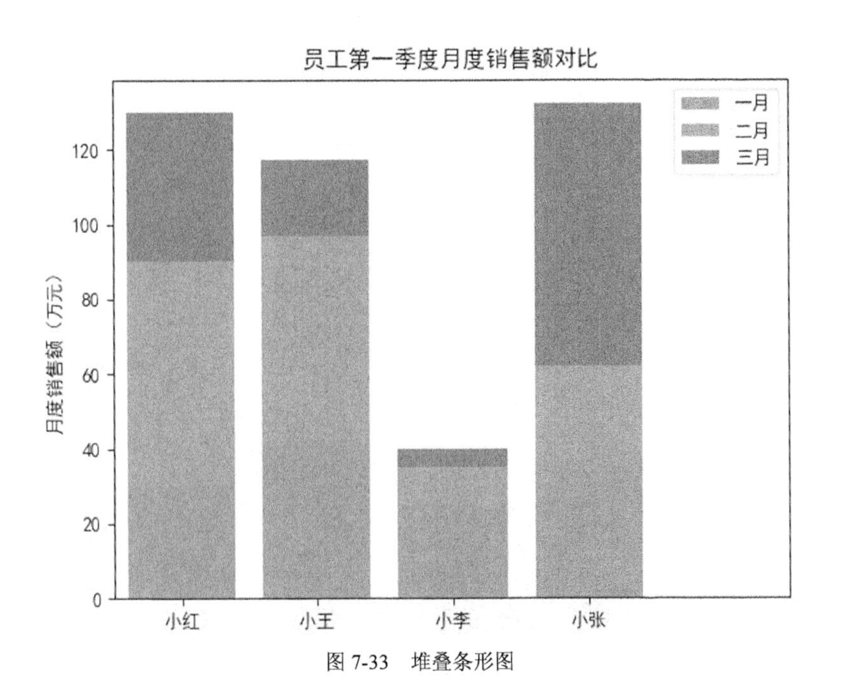


图 7-33 堆叠条形图

这里有两点非常关键：一是 bottom 选项的使用让数据在该基础之上有一个偏移；二是 NumPy 模块 array()函数的使用，将列表类型的数据转换为 ndarray，以便元素级别（向量化）运算。

关于条形图绘制的介绍到此结束，接下来将介绍与条形图“形似神不似”的直方图。

### 7.2.4　直方图

一个简单的直方图可以直观地展示数据的分布，包括数值分布的区间、密度和形状。在实际的工作过程中，我们可能需要对数据进行数学建模和统计分析，这些数据处理技术往往基于数据符合的某些假设，而直方图是检查数据最好的选择之一。

下面我们通过 NumPy 模块提供的随机数据生成函数，产生符合正态分布的随机数据，并以它为样例绘制直方图，如图 7-34 所示。

```
In [44]: import numpy as np
    ...: import matplotlib.pyplot as plt
    ...:
    ...: randn_data = np.random.randn(1000)
    ...:
    ...: plt.hist(randn_data)
Out[44]:
(array([  5.,  20.,  57., 130., 206., 215., 207., 106.,  44.,  10.]),
 array([-3.18406638, -2.57808999, -1.97211359, -1.3661372 , -0.76016081,
        -0.15418442,  0.45179198,  1.05776837,  1.66374476,  2.26972115,
         2.87569755]),
 <a list of 10 Patch objects>)
```

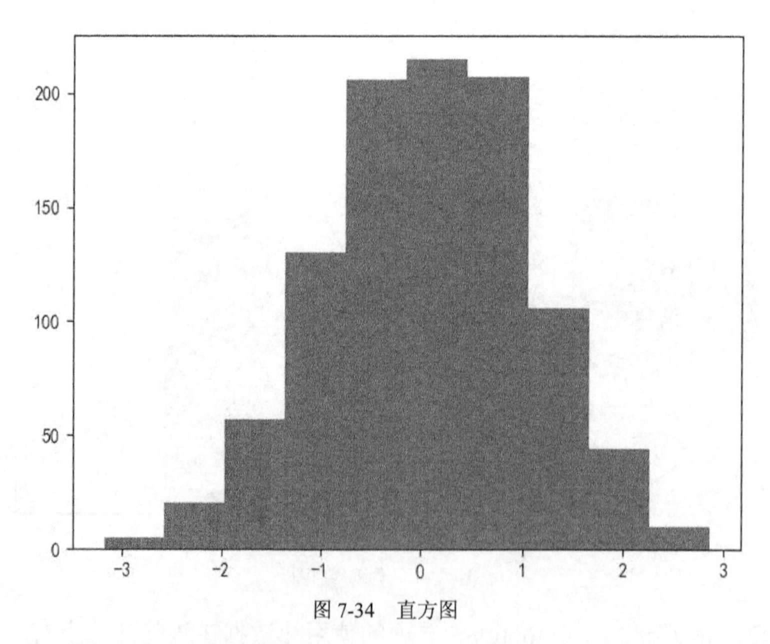


图 7-34　直方图

hist()函数也有许多用于调整图形的选项。

```
plt.hist(x, bins=10, range=None, normed=False,
        weights=None, cumulative=False, bottom=None,
        histtype='bar', align='mid', orientation='vertical',
```

```
        rwidth=None, log=False, color=None,
        label=None, stacked=False)
```

- x：指定要绘制直方图的数据。
- bins：指定直方图条形的个数。
- range：指定直方图数据的上下边界，默认包含绘图数据的最大值和最小值。
- density：是否将直方图的频数转换成频率。
- weights：为每一个数据点设置权重。
- cumulative：是否需要计算累计频数或频率。
- bottom：为直方图的每个条形添加基准线，默认为 0。
- histtype：指定直方图的类型，默认为 bar，此外还有'barstacked'、'step'、'stepfilled'。
- align：设置条形边界值的对齐方式，默认为 mid，此外还有'left'和'right'。
- orientation：设置直方图的摆放方向，默认为垂直方向。
- rwidth：设置直方图条形宽度的百分比。
- log：是否需要对绘图数据进行 log 变换。
- color：设置直方图的填充色。
- label：设置直方图的标签，可通过 legend 展示其图例。
- stacked：当有多个数据时，是否需要将直方图呈堆叠摆放，默认水平摆放。

现在我们更改几个常用的选项，如图 7-35 所示。

```
In [45]: _ = plt.hist(randn_data, bins=30, density=True,
    ...:             histtype='step', color='steelblue')
```

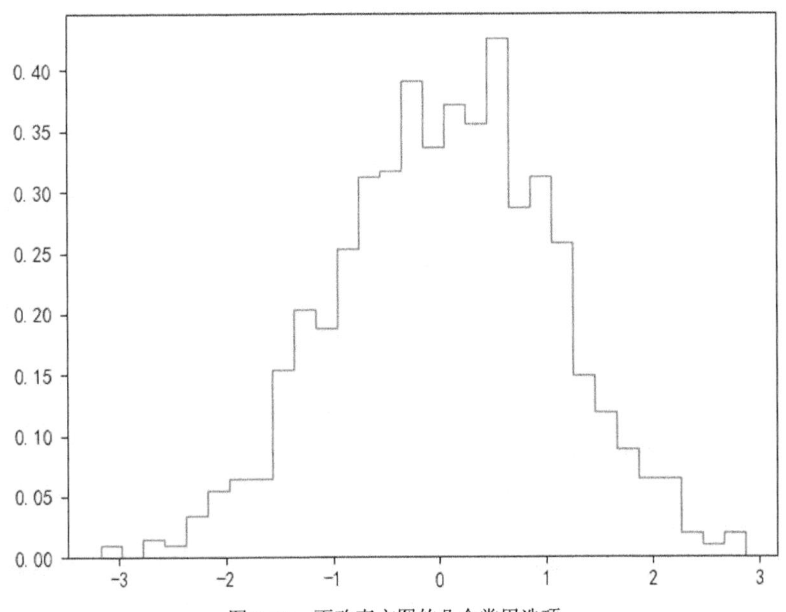


图 7-35　更改直方图的几个常用选项

如果要比较多个数据的分布，可以使用选项 histtype='stepfilled'，并设置一定的透明度，如图 7-36 所示。

```
In [45]: _ = plt.hist(randn_data, bins=30, density=True,
    ...:           histtype='step', color='steelblue')

In [46]: x1 = np.random.normal(0, 0.4, 1000)
    ...: x2 = np.random.normal(-3, 1, 1000)
    ...: x3 = np.random.normal(2, 2, 1000)
    ...:
    ...: kwargs = dict(histtype='stepfilled', alpha=0.5, density=True, bins=
    ...: 50)
    ...:
    ...: _ = plt.hist(x1, **kwargs)
    ...: _ = plt.hist(x2, **kwargs)
    ...: _ = plt.hist(x3, **kwargs)
```

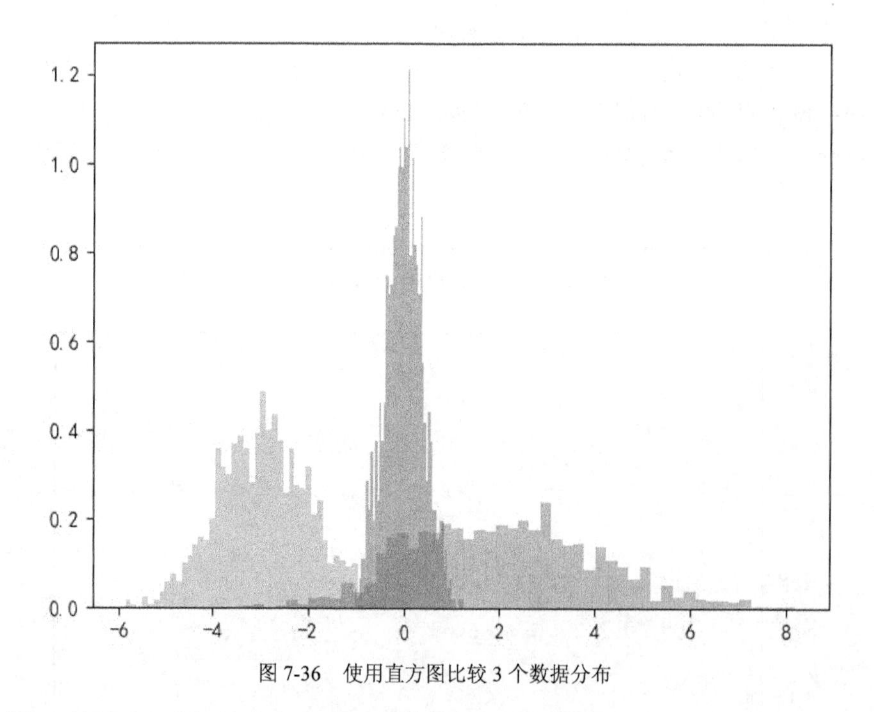


图 7-36　使用直方图比较 3 个数据分布

有时我们不仅想通过直方图直观地看到数据，而且想获取不同条形个数下区间内的频数/频率。NumPy 提供的 histogram()函数可以满足这个需求。

下面从 randn_data 中提取设置 10 个条形时的各自的频数。

```
In [47]: counts, bin_edges = np.histogram(randn_data, bins=10)
    ...: print(counts)
[  5  20  57 130 206 215 207 106  44  10]
```

设置 density=True 可以获取相应的频率。

```
In [48]: density, bin_edges = np.histogram(randn_data, bins=10, density=True
    ...: )
    ...: print(density)
[0.00825115 0.03300459 0.09406307 0.21452981 0.33994724 0.3547993
 0.34159747 0.17492431 0.07261009 0.01650229]
```

如果使用的是二维数据，Matplotlib 同样提供了 hist2d()函数用于查看数据的分布。一维数据中直方图将数据切分到不同的区间中，而二维直方图在两个维度进行切分，因此会得到一个一个的小矩形。

同样地，我们使用随机数据生成函数来生成二维的随机数据，用于绘图演示，如图 7-37 所示。

```
In [49]: # 创建二维随机数据
    ...: mean = [0, 0]  # 均值
    ...: cov = [[1, 1], [1, 2]]  # 协方差矩阵
    ...: x, y = np.random.multivariate_normal(mean, cov, 10000).T
    ...:
    ...: # 绘制图形
    ...: plt.hist2d(x, y, bins=30, cmap='Reds')
    ...: cb = plt.colorbar()
    ...: cb.set_label(u'计数')
```

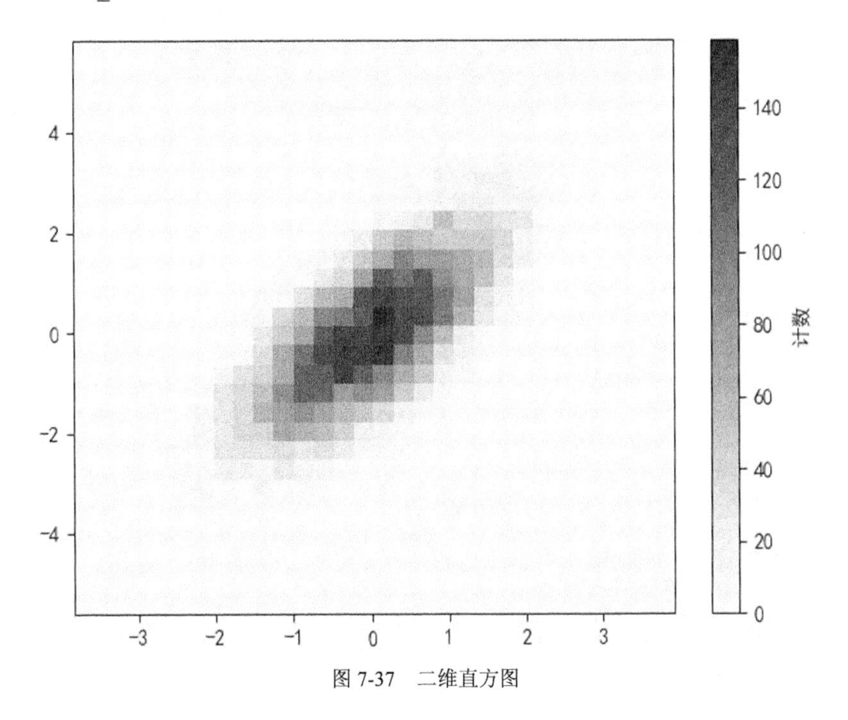


图 7-37　二维直方图

### 7.2.5　饼图

饼图也是常见且为人所喜爱的一种图形，可以表示离散变量各水平的占比情况。Matplotlib 提供了 pie()函数用于绘制饼图，示例如下，如图 7-38 所示。

```
In [50]: import matplotlib.pyplot as plt
    ...: _ = plt.pie(range(5))
```

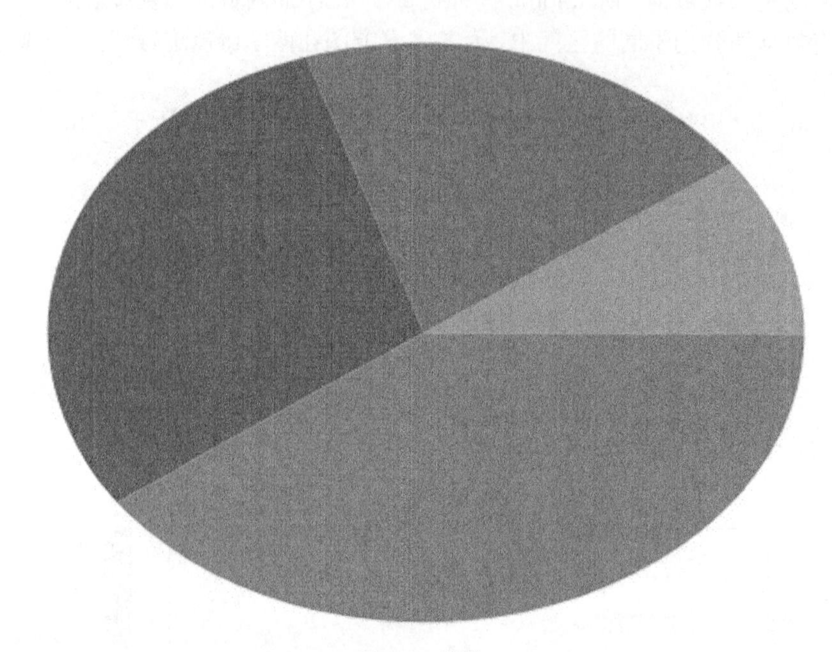

图 7-38　饼图

pie()提供的一些详细选项如下。

```
plt.pie(x, explode=None, labels=None, colors=None,
        autopct=None, pctdistance=0.6, shadow=False,
        labeldistance=1.1, startangle=None,
        radius=None, counterclock=True, wedgeprops=None,
        textprops=None, center=(0, 0), frame=False)
```

- x：绘图的数据。
- explode：指定饼图某些部分的突出显示。
- labels：添加标签。
- colors：指定填充色。
- autopct：自动添加百分比显示，可以采用格式化的方法显示。
- pctdistance：设置百分比标签与圆心的距离。
- shadow：是否添加阴影效果。

- labeldistance：设置各扇形标签与圆心的距离。
- startangle：设置饼图的初始摆放角度。
- radius：设置饼图的半径大小。
- counterclock：是否让饼图按逆时针顺序呈现。
- wedgeprops：设置饼图内外边界的属性，如边界线的粗细、颜色等。
- textprops：设置饼图中文本的属性，如字体大小、颜色等。
- center：指定饼图的中心点位置，默认为原点。
- frame：是否要显示饼图背后的图框，如果设置为 True，则需要同时控制图框 $x$ 轴、$y$ 轴的范围和饼图的中心位置。

使用上述选项，我们可以实现丰富的饼图呈现效果。

假设某劳务公司统计了职工的学历占比情况，要使用饼图展现出来，并突出硕士学位的群体，如图 7-39 所示，代码如下。

```
In [51]: # 构造数据
    ...: edu = [0.26,0.35,0.32,0.09,0.08]
    ...: labels = [u'中专',u'大专',u'本科',u'硕士',u'其他']
    ...:
    ...: explode = [0,0,0,0.1,0]   # 突出硕士群体
    ...: colors=['#9999ff','#ff9999','#7777aa','#2442aa','#dd5555'] # 自定义
    ...: 颜色
    ...:
    ...: # 绘制饼图
    ...: _ = plt.pie(x = edu,
    ...:         explode=explode,
    ...:         labels=labels,          # 添加教育水平标签
    ...:         colors=colors,          # 设置饼图的自定义填充色
    ...:         autopct='%.1f%%',       # 设置百分比的格式，这里保留一位小数
    ...:
    ...:         pctdistance=0.8,        # 设置百分比标签与圆心的距离
    ...:         labeldistance = 1.2,    # 设置教育水平标签与圆心的距离
    ...:         startangle = 180,       # 设置饼图的初始角度
    ...:         radius = 1.5,           # 设置饼图的半径
    ...:         counterclock = False,   # 是否逆时针，这里设置为顺时针方向
    ...:         wedgeprops = {'linewidth': 1.5, 'edgecolor':'green'},
    ...:         # 设置饼图内外边界的属性值
    ...:         textprops = {'fontsize':12, 'color':'k'},
    ...:         # 设置文本标签的属性值
    ...:         center = (2,2),   # 设置饼图的原点
    ...:         frame = 0 )   # 是否显示饼图的图框，这里设置显示
```

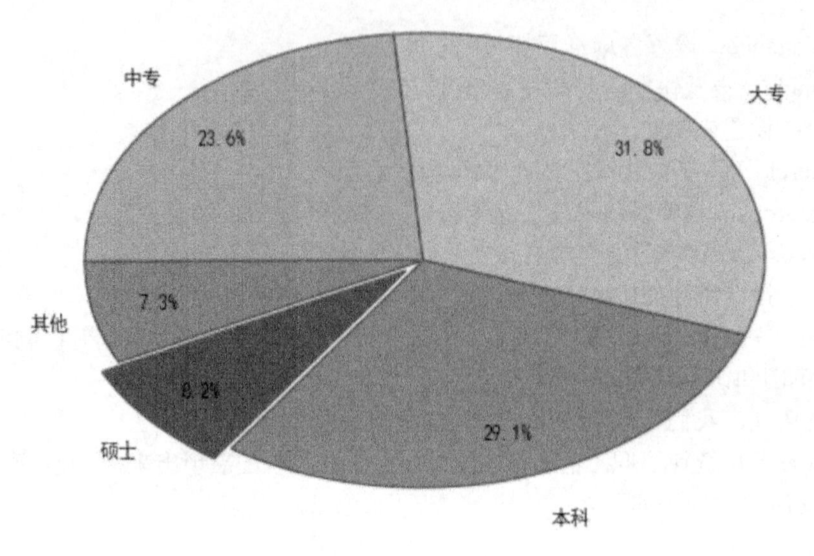


图 7-39　职工学历分布

### 7.2.6　箱线图

箱线图一般用来展现数据的分布，如上下四分位值、中位数等，也可以直观地展示异常点。Matplotlib 提供了 boxplot()函数绘制箱线图，下面看一个简单的例子，如图 7-40 所示。

```
In [53]: import matplotlib.pyplot as plt
    ...:
    ...: _ = plt.boxplot(range(10))  # 10 个数，0-9
```

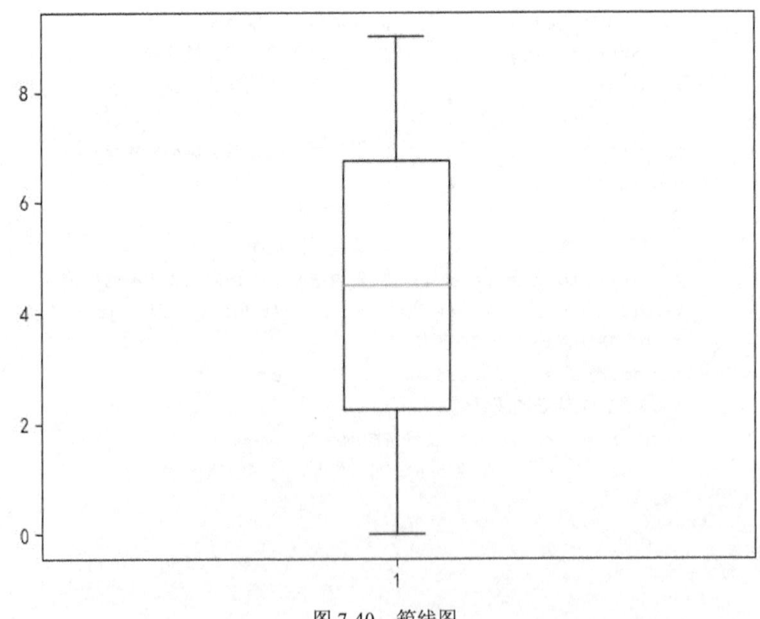


图 7-40　箱线图

箱线图虽然看起来简单，但包含的数据信息非常丰富。在图 7-40 中，橙色的线条表示中位数，中间条形的上下边界分别对应上四分位数（75%的数据都小于该值）与下四位分数（25%的数据小于该值），从条形延伸出两条线段，两条线段的终点表示数据的最大值和最小值。

```
In [54]: print(np.median(np.arange(10)))  # 中位数
    ...:
    ...: print(np.quantile(np.arange(10), 0.25))  # 下 4 分位数，也叫第 1 分位数
    ...:
    ...: print(np.quantile(np.arange(10), 0.75))  # 上 4 分位数，也叫第 3 分位数
    ...:
4.5
2.25
6.75
```

boxplot()函数还提供了丰富的自定义选项。

```
plt.boxplot(x, notch=None, sym=None, vert=None,
            whis=None, positions=None, widths=None,
            patch_artist=None, meanline=None, showmeans=None,
            showcaps=None, showbox=None, showfliers=None,
            boxprops=None, labels=None, flierprops=None,
            medianprops=None, meanprops=None,
            capprops=None, whiskerprops=None)
```

- x：绘图数据。
- notch：是否以凹口的形式展现箱线图，默认非凹口。
- sym：指定异常点的形状，默认为+号显示。
- vert：是否需要将箱线图垂直摆放，默认垂直摆放。
- whis：指定上下须与上下四分位的距离，默认为 1.5 倍的四分位差。
- positions：指定箱线图位置，默认为[0,1,2…]。
- widths：指定箱线图宽度，默认为 0.5。
- patch_artist：是否填充箱体的颜色。
- meanline：是否用线的形式表示均值，默认用点表示。
- showmeans：是否显示均值，默认不显示。
- showcaps：是否显示箱线图顶端和末端的两条线，默认显示。
- showbox：是否显示箱线图的箱体，默认显示。
- showfliers：是否显示异常值，默认显示。
- boxprops：设置箱体的属性，如边框色、填充色等。
- labels：为箱线图添加标签，类似于图例的作用。
- filerprops：设置异常值的属性，如异常点的形状、大小、填充色等。
- medianprops：设置中位数的属性，如线的类型、粗细等。
- meanprops：设置均值的属性，如点的大小、颜色等。

- capprops：设置箱线图顶端和末端线条的属性，如颜色、粗细等。
- whiskerprops：设置须的属性，如颜色、粗细、线的类型等。

箱线图通常用在多组数据比较时。下面代码展示了 3 组简单数据的箱线图，添加凹口、均值点、颜色以及每组的标签，如图 7-41 所示。这几个设定的选项已经满足绝大多数情况。

```
In [55]: _ = plt.boxplot([range(10), range(20), range(30)],
    ...:                 patch_artist=True,
    ...:                 boxprops={'color':'red'},
    ...:                 notch=True, showmeans=True,
    ...:                 labels=["label1", "label2", "label3"])
```

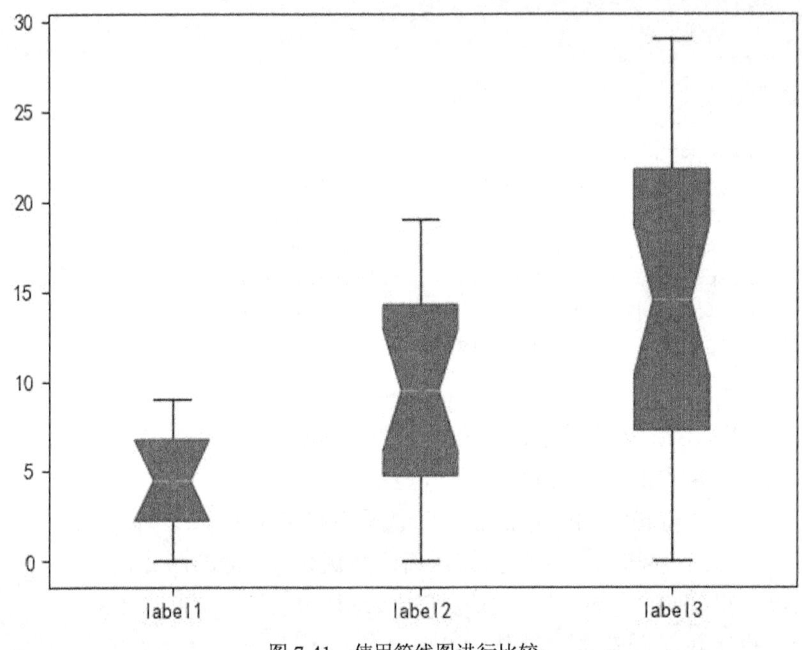


图 7-41　使用箱线图进行比较

## 7.3 多图与自定义

本节在上一节的基础上，介绍如何组织多个图形以及自定义图形更多的操作方法。

### 7.3.1　多图

数据可视化的结果往往不是一个图形可以完全呈现出来的，表明某个主题或观点的图形常被放置在一起组成多图。Matplotlib 提供了多种方式，用于在一个图形中绘制多个子图。

#### 1. 网格子图

Matplotlib 的 subplot()函数提供了一种简单的方式，可以在网格中绘制子图。下面的代码创建了 4 个子图，分为 2 行 2 列。子图的索引从 1 开始，从左上到右下依次增加，该信息也标注在了每个子图的中心，如图 7-42 所示。

```
In [56]: import matplotlib.pyplot as plt
    ...:
    ...: for i in range(1, 5):
    ...:     plt.subplot(2, 2, i)  # 2行2列，子图索引i
    ...:     plt.text(0.5, 0.5, str((2, 2, i)),
    ...:              fontsize=18, ha='center')
```

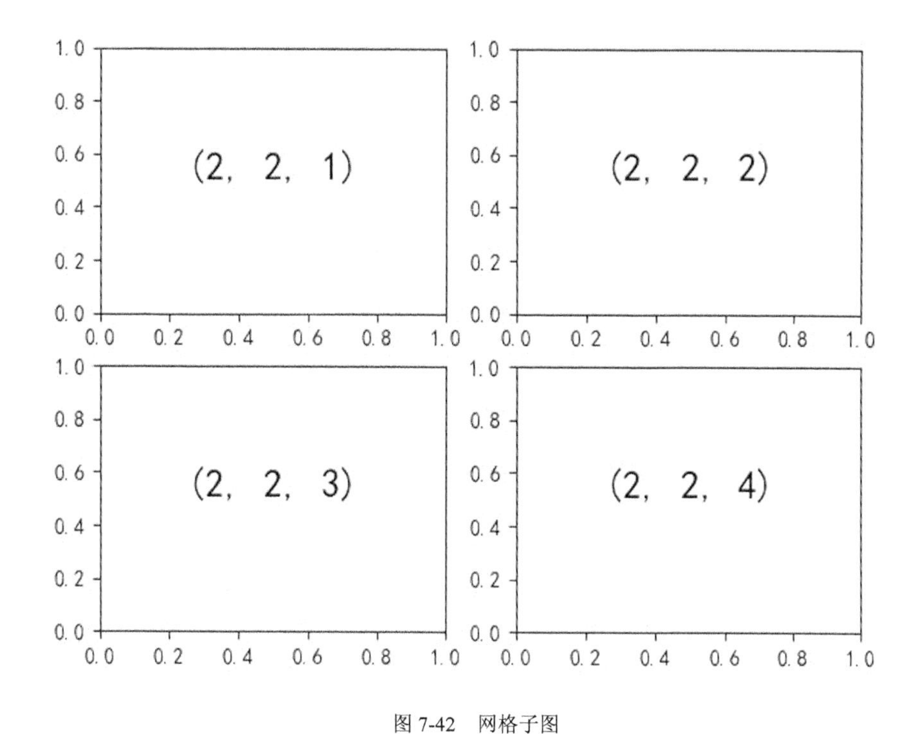


图 7-42　网格子图

图 7-42 中子图间的空隙比较小，可以通过 subplots_adjust()对间隔进行调整，如图 7-43 所示。

```
In [57]: plt.subplots_adjust(hspace=0.4, wspace=0.4)  # 调整子图之间的高与宽
    ...: 间隔
    ...:
    ...: for i in range(1, 5):
    ...:     plt.subplot(2, 2, i)  # 2行2列，子图索引i
    ...:     plt.text(0.5, 0.5, str((2, 2, i)),
    ...:              fontsize=18, ha='center')
```

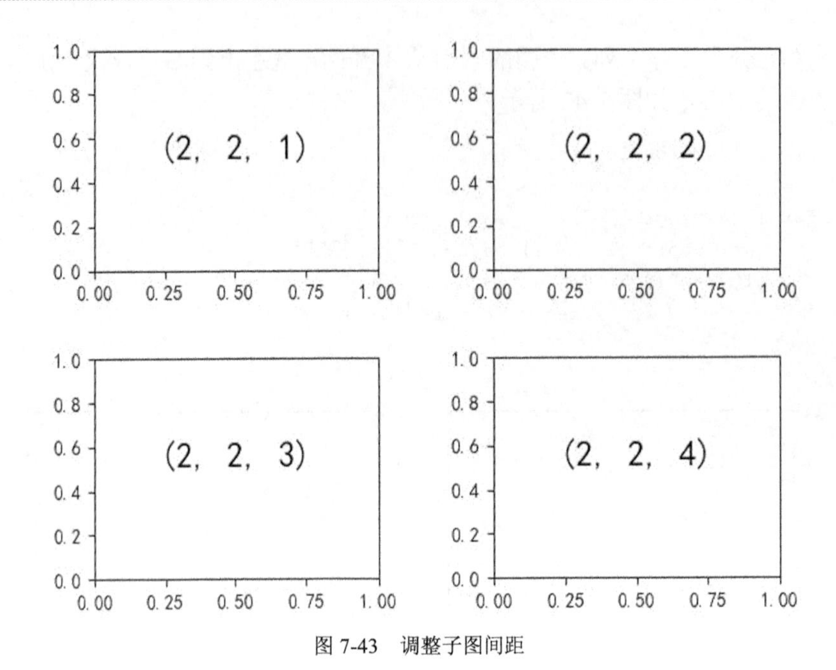


图 7-43 调整子图间距

这样图形看起来就舒服很多了。

### 2. 手动绘制子图

对于简单的多图排列，使用 subplot()函数就可以很好地解决，但如果要将子图绘制在特定的位置，这时 subplot()函数就无法满足需求了。

Matplotlib 提供了 axes()函数生成一个标准的坐标轴对象，该函数可以传入一个 4 个元素的列表[left, bottom, width, height]，指定图形在坐标系中的位置。坐标系左下角到右上角从 0 到 1 变化。

下面代码在图形的左上方添加了一个子图，如图 7-44 所示。

```
In [58]: ax1 = plt.axes()  # 标准坐标轴
    ...: # 子图距离左侧 0.2，下方 0.65，宽度 0.2，高度 0.2
    ...: ax2 = plt.axes([0.2, 0.65, 0.2, 0.2])
```

需要注意的是，列表中值与其被看作小数，不如看作百分数更为合适。我们可以把标准坐标轴看作长宽都是 100%，子图距离左侧 20%的长度，距离下方 65%的长度，宽度占标准坐标轴宽度 20%，高度占标准坐标轴高度 20%。

理解了手动绘制的原理之后，我们可以绘制共享 *x* 轴的多图，如图 7-45 所示。

```
In [59]: x = np.linspace(0, 10)   # 创建 x 轴数据
    ...:
    ...: fig = plt.figure()       # 创建图形对象
    ...:
    ...: ax1 = plt.axes([0.1, 0.5, 0.8, 0.4],
```

```
   ...:          xticklabels=[], ylim=(-1.2, 1.2))
   ...: plt.plot(np.sin(x))      # 绘制子图 1
   ...:
   ...: ax2 = plt.axes([0.1, 0.1, 0.8, 0.4],
   ...:                      ylim=(-1.2, 1.2))
   ...: plt.plot(np.cos(x))      # 绘制子图 2
Out[59]: [<matplotlib.lines.Line2D at 0x7f903a48fda0>]
```

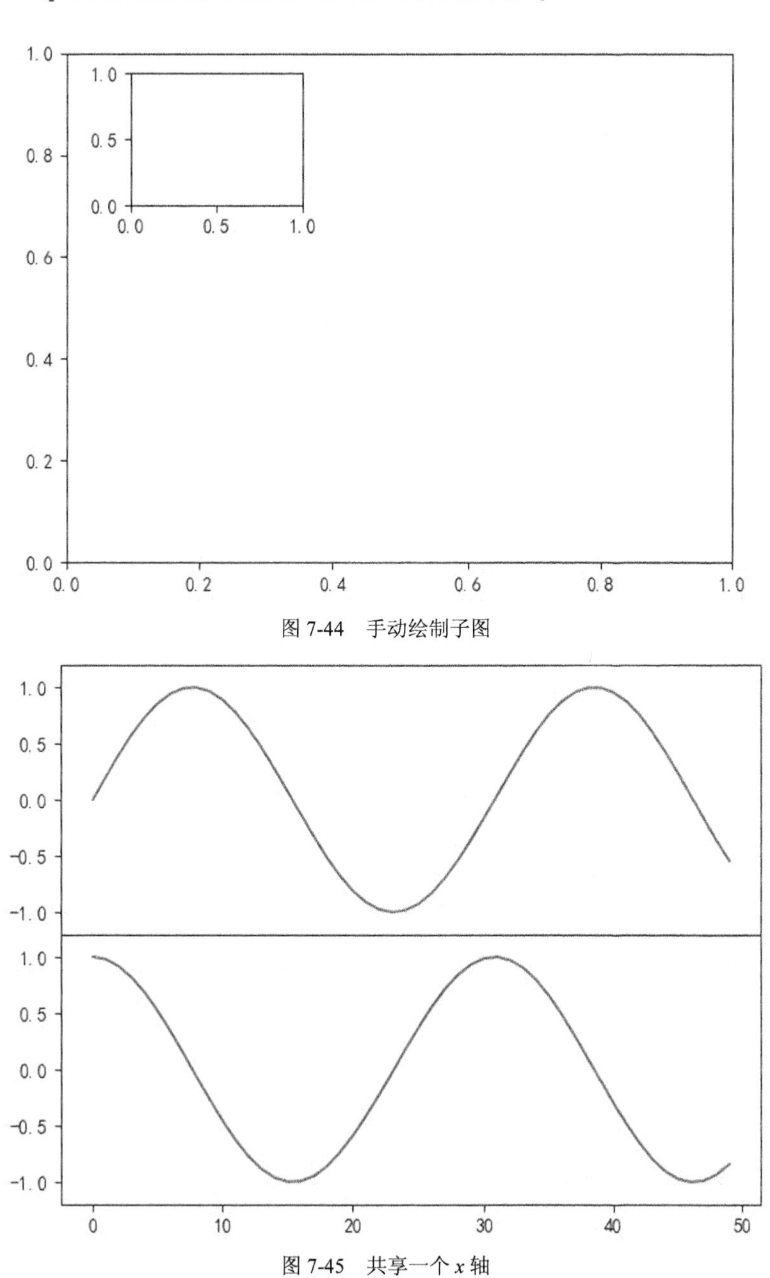


图 7-44 手动绘制子图



图 7-45 共享一个 $x$ 轴

上面代码首先创建了一个空白的图形对象，然后在上面绘制了 2 个子图：第 1 个子图绘制在图形的上方，去掉了横轴的刻度标签；第 2 个子图绘制在图形的下方。需要注意，这里手动绘制多图的要点在于根据需求计算放置坐标轴的位置，上面 2 个坐标轴除了距离图形底部的位置不一样，其他坐标设定完全一致。并且，每个子图坐标轴的高度是 0.4，所以第 1 个子图距离底部的位置要设定为 0.5，这样上面子图的坐标轴底部边界线与下面子图的坐标轴顶部边界线才完全匹配（图 7-45 中间的线条）。

## 7.3.2　设置风格

图形整体的样式（也称风格或主题）也可以多种多样，这无法通过前面介绍的操作实现，Matplotlib 库提供的 style.use()函数可以为创建的图形设置合适的美学风格。

例如，下面的代码可以确保生成的图形使用经典的 Matplotlib 风格：

```
In [60]: plt.style.use('classic')
```

我们绘制简单的图形看一看显示效果，如图 7-46 所示。

```
In [61]: rng = np.random.RandomState(12)
    ...: x = rng.randn(200)
    ...: y = rng.randn(200)
    ...:
    ...: _ = plt.scatter(x, y)
```

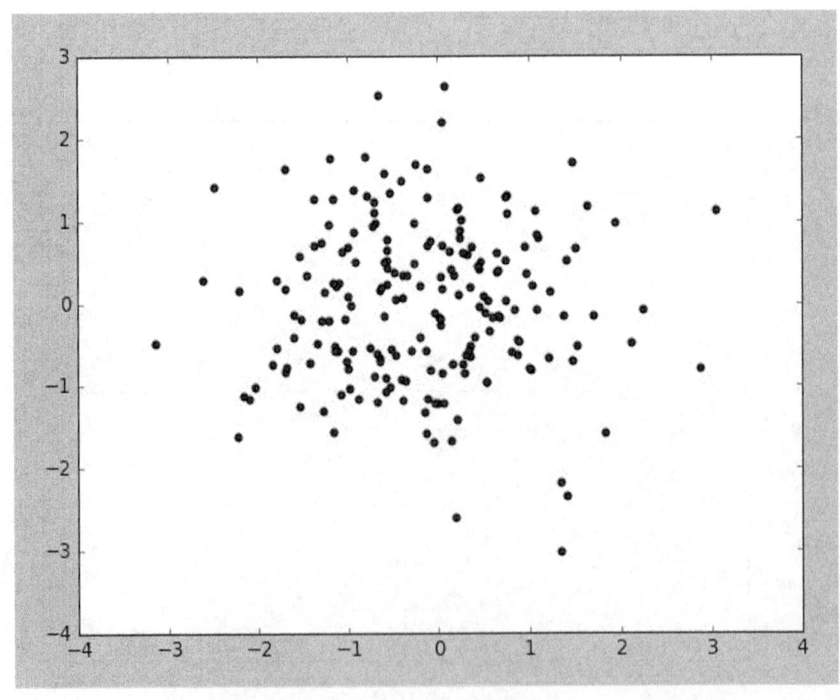


图 7-46　设置经典风格

利用下面的代码可以更换为 seaborn 库 white 风格，如图 7-47 所示。

```
In [62]: plt.style.use('seaborn-white')
    ...:
    ...: _ = plt.scatter(x, y)
```

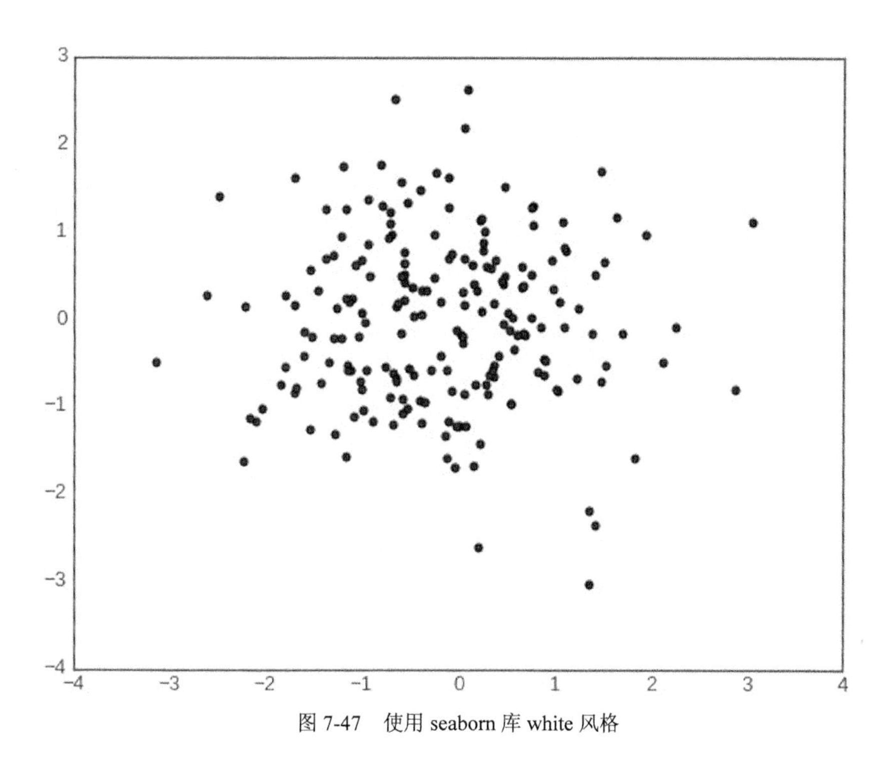


图 7-47 使用 seaborn 库 white 风格

利用下面的代码可以更换为流行 R 包 ggplot 风格，如图 7-48 所示。

```
In [63]: plt.style.use('ggplot')
    ...:
    ...: _ = plt.scatter(x, y)
```

下面的代码列出了所有支持的风格。

```
In [64]: print(plt.style.available)
['seaborn-dark', 'seaborn-ticks', 'classic', 'seaborn-white',
 'fast', 'seaborn-whitegrid', 'tableau-colorblind10', 'seaborn',
 'seaborn-deep', 'Solarize_Light2', 'seaborn-colorblind',
 'seaborn-darkgrid', 'dark_background', 'seaborn-bright',
 'ggplot', 'seaborn-talk', 'seaborn-notebook', 'grayscale',
 'fivethirtyeight', 'bmh', 'seaborn-dark-palette', 'seaborn-pastel',
 '_classic_test', 'seaborn-poster', 'seaborn-muted', 'seaborn-paper']
```

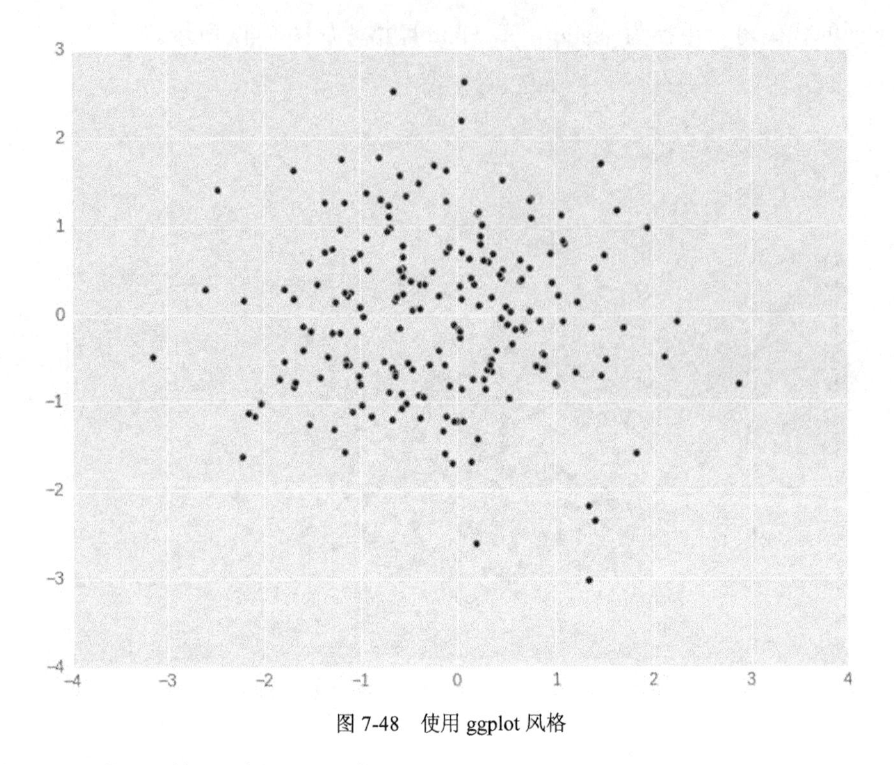


图 7-48 使用 ggplot 风格

所有支持的风格示例可以在 https://matplotlib.org/gallery/style_sheets/style_sheets_reference.html 中查看。

### 7.3.3 两种接口映射

在本章的大部分内容中，我们只使用了 Matplotlib 的一种接口，即 MATLAB 样式接口。这样做是为了提高读者学习的连贯性，方便理解。对于每一种 MATLAB 样式接口操作，基本都有相应的面向对象操作与之对应。在学习和熟练一种接口的基础上理解另一种会更加容易。

下面列出两种接口常见的操作函数映射：

```
plt.plot()   -> ax.plot()
plt.legend() -> ax.legend()
plt.xlabel() -> ax.set_xlabel()
plt.ylabel() -> ax.set_ylabel()
plt.xlim()   -> ax.set_xlim()
plt.ylim()   -> ax.set_ylim()
plt.title()  -> ax.set_title()
```

对于面向对象的方式，读者可以使用 set()方法一次性对其所有样式进行设定。下面画一个简单的正弦图来说明，如图 7-49 所示。

```
In [65]: plt.style.use('grayscale')
    ...: x = np.linspace(0, 10)
```

```
   ...:
   ...: ax = plt.axes()
   ...: ax.plot(x, np.sin(x))
   ...: _ = ax.set(xlim=(0,10), ylim=(-2,2),
   ...:        xlabel='x', ylabel='sin(x)',
   ...:        title='A Simple Plot')
```

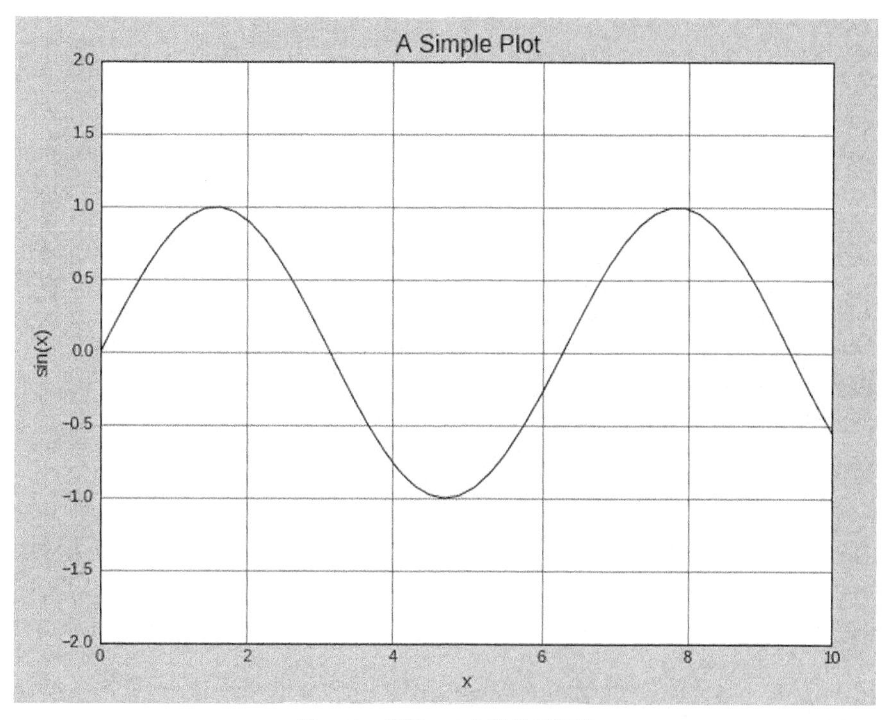


图 7-49 使用 set()方法设置图形

## 7.4 章末小结

本章主要介绍了 Matplotlib 在脚本、IPython Shell 和 Jupyter Notebook 这 3 种不同应用场景下的操作方式，以及 2 种不同的接口：一种是 MATLAB 样式的、命令式的操作，便于绘制简单和基础的图形；另一种基于面向对象，除了可以实现基本的绘图，多用于复杂的图形构造。此外，本章介绍了常见基础图形的绘制方法，包括点图、线图、条形图、直方图、饼图和箱线图。本章最后的内容则聚焦于多图的实现和图形风格的设定。

写得一手好代码并不代表能画得一手好图。本章的内容旨在帮助读者打开使用 Matplotlib 进行绘图的大门，理清各类绘图函数和方法基本的内在联系。在实际的数据可视化工作中，我们往往需要耗费大量的精力反复修改绘图代码，查阅和理解相关函数文档。这些努力都是值得的，它会同时锤炼我们的代码编写能力，以及绘图、审美等能力。

# 第8章 Pandas入门

**本章内容提要：**

- Pandas 数据结构介绍
- Series 与 DataFrame 的创建
- Pandas 对象索引与操作
- 基本统计分析

虽然 NumPy 库构成了 Python 数据科学计算的基石，但我们在实际进行数据处理时极少会使用到它。Python 数据科学家或分析师首选的工具是 Pandas 库，因其具有强大的数据结构和灵活实用的操作、函数/方法。本章将介绍 Pandas 的数据结构和基本操作方法。

## 8.1 Pandas 简介

Pandas 的名字来自面板数据（Panel data）和数据分析（Data analysis）的组合，最初由 AQR Capital Management 于 2008 年开发，于 2009 年底开源并逐步成长为 Python 的核心计算分析工具。Pandas 库最初主要服务于金融分析，因此对时间序列分析有非常好的支持。

Pandas 库基于 NumPy 库构建，纳入了大量计算分析库和标准的数据模型，比如由 R 语言数据框对象 data.frame 启发创建了著名的 DataFrame 数据结构。来自 NumPy 库的底层支持和高效数据结构表征和操作方法的实现，让使用 Pandas 库清洗和分析数据变得快速又简单。

Pandas 库采用 NumPy 库的编码风格，不过 Pandas 库聚焦于表格和混杂数据的处理，而 NumPy 库则适合数值数组数据的处理和计算分析。日常的商业和科研数据处理分析工作者面对的正是大量的表格和混杂数据，因此 Pandas 库非常实用且应用广泛。

在正式学习 Pandas 之前，我们需要了解 Pandas 库的导入约定：

```
import pandas as pd
```

Pandas 提供的数据结构 Series 和 DataFrame 使用非常频繁，所以我们可以很方便地直接将它们导入当前命名空间：

```
from pandas import Series, DataFrame
```

## 8.2 Pandas 的数据结构

Pandas 主要有两个数据结构：Series 和 DataFrame。它们的存在可以帮助数据分析人员更容易地存储数据、高效地处理数据。日常的分析任务几乎都可以通过 Pandas 完成。

### 8.2.1　Series

Series 形似字典，包含索引（也称数据标签）和数据两部分。Pandas 库是基于 NumPy 库构建的，所以 Series 实际上是通过一维的 NumPy 数组实现的。

下面代码分别使用了字典、NumPy 数组和 Series 存储 0、1、2。

```
In [1]: import pandas as pd
In [2]: import numpy as np

In [4]: {'0':0, '1':1, '2': 2}
Out[4]: {'0': 0, '1': 1, '2': 2}

In [5]: np.arange(3)
Out[5]: array([0, 1, 2])

In [6]: pd.Series(range(3))
Out[6]:
0    0
1    1
2    2
dtype: int64
```

3 种方式存储的数据是一样的，但可以看到 Series 对象的输出形式与前两者有所不同，它更易于理解和观察：左侧显示了数据标签，右侧显示了数据值，下方显示数据类型是 64 位整型。

上面只给 Series()函数传入了一个数据序列，并没有设置索引，因而函数会自动创建一个从 0 开始、与数据长度相同的整数型索引。我们可以使用 index 和 values 属性获取 Series 对象的标签和索引，示例如下：

```
In [7]: scores = pd.Series([80, 90, 97])

In [8]: scores.index
Out[8]: RangeIndex(start=0, stop=3, step=1)
In [9]: scores.values
Out[9]: array([80, 90, 97])
```

scores.values 的结果证实了 Series 对象的数据值的确是一个一维的 ndarray。scores.index 的结果显示 Series 对象的索引是一个 RangeIndex 对象，与 range(3)类似，这样存储的好处是当数据很大时，只需要 3 个信息——起点、终点和步长——就可以表示所有的索引值。

在一般情况下，我们希望数据索引能表示含义更为明确的信息。

例如，上面 scores 实际存储了某位同学的语数外成绩，如下设置能够让这些信息显示得更完整。

```
In [10]: scores = pd.Series([80, 90, 97], index=[u'语文',u'数学',u'外语'])
In [11]: scores
Out[11]:
语文    80
数学    90
外语    97
dtype: int64

In [12]: scores.index
Out[12]: Index(['语文', '数学', '外语'], dtype='object')
In [13]: scores.values
Out[13]: array([80, 90, 97])
```

通过对已经创建好的 Series 对象属性重新进行赋值，可以修改该对象。

例如，将标签修改为“英文”或者更改语文成绩为 95。

```
In [14]: scores2 = scores  # 创建一个新副本
In [15]: scores2.index = ['Chinese', 'Math', 'English']
In [16]: scores2.values[0] = 95
In [17]: scores2
Out[17]:
Chinese    95
Math       90
English    97
dtype: int64
```

注意，上述将 scores 赋值为 scores2 后，修改 scores2 也会造成 scores 的改变。如果不想要它们相互影响，应当使用 copy()方法生成 scores2。

```
In [19]: scores
Out[19]:
Chinese    95
Math       90
English    97
dtype: int64
```

与字典操作相似，Series 对象可以通过索引获取对象的值，索引可以是单个的值或列表。

```
In [21]: scores[['Math', 'Chinese']]
Out[21]:
```

```
Math       90
Chinese    95
dtype: int64
In [22]: scores['Math']
Out[22]: 90
```

当然，直接使用整数下标也是可行的。

Series 在结构上与字典十分相似，除了从列表创建 Series 外，也可以直接通过字典创建。

```
In [23]: score_dict = {u'语文':95, u'数学':90, u'外语':97}
In [24]: scores3 = pd.Series(score_dict)
In [25]: scores3
Out[25]:
语文    95
数学    90
外语    97
dtype: int64
```

一些针对字典的操作也可以用于 Series 中，如判断“外语”是否存在。

```
In [26]: u'外语' in scores3
Out[26]: True
In [27]: u'物理' in scores3
Out[27]: False
```

除了 index 和 values 属性，Series 对象本身及其索引都有一个 name 属性，该属性可以用来设定更明确的数据含义。

```
In [29]: scores3.name = 'xx 中学期中成绩'
In [30]: scores3.index.name = '学科'
In [31]: scores3
Out[31]:
学科
语文    95
数学    90
外语    97
Name: xx 中学期中成绩, dtype: int64
```

### 8.2.2 DataFrame

Series 对象只能有效地表示一维数据，而数据分析工作常常涉及表格类型的数据，即一组有序的数据列，每一列都可以是不同的数据类型。Pandas 库引入了 DataFrame（“数据框”）来表征表格数据。DataFrame 包含行、列索引，可以看作用等长 Series 组成的字典。

常用于创建 DataFrame 的方式是传入一个等长列表或 ndarray 组成的字典。

```
In [32]: df = {'姓名': ['小明','小王','小张'], '语文':[80,85,90], '数学':[99,88,86] }
In [33]: df
Out[33]: {'姓名': ['小明', '小王', '小张'], '语文': [80, 85, 90], '数学': [99, 88, 86]}
```

```
In [34]: df = pd.DataFrame(df)
In [35]: df
Out[35]:
   姓名  语文  数学
0  小明  80   99
1  小王  85   88
2  小张  90   86
```

与 Series 类似，如果在创建 DataFrame 时没有指定索引，会被自动加上。利用 columns 选项可以指定列标签（名）和顺序。

```
In [36]: df2 = pd.DataFrame(df, columns=['数学', '语文', '姓名'])
In [37]: df2
Out[37]:
   数学  语文  姓名
0  99   80   小明
1  88   85   小王
2  86   90   小张
```

如果在数据中找不到传入的 columns，那么会产生缺失值。

```
In [38]: df3 = pd.DataFrame(df, columns=['数学', '语文','外语', '姓名'])
In [39]: df3
Out[39]:
   数学  语文  外语  姓名
0  99   80   NaN  小明
1  88   85   NaN  小王
2  86   90   NaN  小张
```

行标签可以通过 index 选项指定，“姓名”可以设为行标签，这样就可以去除“姓名”这一列了。

```
In [43]: df = {'姓名': ['小明','小王','小张'], '语文':[80,85,90], '数学':[99,88,86]}
    ...:
In [44]: df3 = pd.DataFrame(df, columns=['数学', '语文'], index=['小明','小王','小张
    ...: '])
In [45]: df3
Out[45]:
     数学  语文
小明  99   80
小王  88   85
小张  86   90
```

通过标签获取 DataFrame 数据需要利用名称或 loc 属性，前者访问行，后者访问列。

```
In [51]: df3['数学']
Out[51]:
小明     99
小王     88
```

```
小张      86
Name: 数学, dtype: int64
In [54]: df3.loc['小王']
Out[54]:
数学      88
语文      85
Name: 小王, dtype: int64
```

可以发现，返回的都是 Series 对象。

还可以使用嵌套字典创建 DataFrame，字典外层的键会作为列标签，而内层的键会作为行标签。

```
In [55]: df = {'语文':{'小明':80,'小王':85,'小张':90}, '数学':{'小明':99,'小王':88,
'小张':86}} In [56]: pd.DataFrame(df)
Out[56]:
     语文  数学
小张  90  86
小明  80  99
小王  85  88
```

DataFrame 的 index 和 columns 属性可以设置 name 属性。

```
In [58]: df3.index.name = '姓名'
In [59]: df3.columns.name = '学科'
In [60]: df3
Out[60]:
学科  数学  语文
姓名
小明  99   80
小王  88   85
小张  86   90
```

DataFrame 的 values 属性会返回 DataFrame 存储的数据，数据类型是二维的 ndarrary。

```
In [61]: df3.values
Out[61]:
array([[99, 80],
       [88, 85],
       [86, 90]])
```

## 8.3 Pandas 对象基本操作

使用合适的 Pandas 数据结构（Series 或 DataFrame）存储需要分析的数据后，一般需要对数据进行筛选和操作，以获得所需的数据，接着可能是提供数据汇总报表、可视化乃至统计分析与建模。本节将介绍 Pandas 基本的数据操作功能，以及操作 Series 和 DataFrame 对象的基本手段。

### 8.3.1　查看数据

前文内容中引入的数据都非常简单，我们直接打印输出就可以观察变量存储的数据。然而当数据过长时，可能就不适合在显示器上显示了，会影响阅读和理解。在实际的操作中，我们仅需要观察少量的数据，而不用打印所有的数据即可了解数据的结构，Pandas 引入了 head()和 tail()方法显示 Series 或 DataFrame 对象的头部和尾部数据，默认是 5 个（行）。

```
In [62]: s1 = pd.Series(np.random.rand(1000))
In [63]: s1.head()
Out[63]:
0    0.797903
1    0.458301
2    0.800034
3    0.078226
4    0.999968
dtype: float64

In [64]: d1 = pd.DataFrame({'a':np.random.rand(1000), 'b':np.random.rand(1000)})
In [65]: d1.head()
Out[65]:
          a         b
0  0.298372  0.612369
1  0.952201  0.606749
2  0.608556  0.381032
3  0.297048  0.939676
4  0.364875  0.360786

In [66]: s1.tail()
Out[66]:
995    0.047546
996    0.752907
997    0.479628
998    0.007178
999    0.960005
dtype: float64

In [67]: d1.tail()
Out[67]:
            a         b
995  0.571106  0.175381
996  0.789444  0.520254
997  0.298536  0.305487
998  0.739158  0.594261
999  0.850966  0.328761
```

在方法中传入正整数作为参数，即可修改显示的数目。

```
In [68]: d1.head(10)
Out[68]:
          a         b
0  0.298372  0.612369
1  0.952201  0.606749
2  0.608556  0.381032
3  0.297048  0.939676
4  0.364875  0.360786
5  0.013640  0.267650
6  0.854873  0.251575
7  0.349147  0.065307
8  0.816777  0.932590
9  0.612475  0.385550
```

### 8.3.2 转置

DataFrame 的 T 属性可以获取转置结果。

```
In [69]: d1.T
Out[69]:
        0         1         2    ...         997       998       999
a  0.298372  0.952201  0.608556    ...    0.298536  0.739158  0.850966
b  0.612369  0.606749  0.381032    ...    0.305487  0.594261  0.328761

[2 rows x 1000 columns]
```

### 8.3.3 重索引

重索引是 Pandas 库的一个重要操作，用于创建符合指定索引顺序的新对象。

```
In [73]: s2 = pd.Series(np.random.rand(5), index=['b', 'a', 'd', 'c', 'e'])
In [74]: s2
Out[74]:
b    0.630239
a    0.173525
d    0.787798
c    0.176230
e    0.712007
dtype: float64

In [75]: s3 = s2.reindex(['a', 'b', 'c', 'd', 'e', 'f'])

In [76]: s3
Out[76]:
a    0.173525
```

```
b    0.630239
c    0.176230
d    0.787798
e    0.712007
f         NaN
dtype: float64
```

如果设置的索引值不存在，则引入缺失值 NaN。缺失值和非缺失值可以通过 is.null()方法和 notnull()方法进行判断。

```
In [77]: s3.isnull()
Out[77]:
a    False
b    False
c    False
d    False
e    False
f     True
dtype: bool
In [78]: s3.notnull()
Out[78]:
a     True
b     True
c     True
d     True
e     True
f    False
dtype: bool
```

有时，重索引需要做一些插值处理，可以通过 method 选项设定，如 ffill 可实现前向填充。

```
In [89]: s4 = pd.Series(np.random.randint(2, 10, 3), index = [0,2,4])
In [90]: s4
Out[90]:
0    6
2    2
4    2
dtype: int64
In [91]: s4.reindex(np.arange(8), method='ffill')
Out[91]:
0    6
1    6
2    2
3    2
4    2
5    2
6    2
```

```
7    2
dtype: int64
```

针对 DataFrame，reindex()方法可以修改行索引和列索引。如果只传入一个序列，那么只修改行索引；使用 columns 关键字参数可以修改列索引。

```
In [92]: d2 = pd.DataFrame(np.random.randint(2,20,9).reshape((3,3)), index=['c', 'b',
'e'], columns=['Test1', 'Test2', 'Test3'])
In [93]: d2
Out[93]:
   Test1  Test2  Test3
c      4     19     12
b     11      2      4
e      3     19     12

In [94]: d3 = d2.reindex(['a', 'b', 'c', 'd'])
In [95]: d3
Out[95]:
   Test1  Test2  Test3
a    NaN    NaN    NaN
b   11.0    2.0    4.0
c    4.0   19.0   12.0
d    NaN    NaN    NaN

In [96]: d2.reindex(['a', 'b', 'c', 'd', 'e'], columns=[])
Out[96]:
Empty DataFrame
Columns: []
Index: [a, b, c, d, e]

In [97]: d2.reindex(['a', 'b', 'c', 'd', 'e'], columns=['Test2', 'Test4', 'Test1', '
    ...: Test3'])
Out[97]:
   Test2  Test4  Test1  Test3
a    NaN    NaN    NaN    NaN
b    2.0    NaN   11.0    4.0
c   19.0    NaN    4.0   12.0
d    NaN    NaN    NaN    NaN
e   19.0    NaN    3.0   12.0
```

也可以只使用 columns 关键字参数修改重索引列。

```
In [98]: d2.reindex(columns=['Test3', 'Test1', 'Test4', 'Test2'])
Out[98]:
   Test3  Test1  Test4  Test2
c     12      4    NaN     19
b      4     11    NaN      2
```

```
e      12       3    NaN      19
```

### 8.3.4 删除数据

使用 del 关键字可以删除数据的列。

```
In [99]: d2
Out[99]:
   Test1  Test2  Test3
c      4     19     12
b     11      2      4
e      3     19     12

In [100]: del d2['Test3']
In [101]: d2
Out[101]:
   Test1  Test2
c      4     19
b     11      2
e      3     19
```

上述操作并不适用于行。Pandas 提供了 drop()方法用于数据项删除场景，用户只需要提供一个索引数组或列表。

```
In [102]: d2.drop('b')
Out[102]:
   Test1  Test2
c      4     19
e      3     19

In [103]: d2.drop(['b','c'])
Out[103]:
   Test1  Test2
e      3     19
```

默认执行的删除操作对象是行，如果需要删除列，则要设定 axis='columns'。

```
In [104]: d2.drop('Test2', axis='columns')
Out[104]:
   Test1
c      4
b     11
e      3
```

注意，上面 drop 方法的调用是产生一个修改后的数据对象，有时数据很大，我们需要就地修改，此时可以设定 inplace=True。

## 8.3.5 重赋值

将列表或数组赋值给某个列时，其长度必须与 DataFrame 的长度相匹配。如果赋值的是一个 Series，那么会精确匹配 DataFrame 的索引，所有的空位都将被填上缺失值。

```
In [108]: d2['New_column'] = pd.Series([1])
In [109]: d2
Out[109]:
   Test1  Test2  New_column
c      4     19         NaN
b     11      2         NaN
e      3     19         NaN

In [111]: d2['New_column'] = pd.Series([1, 2, 3])
In [112]: d2
Out[112]:
   Test1  Test2  New_column
c      4     19         NaN
b     11      2         NaN
e      3     19         NaN

In [113]: d2['New_column'] = pd.Series([1, 2, 3], index=['c','b','e'])
In [114]: d2
Out[114]:
   Test1  Test2  New_column
c      4     19           1
b     11      2           2
e      3     19           3
```

其中，变量 d2 设定了自定义的索引，当我们给新的列添加数值时，如果没有相应地指定索引，会造成索引不匹配，所以最后得到的结果都是 NaN。

## 8.3.6 索引与过滤

Pandas 库支持丰富的索引标签，更适用于实际复杂数据的选择过滤，具有多种操作方式。

### 1. 简单索引

对于 Series 对象，可以使用下标（从 0 开始）或标签值提取单个数据，使用列表或者切片提取多个数据。

```
In [119]: s2
Out[119]:
b    0.630239
a    0.173525
d    0.787798
```

```
c     0.176230
e     0.712007
dtype: float64

In [120]: s2[1]
Out[120]: 0.17352490256429942
In [121]: s2['a']
Out[121]: 0.17352490256429942
In [122]: s2[['a','b','c']]
Out[122]:
a     0.173525
b     0.630239
c     0.176230
dtype: float64
In [123]: s2['b':'d']
Out[123]:
b     0.630239
a     0.173525
d     0.787798
dtype: float64
```

在索引时进行赋值，会修改相应的数据。

```
In [124]: s2['b':'d'] = [1, 2, 3]
In [125]: s2
Out[125]:
b     1.000000
a     2.000000
d     3.000000
c     0.176230
e     0.712007
dtype: float64
```

注意，针对 DataFrame 对象标签索引获取的是一个或多个列，而数值切片提取的是行，只输入数值会导致报错。

```
In [126]: d2['Test1']
Out[126]:
c      4
b     11
e      3
Name: Test1, dtype: int64

In [127]: d2[0]
---------------------------------------------------------------------------
KeyError                                  Traceback (most recent call last)
```

```
~/anaconda3/lib/python3.7/site-packages/pandas/core/indexes/base.py in get_loc(self,
key, method, tolerance)
   3077                 try:
-> 3078                     return self._engine.get_loc(key)
   3079                 except KeyError:

...

KeyError: 0

During handling of the above exception, another exception occurred:

KeyError                                  Traceback (most recent call last)
<ipython-input-127-f827a0df080c> in <module>
----> 1 d2[0]

~/anaconda3/lib/python3.7/site-packages/pandas/core/frame.py in __getitem__(self, key)
   2686                 return self._getitem_multilevel(key)
...

KeyError: 0

In [128]: d2[:0]
Out[128]:
Empty DataFrame
Columns: [Test1, Test2, New_column]
Index: []

In [129]: d2[:1]
Out[129]:
   Test1  Test2  New_column
c      4     19           1
In [130]: d2[:2]
Out[130]:
   Test1  Test2  New_column
c      4     19           1
b     11      2           2
```

### 2. 利用逻辑操作索引

Pandas 对象的一大特点是可以通过逻辑比较操作快速筛选所需数据，与 ndarray 类似。下面代码演示了通过逻辑操作选择 Series 对象小于 1 的子集。

```
In [131]: s2
Out[131]:
b    1.000000
```

```
a    2.000000
d    3.000000
c    0.176230
e    0.712007
dtype: float64

In [132]: s2 < 1
Out[132]:
b    False
a    False
d    False
c     True
e     True
dtype: bool

In [133]: s2[s2 < 1]
Out[133]:
c    0.176230
e    0.712007
dtype: float64
```

类似地，我们也可以将该操作应用于 DataFrame 对象，实现行筛选。

```
In [134]: d2
Out[134]:
   Test1  Test2  New_column
c      4     19           1
b     11      2           2
e      3     19           3

In [135]: d2[d2['Test2'] > 10]
Out[135]:
   Test1  Test2  New_column
c      4     19           1
e      3     19           3
```

这样便于进行重赋值操作。

假设 d2 对象中存储的大于 10 的数都是异常值，我们将它们重赋值为 10。

```
In [136]: d2[d2['Test2'] > 10] = 10
In [137]: d2
Out[137]:
   Test1  Test2  New_column
c     10     10          10
b     11      2           2
e     10     10          10
```

### 3. 使用 loc 和 iloc 索引

简单索引部分介绍的 DataFrame 的索引含义不清晰，使用时很容易混淆，导致代码报错。为了更加方便和准确，Pandas 库引入了特殊运算符 loc 和 iloc 分别用于接收字符标签和整数标签。

先看一个示例，使用字符标签选取 d2 对象第 2 行的第 2 列和第 3 列。

```
In [138]: d2.loc['b', ['Test2', 'New_column']]
Out[138]:
Test2         2
New_column    2
Name: b, dtype: int64
```

这与下面的代码是等价的：

```
In [139]: d2.iloc[1, [1,2]]
Out[139]:
Test2         2
New_column    2
Name: b, dtype: int64
```

我们可以在方括号内自由地使用切片。

```
In [140]: d2.iloc[:1, 1:]
Out[140]:
   Test2  New_column
c     10          10
```

不仅如此，标签索引是可以级联的。例如，我们增加一级筛选，先选 d2 对象的第 2 行，然后选大于 10 的列。

下面的输出显示了每一步的结果：

```
In [143]: d2
Out[143]:
   Test1  Test2  New_column
c     10     10          10
b     11      2           2
e     10     10          10

In [144]: d2.iloc[1, ]
Out[144]:
Test1         11
Test2          2
New_column     2
Name: b, dtype: int64

In [145]: d2.iloc[1, ][d2.iloc[1,] > 10]
```

```
Out[145]:
Test1    11
Name: b, dtype: int64
```

使用类似的运算符 at 和 iat，可以索引单个元素。

Pandas 库提供了灵活多样的实现方式，字符索引、整数索引、切片、iloc 和 loc 操作符，以及逻辑索引等都可以实现数据的筛选。

最后，表 8-1 对 DataFrame 的各种索引方式进行了简单汇总。

表 8-1　DataFrame 的索引方式

| 操作 | 说明 |
|---|---|
| df[val] | 选取一或多列（列子集） |
| df.loc[val] | 使用标签选取一或多行（行子集） |
| df.loc[:,val] | 使用标签选取列子集 |
| df.loc[val1, val2] | 使用标签同时选择行与列 |
| df.iloc[val] | 使用整数选取行子集 |
| df.iloc[:, val] | 使用整数选取列子集 |
| df.iloc[val1, val2] | 使用整数同时选择行与列 |
| df.at[i*label*, *j*label] | 使用标签获取指定位置标量值 |
| df.iat[i, j] | 使用整数索引获取指定位置标量值 |
| reindex | 通过标签选取行或列 |

Pandas 库提供的方括号[]可以表示多种含义，包括单元素索引、多元素切片、逻辑索引等，因此让 Python 猜测我们使用方括号的意图会非常低效。为了高效和书写的一致性，推荐使用基于位置的 at 和 loc，以及基于标签的 iat 和 iloc。

### 8.3.7　算术运算

Pandas 对象可以进行算术运算，如果存在不同的标签，那么只有相同的标签才会对齐运算，这与 NumPy 数组是不同的。下面分别以 Series 和 DataFrame 举例说明。

```
In [11]: s1 = pd.Series(range(5), index = ['c', 'a', 'b', 'e', 'f'])
In [12]: s2 = pd.Series([2.1, 1.1,  3.2, -4], index = ['a', 'd', 'b', 'c'])
In [13]: s1
Out[13]:
c    0
a    1
b    2
e    3
f    4
dtype: int64
In [14]: s2
Out[14]:
a    2.1
```

```
d    1.1
b    3.2
c   -4.0
dtype: float64
In [15]: s1 + s2
Out[15]:
a    3.1
b    5.2
c   -4.0
d    NaN
e    NaN
f    NaN
dtype: float64
```

由于一些标签不重叠，因此 Pandas 引入了 NaN 值。注意，只要存在 NaN 值，那么所有的算术操作结果都只是 NaN 值，NaN 值被广播了。

DataFrame 是一张二维表，因此算术运算造成的对齐现象会同时发生在行和列上。

```
In [16]: df1 = pd.DataFrame(np.arange(12.).reshape((3,4)), columns=['a', 'b', 'c',
'd'], index=['a', 'b', 'c'])
In [17]: df2 = pd.DataFrame(np.arange(16.).reshape((4,4)), columns=['a', 'e', 'c',
'd'], index=['b', 'a', 'd', 'c'])
In [18]: df1
Out[18]:
     a    b     c     d
a  0.0  1.0   2.0   3.0
b  4.0  5.0   6.0   7.0
c  8.0  9.0  10.0  11.0
In [19]: df2
Out[19]:
      a     e     c     d
b   0.0   1.0   2.0   3.0
a   4.0   5.0   6.0   7.0
d   8.0   9.0  10.0  11.0
c  12.0  13.0  14.0  15.0
In [20]: df1 + df2
Out[20]:
      a   b     c     d   e
a   4.0 NaN   8.0  10.0 NaN
b   4.0 NaN   8.0  10.0 NaN
c  20.0 NaN  24.0  26.0 NaN
d   NaN NaN   NaN   NaN NaN
```

通过方法 add()可以实现填充使用值，下面给选项 fill_value 传入参数值。

```
In [21]: df1.add(df2, fill_value=2)
Out[21]:
```

```
        a     b     c     d     e
a   4.0   3.0   8.0  10.0   7.0
b   4.0   7.0   8.0  10.0   3.0
c  20.0  11.0  24.0  26.0  15.0
d  10.0   NaN  12.0  13.0  11.0
```

其他算术操作类似，本书不再赘述。

### 8.3.8　函数应用

Pandas 库本身是基于 NumPy 库构建的，而且 DataFrame 和 Series 存储数据使用的是 ndarray，因此 Pandas 对象除了支持 Pandas 库提供的函数和方法外，也天然支持 NumPy 库各类函数操作。

例如，求取绝对值。

```
In [22]: np.abs(df1)
Out[22]:
     a    b     c     d
a  0.0  1.0   2.0   3.0
b  4.0  5.0   6.0   7.0
c  8.0  9.0  10.0  11.0
In [23]: -np.abs(df1)
Out[23]:
     a    b     c     d
a -0.0 -1.0  -2.0  -3.0
b -4.0 -5.0  -6.0  -7.0
c -8.0 -9.0 -10.0 -11.0
In [24]: np.abs(-np.abs(df1))
Out[24]:
     a    b     c     d
a  0.0  1.0   2.0   3.0
b  4.0  5.0   6.0   7.0
c  8.0  9.0  10.0  11.0
```

函数应用最精彩的操作来自于 apply()函数，它可以传入一个函数作为参数对 Pandas 对象的行或列进行运算，如求取 df1 对象的列和。

```
In [25]: df1.apply(sum)
Out[25]:
a    12.0
b    15.0
c    18.0
d    21.0
dtype: float64
```

有时为了避免函数命名的麻烦，也可以引入一个匿名函数。下面的代码实现了求取每列的残差值。

```
In [26]: df1.apply(lambda x: x - x.mean())
Out[26]:
     a    b    c    d
a -4.0 -4.0 -4.0 -4.0
b  0.0  0.0  0.0  0.0
c  4.0  4.0  4.0  4.0
```

默认以行为计算轴，即对每列应用函数。如果要以列为计算轴进行操作，那么设定选项 axis='columns' 即可。

```
In [27]: df1.apply(lambda x: x - x.mean(), axis='columns')
Out[27]:
     a    b    c    d
a -1.5 -0.5  0.5  1.5
b -1.5 -0.5  0.5  1.5
c -1.5 -0.5  0.5  1.5
```

apply()方法的核心在于将行或列一组值当作标量，那么在这里应用函数其实与对标量应用函数的计算本质是一样的。

### 8.3.9 排序

数据的排序是一种重要的操作，对于 Series 对象和 DataFrame 对象，Panda 库提供了 sortindex()方法和 sortvalues()方法分别按标签和值进行排序。

```
In [29]: s1 = pd.Series([2, 1, 3, 5, 4], index=['b', 'a', 'd', 'c', 'f'])
In [30]: s1.sort_index()
Out[30]:
a    1
b    2
c    5
d    3
f    4
dtype: int64
In [31]: s1.sort_values()
Out[31]:
a    1
b    2
d    3
f    4
c    5
dtype: int64
```

默认是升序排列，设定 ascending=False 可以改为降序。

```
In [32]: s1.sort_values(ascending=False)
Out[32]:
```

```
c    5
f    4
d    3
b    2
a    1
dtype: int64
```

DataFrame 对象有两个维度，默认按照行进行排序，如果要改为按列排序，那么需要将 axis 选项设为 1。

在操作 DataFrame 时，有一个非常实用排序参数——by。它可以根据某一列值进行排序，例如，在实际处理中，我们可能需要根据月份和日期排序，而数据本身是杂乱的，这时 by 就可以派上大用场。

```
In [34]: df = pd.DataFrame({u'月份':[2, 1, 4, 3], u'日期':[29, 16, 14, 22], u'
销量': [150, 44, 300, 68]})
In [35]: df
Out[35]:
   月份 日期 销量
0    2   29  150
1    1   16   44
2    4   14  300
3    3   22   68
In [36]: df.sort_values(by='月份')
Out[36]:
   月份 日期 销量
1    1   16   44
0    2   29  150
3    3   22   68
2    4   14  300
In [37]: df.sort_values(by='日期')
Out[37]:
   月份 日期 销量
2    4   14  300
1    1   16   44
3    3   22   68
0    2   29  150
In [38]: df.sort_values(by=['月份', '日期'])
Out[38]:
   月份 日期   销量
1    1   16   44
0    2   29  150
3    3   22   68
2    4   14  300
In [39]: df.sort_values(by='销量')
Out[39]:
   月份 日期   销量
```

```
1   1  16   44
3   3  22   68
0   2  29  150
2   4  14  300
```

# 8.4 基本统计分析

Pandas 对象本身存在一组常用的统计值计算方法，主要用于汇总，如计算总和、分位数等。

```
In [40]: df.sum()
Out[40]:
月份      10
日期      81
销量     562
dtype: int64
In [41]: df.quantile()
Out[41]:
月份        2.5
日期       19.0
销量      109.0
Name: 0.5, dtype: float64
In [42]: df.quantile([0.1, 0.9])
Out[42]:
     月份   日期    销量
0.1  1.3  14.6   51.2
0.9  3.7  26.9  255.0
```

也有方法计算累计值，如累计和：

```
In [43]: df.cumsum()
Out[43]:
   月份 日期 销量
0   2  29  150
1   3  45  194
2   7  59  494
3  10  81  562
```

但我们常用 describe()方法观测多个统计值，从数值的角度理解数据的大致分布情况。

```
In [44]: df.describe()
Out[44]:
             月份          日期          销量
count  4.000000   4.000000    4.00000
mean   2.500000  20.250000  140.50000
std    1.290994   6.751543  115.61286
```

```
min     1.000000  14.000000   44.00000
25%     1.750000  15.500000   62.00000
50%     2.500000  19.000000  109.00000
75%     3.250000  23.750000  187.50000
max     4.000000  29.000000  300.00000
```

表 8-2 列出了常用的统计描述方法。

表 8-2　　常用的统计描述方法

| 方法 | 说明 |
| --- | --- |
| count | 非 NaN 值数量 |
| describe | 汇总统计 |
| min、max | 最小值、最大值 |
| argmin、argmax | 最小值、最大值整数索引位置 |
| idxmin、idxmax | 最小值、最大值标签位置 |
| quantile | 分位数 |
| mean、median、sum | 均值、中位数、总和 |
| mad | 平均绝对离差 |
| var、std | 方差、标准差 |
| rank | 排名（秩序） |
| cumsum、cumprod | 累计和、累计积 |
| cor | 相关性 |
| cov | 协方差 |

## 8.5 章末小结

本章介绍了大量关于 Pandas 的内容，包括两个核心数据对象——Series 和 DataFrame，以及如何创建和使用它们，但这仅仅是熟练掌握 Pandas 的基础。接下来，我们将更深入地学习 Pandas，并将它更广泛地应用到示例中。Pandas 是 Python 数据分析的灵魂工具。

# 第 9 章 Markdown 基础

**本章内容提要：**

- 为什么学习 Markdown
- Markdown 支持软件
- Markdown 基础语法
- Markdown 文档范例

网络促进了知识的传播与分享。在各大技术博客和自建博客中，伴随着当前编程技术知识流行于网络的还有书写知识的工具——Markdown。也许会有读者对一本 Python 图书使用一章的篇幅讲解 Markdown 感到奇怪，但毋庸置疑的是，潮流已经将它与 Python 联系在了一起。

## 9.1 Markdown 简介

Markdown 由 John Gruber 于 2004 年创建，是一种轻量级标记语言。轻量级标记语言是指一类用简单语法表述文字格式的文本语言，即能从字面上直接阅读和理解。Markdown 的目的是提供一种容易阅读和书写的纯文字格式，它吸收了电子邮件中许多已有的标记特性，并可以有效地转换为富文本语言，如 HTML。

Markdown 具有轻量、易读、易写的特性，并且支持图片、表格、数学公式，目前许多网站都采用 Markdown 来编写帮助文档或发布消息，比较有名的有 GitHub、Reddit 和 StackOverflow。另外，Markdown 也常用于博文和图书的撰写。甚至有网络应用和 App 专门提供 Markdown 服务，如简书、Slack。

随着时间的推移，Markdown 的实现层出不穷。这些实现的目的是在 Markdown 语法的基础上添加一些额外的功能，如列表、脚注等。另外，在数据分析领域出现了一种新型的文档，它可以将文本嵌入运行的代码中，称为动态文档，而文本书写的语法正是 Markdown。目前流行的动态文档主要有两种，一种是 Jupyter Notebook，支持多种编程语言，包括 R、Python；

另一种是 Rmarkdown，它在 Markdown 的基础上增加了 R 语言代码块的执行功能（也支持 Python、Shell，但功能较弱）。

动态文档的出现使数据分析不再像是写单纯的功能脚本，而是写图文并茂的文章，而且增强了交互性和可重复性。操作动态文档已经是当下数据分析人员的必备技能之一。

本章将对 Markdown 的基础语法进行简要介绍并结合 Python 分析实际使用进行举例。

## 9.2 Markdown 语法

为了更好地展示 Markdown 语法的显示效果，本节使用一个开源且非常流行的工具——Typora。读者可以下载该软件并根据学习和理解测试效果，也可以使用 Jupyter Notebook 或 nteract，但 Typora 更为美观。

### 9.2.1 块元素

#### 1. 段落

在 Markdown 中，段落通过一个及以上的空行来分割，如下所示：

```
这是第一段话

这是第二段话
```

如果只使用回车键，那么内容还是属于一段，文字是连接起来的。

例如，“这是第一句话。这是第二句话。”可以写为如下形式：

```
这是第一句话。
这是第二句话。
```

#### 2. 标题

Markdown 支持 6 级标题，一般前 4 级比较常用。指定标题的方式是在文字前面添加#，有几个就是几级标题，如图 9-1 所示。

```
# 这是一级标题

## 这是二级标题

### 这是三级标题

#### 这是四级标题

##### 这是五级标题

###### 这是六级标题
```

注意#后面加一个空格。

这是一级标题

这是二级标题

这是三级标题

这是四级标题

这是五级标题

这是六级标题

图 9-1 标题预览

### 3. 引用

Markdown 使用符号 > 起始一段块引用。引用可以有多段文字，换行以单独的 > 为一行。

```
> 这里有 3 段引用，前面 2 段引用是在一起的，最后一段引用是独立的。
>
> 这是第 2 段引用。


> 这是第 3 段引用。
```

图 9-2 则是 Markdown 显示的效果。

> 这里有 3 段引用，前面 2 段引用是在一起的，最后一段引用是独立的。
> 这是第 2 段引用。
> 这是第 3 段引用。

### 4. 列表

输入“*”元素 1 就可以创建一个无序列表，除了使用*，还可以使用+、-，一般常用*和-。而输入“1. 元素 1”可以创建有序列表。

Markdown 源代码如下，效果如图 9-2 所示。

```
## 无序列表

* 石头
* 剪刀
* 布

## 有序列表

1. 石头
2. 剪刀
3. 布
```

无序列表

- 石头
- 剪刀
- 布

有序列表

1. 石头
2. 剪刀
3. 布

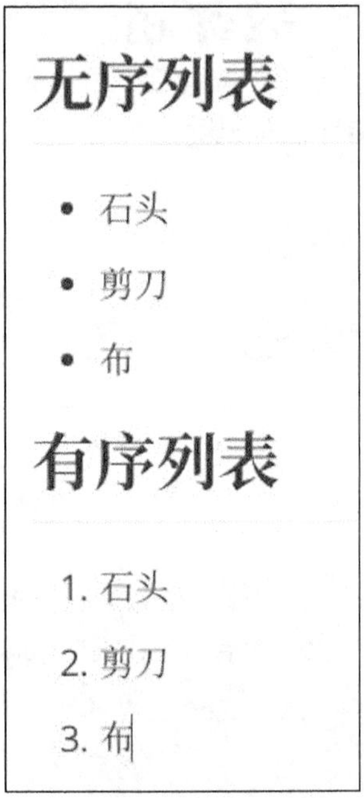

图 9-2　列表预览

### 5. 任务列表

在列表符号后面使用 [ ] 或 [x] 可以分别标记未完成或完成状态。代码如下，效果如图 9-3 所示。

```
## 作业完成情况

- [ ] 语文
- [x] 数学
- [ ] 物理
- [ ] 英语
- [x] 化学
```

注意，标记未完成时括号内一定要有一个空格。

图 9-3 任务列表预览

### 6. 代码块

代码块以 3 个符号 '（位于 <Esc> 键下方）起始，同样以 3 个 ' 结束。除了对代码格式比较友好，很多支持 Markdown 的工具、网站对代码块都有自动高亮的功能。

```
下面是一个例子：

'''
def test():
    print("Hello World!")
'''


语法高亮：

'''python
def test():
    print("语法高亮")
'''
```

效果如图 9-4 所示。

下面是一个例子:

```
def test():
    print("Hello World!")
```

语法高亮:

```
def test():
    print("语法高亮")
```

图 9-4　代码块预览

### 7. 数学块

很多 Markdown 编辑器通过 MathJax 支持 LaTex 数学表达式。
数学公式使用$$开始和结束。

```
$$
\mathbf{V}_1 \times \mathbf{V}_2 =  \begin{vmatrix}
\mathbf{i} & \mathbf{j} & \mathbf{k} \\
\frac{\partial X}{\partial u} &  \frac{\partial Y}{\partial u} & 0 \\
\frac{\partial X}{\partial v} &  \frac{\partial Y}{\partial v} & 0 \\
\end{vmatrix}
$$
```

效果如图 9-5 所示。

$$
\mathbf{V}_1 \times \mathbf{V}_2 = \begin{vmatrix}
\mathbf{i} & \mathbf{j} & \mathbf{k} \\
\frac{\partial X}{\partial u} & \frac{\partial Y}{\partial u} & 0 \\
\frac{\partial X}{\partial v} & \frac{\partial Y}{\partial v} & 0
\end{vmatrix}
$$

图 9-5　公式预览

这里只是展示 Markdown 支持这种数学公式，读者需要参考其他资料学习使用 LaTex 语法。

### 8. 表格

使用|列 1|列 2|就可以添加 2 列表格，标题行和内容行使用|---|进行分隔，效果如图 9-6

所示。

```
| 标题 1    | 标题 2 |
| -------| ----- |
| Cell1  | Cell3 |
| Cell2  | Cell4 |
```

| 标题1 | 标题2 |
| --- | --- |
| Cell1 | Cell3 |
| Cell2 | Cell4 |

图 9-6 表格预览

对齐可以通过对分隔行增加英文冒号 : 标记实现，效果如图 9-7 所示。

```
| 左对齐   | 中心对齐  | 右对齐 |
| :----- |:-------:| -----:|
| c1     | 这一列    | $16  |
| c2     | 是中心    | $120 |
| c3     | 对齐      | $11  |
```

| 左对齐 | 中心对齐 | 右对齐 |
| :--- | :---: | ---: |
| c1 | 这一列 | $16 |
| c2 | 是中心 | $120 |
| c3 | 对齐 | $11 |

图 9-7 表格对齐预览

### 9. 脚注

输入如下：

```
你可以像这样添加脚注[^footnote]。

[^footnote]: 这是一段脚注文字
```

效果如图 9-8 所示。

你可以像这样添加脚注 footnote 。

[^ footnote ]: 这是一段脚注文字

图 9-8 脚注预览

#### 10. 水平线

在空行中使用 *** 或者 --- 即可生成一条水平分隔线。

### 9.2.2　内联元素

#### 1. 链接

Markdown 支持行内和参考两种链接方式，链接的文字写在方括号内。

行内链接的写法如下，效果如图 9-9 所示。

```
[这个链接](https://baidu.com)会跳转到百度
```

图 9-9　行内链接预览

参考链接的写法如下，效果如图 9-10 所示。

```
[这个链接][id]会跳转到百度

[id]: https://baidu.com
```

图 9-10　参考链接预览

#### 2. URL

URL 使用<>将文本包围，与链接不同的是，URL 显示的就是尖括号内的文字，不能自定义显示内容，如图 9-11 所示。

图 9-11　URL 预览

```
<https://baidu.com>

<xxx@163.com>
```

### 3. 图片

图片与链接相似，但需要在链接前添加一个英文感叹号 ！，效果如图 9-12 所示。

```
![说明文字](图片路径.jpg)
![说明文字](图片路径.png)
```

例如：

```
![](https://www.baidu.com/img/dong_96c3c31cae66e61ed02644d732fcd5f8.gif)
```

图 9-12 图片预览（图片来自网络）

路径可以是 URL，也可以是计算机本地的绝对路径或相对路径。

### 4. 强调与加粗

Markdown 使用星号或下划线强调文字。

```
*使用星号*

_使用下划线_
```

效果如下：

*使用星号*

*使用下划线*

使用两个符号则是加粗显示。

```
**使用 2 个星号**

__使用 2 个下划线__
```

效果如下：

**使用 2 个星号**

**使用 2 个下划线**

### 5. 删除线

Markdown 使用～ ～ 对文字进行删除标记。

```
~~这是一段被删除线标记的文字~~
```

效果如下：

~~这是一段被删除线标记的文字~~

### 6. 下划线

下划线需要原生 HTML 标签支持。

```
<u>这段文字会被下划线标记</u>
```

效果如下：

<u>这段文字会被下划线标记</u>

### 7. 上标与下标

Markdown 下标使用～，上标使用^。下面的写法可以创建水分子和 X 的平方。

```
H~2~O

X^2^
```

效果如下：

$H_2O$

$X^2$

### 8. 行内代码

有时代码很短，不需要使用代码块，这时需要使用行内代码，用单个的符号' 即可。

```
'x = y = 3'
```

效果如下：

```
x = y = 3
```

### 9. 行内公式

行内公式使用 $ 开始和结束。

```
$y = a \times x + b$
```

效果如下：

$y = a \times x + b$

## 9.3 联合 Python 与 Markdown

### 9.3.1 代码块与文本块

Notebook 支持两种不同的输入，一是代码块（这里指 Python 代码）；二是文本块，即 Markdown 内容。

图 9-13 用 nteract 显示了一个代码块，单击右上方的菜单栏会出现多个选项。单击最后一个选项，将代码块转变为文本块，结果如图 9-14 所示。

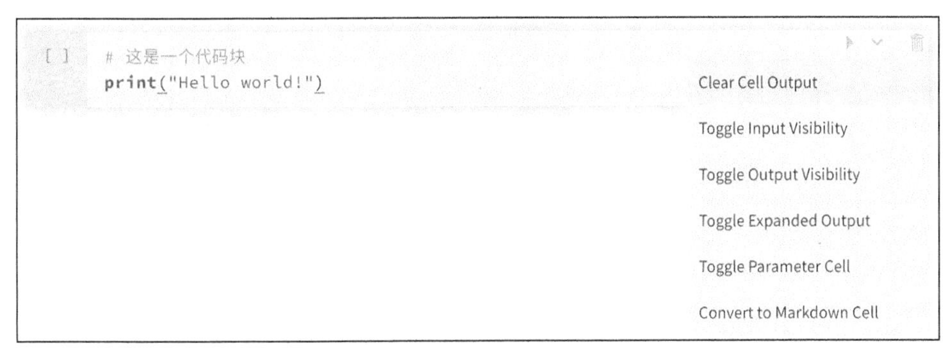


图 9-13 nteract 显示的代码块

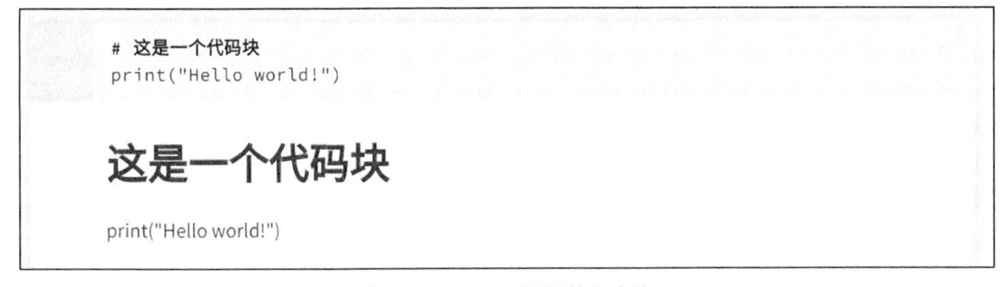


图 9-14 nteract 显示的文本块

Jupyter Notebook 支持的快捷键操作起来会更轻松，<m>键用于将代码块转换为文本块，<y>键用于将文本块转换为代码块。

在了解了代码块和文本块之后，我们就可以自由地使用它们来编写动态的程序文档，即 Notebook。我们一般使用 Markdown 标题构建文档的整个逻辑结构，使用正文和相关标记（如链接等）增加对文档或代码块的说明，利用代码块执行计算并展示文字结果或图形，一个简单的示例如图 9-15 所示。

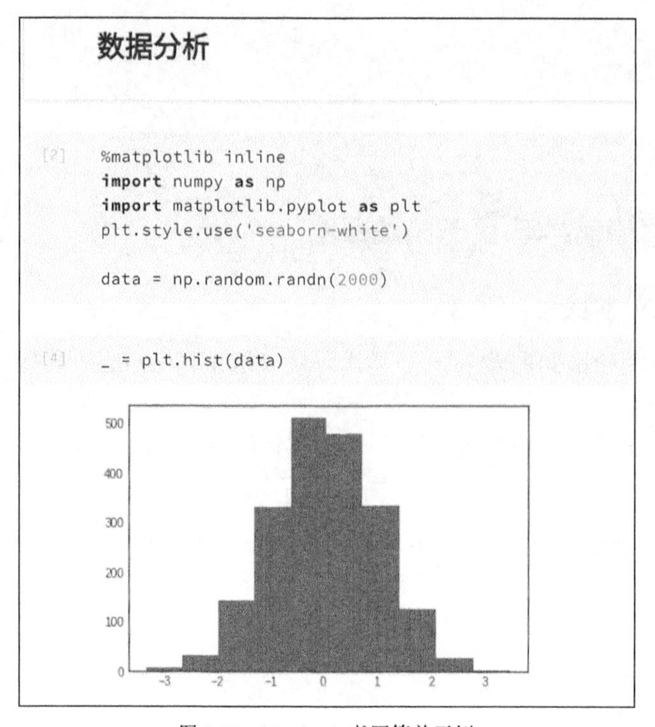


图 9-15　Notebook 书写简单示例

### 9.3.2　文档范例

Markdown 语法内容颇多，它们虽然简单，但也需要时间去学习和掌握。本节以“绘制引力波曲线”为题写一个简单的 Markdown 文章，使读者对 Markdown 的整体使用有更深的了解。

源代码如下：

```
# 绘制引力波曲线

## 数据下载与准备

第一个引力波文件：[H1_Strain.wav](http://python123.io/dv/H1_Strain.wav)（点击下载）

第二个引力波文件：[L1_Strain.wav](http://python123.io/dv/L1_Strain.wav)（点击下载）

引力波参考文件：[wf_template.txt](http://python123.io/dv/wf_template.txt)（点击后保存下载）

将上述文件下载到本地并保存到一个目录中，在该目录中创建一个 Notebook 文件，并依次运行下面的代码行。

## 导入包

本例需要使用到 3 个三方包，下面我们将它们依次导入。
```

```
'''python
import numpy as np
import matplotlib.pyplot as plt
from scipy.io import wavfile
'''

## 导入数据

接下来我们使用 scipy 包提供的函数导入引力波文件，使用 numpy 包提供的函数导入参考文件。

'''python
rate_h, hstrain= wavfile.read(r"H1_Strain.wav","rb")
rate_l, lstrain= wavfile.read(r"L1_Strain.wav","rb")
reftime, ref_H1 = np.genfromtxt('wf_template.txt').transpose()

# 这里我们使用频率的倒数来确定波的周期
htime_interval = 1/rate_h
ltime_interval = 1/rate_l
'''

### 简单查看数据

'''python
# 使用 print()函数对各项输入的数据进行简单的查看
print(rate_h, hstrain)
print(rate_l, lstrain)
print(reftime, ref_H1)
'''

## 绘图

'''python
# 设定在 Notebook 中使用绘图
%matplotlib inline
'''

接下来我们依次根据 2 个波文件和 1 个参考文件提供的数据绘制波形图，以子图的形式将它们绘制在一起。

'''python
htime_len = hstrain.shape[0]/rate_h
htime = np.arange(-htime_len/2, htime_len/2 , htime_interval)
plt.subplot(2,2,1)
plt.plot(htime, hstrain, 'y')
plt.xlabel('Time (seconds)')
plt.ylabel('H1 Strain')
plt.title('H1 Strain')
```

```
ltime_len = lstrain.shape[0]/rate_l
ltime = np.arange(-ltime_len/2, ltime_len/2 , ltime_interval)
plt.subplot(2,2,2)
plt.plot(ltime, lstrain, 'g')
plt.xlabel('Time (seconds)')
plt.ylabel('L1 Strain')
plt.title('L1 Strain')

plt.subplot(2, 1, 2)
plt.plot(reftime, ref_H1)
plt.xlabel('Time (seconds)')
plt.ylabel('Template Strain')
plt.title('Template')
plt.tight_layout()
'''
```

下载所需的文件后，在同一目录下新建一个 Jupyter Notebook，然后将代码放入代码块中，将文本内容放入文本块中，运行后的效果如图 9-16 和图 9-17 所示。

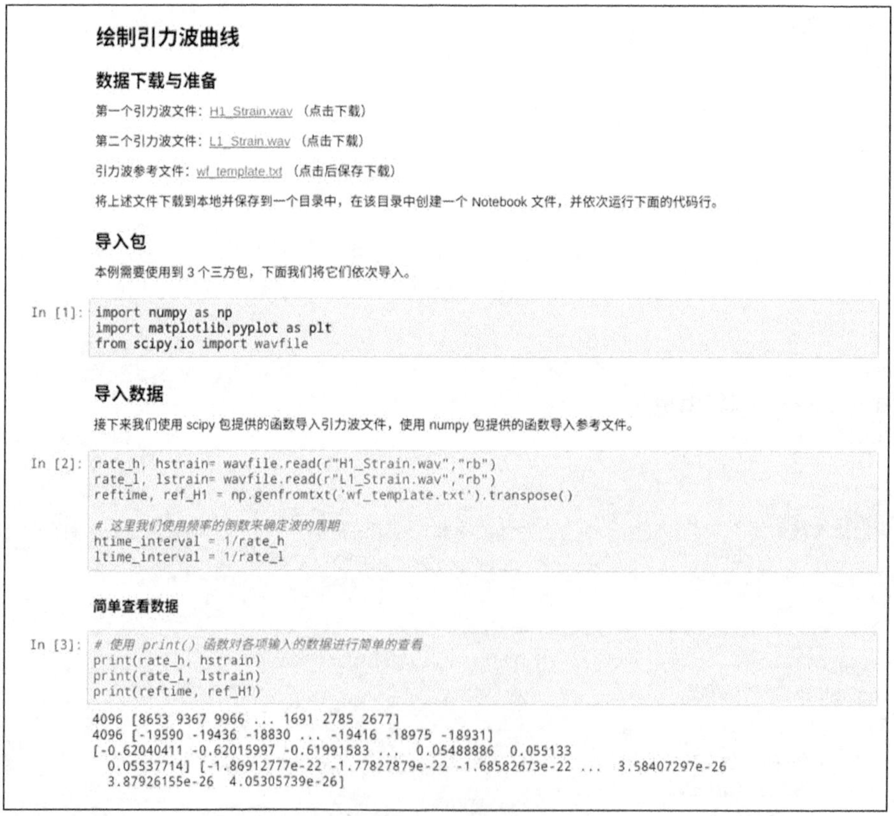

**绘制引力波曲线**

**数据下载与准备**

第一个引力波文件：H1_Strain.wav （点击下载）

第二个引力波文件：L1_Strain.wav （点击下载）

引力波参考文件：wf_template.txt （点击后保存下载）

将上述文件下载到本地并保存到一个目录中，在该目录中创建一个 Notebook 文件，并依次运行下面的代码行。

**导入包**

本例需要使用到 3 个三方包，下面我们将它们依次导入。

```
In [1]: import numpy as np
        import matplotlib.pyplot as plt
        from scipy.io import wavfile
```

**导入数据**

接下来我们使用 scipy 包提供的函数导入引力波文件，使用 numpy 包提供的函数导入参考文件。

```
In [2]: rate_h, hstrain= wavfile.read(r"H1_Strain.wav","rb")
        rate_l, lstrain= wavfile.read(r"L1_Strain.wav","rb")
        reftime, ref_H1 = np.genfromtxt('wf_template.txt').transpose()

        # 这里我们使用频率的倒数来确定波的周期
        htime_interval = 1/rate_h
        ltime_interval = 1/rate_l
```

**简单查看数据**

```
In [3]: # 使用 print() 函数对各项输入的数据进行简单的查看
        print(rate_h, hstrain)
        print(rate_l, lstrain)
        print(reftime, ref_H1)

        4096 [8653 9367 9966 ... 1691 2785 2677]
        4096 [-19590 -19436 -18830 ... -19416 -18975 -18931]
        [-0.62040411 -0.62015997 -0.61991583 ...  0.05488886  0.055133
          0.05537714] [-1.86912777e-22 -1.77827879e-22 -1.68582673e-22 ...  3.58407297e-26
          3.87926155e-26  4.05305739e-26]
```

图 9-16　Notebook 示例（一）

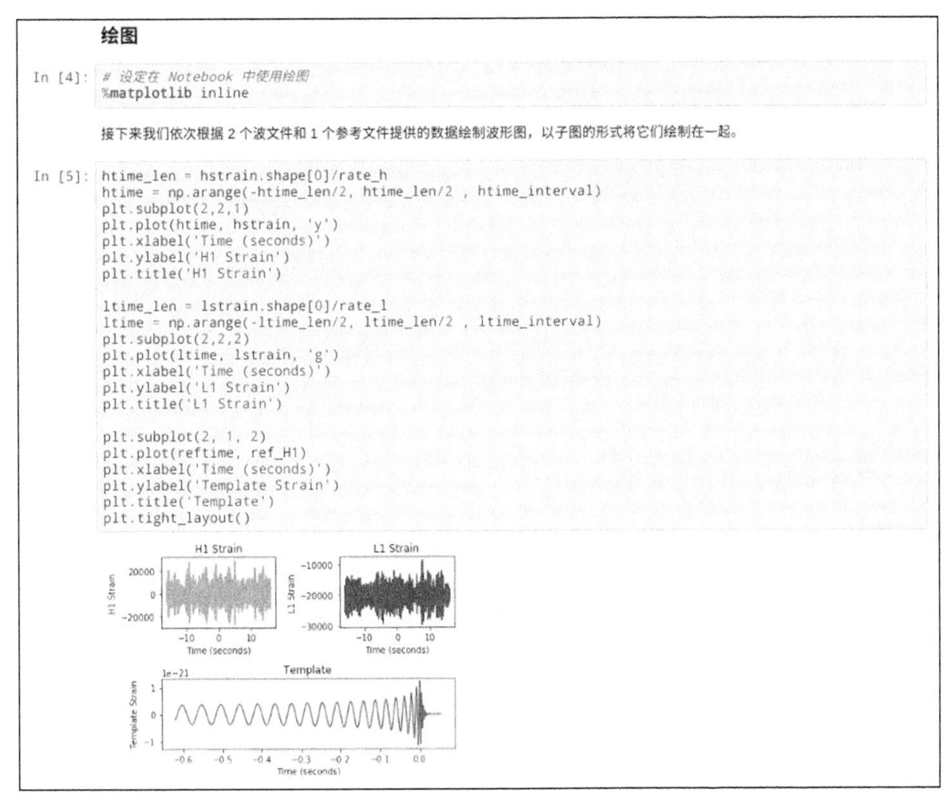


图 9-17 Notebook 示例（二）

这样就生成了一篇联合 Python 和 Markdown 的动态文档。我们可以根据需要随时修改相应的文字或代码，对文档进行更新，也可以将文档导出为多种格式（如 HTML、PDF）使用。

## 9.4 章末小结

数据分析是本书的核心内容，当下动态文档推动着更高效的分析报告和可重复性科学研究，Markdown 是动态文档的核心工具之一。本章对 Markdown 基础语法进行了简要介绍，并提供了在实际工作中将 Markdown 与 Python 进行联合使用的范例。

# 第 10 章　数据导入

**本章内容提要：**

- CSV
- Excel
- JSON
- YAML
- SQLite

“兵马未动，粮草先行”。数据是数据分析的起点，也是数据分析的核心之一。现实世界中的数据类型是多种多样的，有的来自计算机本地存储的 Excel 文件、CSV 文件中，有的来自网页数据、专用数据库中，还有的需要调用程序 API 获取。本章将从实际数据处理的常见类型出发，讲解如何利用工具导入数据，为后续的数据分析和可视化提供源泉。

## 10.1 CSV 文件

在数据分析领域，最常见和最为推荐的文本文件当属逗号分隔值（Comma Separated Values，CSV）文件。CSV 文件格式简单，易于导入、存储乃至直接阅读。

下面给出一个 CSV 文件内容简单示例，因为格式一致，所以后续介绍的操作可以拓展到任意行的数据中。

```
姓名,年龄,班级
周某某,9,3 班
王某某,10,6 班
```

上面的内容可能来自某个学校的学生登记表。注意，CSV 文件采用的分隔符是英文逗号，而非中文常用的逗号。另外，在欧洲某些国家，使用英文分号 ; 作为逗号分隔符。

我们可以保存上面的内容，一般规定以.csv 作为文件扩展名。当然，文件内容和文件扩展名是没有关系的，采用通用命名是为了方便理解。很多.txt 扩展名文件也采用.csv 格式。

现在我们可以使用记事本、文本编辑器等将其保存为文件 records.csv，Windows 用户推荐下载和使用 Notepad++软件编辑文本文件，不推荐使用 Excel。

假设我们有一个叫作 records.csv 的文件，该如何利用 Python 打开并查看它呢？

建议读者先进行思考和查阅资料后再进一步阅读。

### 10.1.1 使用字符串方法

第 4 章介绍过 open()函数，这里我们需要处理的文本的每一行内容都以英文逗号分隔，我们可以很自然地想到使用 open()函数打开文件，并使用 split()方法进行切分。

```
In [1]: records = []

In [2]: with open("records.csv", "r", encoding='utf-8') as f:
   ...:     for line in f.readlines():
   ...:         records.append(line.strip().split(','))
   ...:

In [3]: records
Out[3]: [['姓名', '年龄', '班级'], ['周某某', '9', '3班'], ['王某某', '10', '6班
']]
```

上述代码首先创建了一个列表，作为存储文本内容的容器。之前文件保存时使用的是 UTF-8 编码，所以打开也使用相同的编码。接着使用 readlines()方法读入所有的行，并进行 for 循环迭代。对于读入的内容，我们首先使用 strip()方法去掉每行末尾的换行符，然后使用 split()方法将内容按照英文逗号进行分割，得到子列表并将其添加到 records 列表中。上述操作的前提为文本是字符串，可以看到年龄一栏存储的方式就是字符串，如果要做后续分析，我们需要将其转换为整型。

这里需要注意要打开的文件路径，使用 records.csv 需要保证该文件必须在 Python 的当前工作目录下。在 IPython Shell 或 Jupyter Notebook 中，使用命令!pwd 可以查看当前的工作目录，使用命令!ls 可以查看当前工作目录下的文件。

```
In [2]: !ls
records.csv  records.tsv  records.txt

In [3]: !pwd
/c/Shixiang/pybook/files/chapter10
```

### 10.1.2 使用 csv 标准模块

因为 CSV 文件被频繁使用，因此 Python 提供了一个标准模块 csv 来实现 CSV 文件的读入、写入和格式化等操作。

上一个例子可以通过下面的代码实现，注意这里并没有将数据保存到列表中，而是直接打

印到屏幕上。

```
In [4]: import csv
In [5]: with open("records.csv", "r", encoding='utf-8') as f:
   ...:     csv_reader = csv.reader(f)
   ...:     for row in csv_reader:
   ...:         print(','.join(row))
   ...:
姓名,年龄,班级
周某某,9,3 班
王某某,10,6 班
```

可以看出，csv 模块的简便之处在于我们不需要再对文件内容调用方法实现去掉换号符、指定分割符操作了，使用 reader()函数读入的结果是一个直接可以迭代的对象。

### 10.1.3　使用 Pandas 库

前面提到的两种方法都需要显式地调用 open()函数来打开文件，然后使用工具进行读入处理。相比之下，使用流行库 Pandas 来操作 CSV 文件就更简单了。

```
In [6]: import pandas as pd

In [7]: records = pd.read_csv('records.csv')

In [8]: records
Out[8]:
    姓名  年龄  班级
0  周某某   9   3 班
1  王某某  10   6 班

In [9]: records.columns
Out[9]: Index(['姓名', '年龄', '班级'], dtype='object')

In [10]: records.index
Out[10]: RangeIndex(start=0, stop=2, step=1)
```

Pandas 库读入数据的强大之处在于不仅简化了读入代码，而且对读入的数据进行了良好的转换，自动将第一行识别为列名，并设定了行索引。Pandas 读入的结果是一个 DataFrame 对象，相关操作方法在第 8 章中，这里不再赘述。

## 10.2　CSV 变体

CSV 文件通过英文逗号实现文字域的分隔，有时我们需要处理 CSV 的变体，其中最常见的 CSV 变体是 TSV，即制表符分隔文件。在数据处理时，我们碰到的大部分 txt 文本文件其实就是 TSV 文件。我们可以通过<Tab>键输入制表符，但在程序中我们使用\t 来指定它。有的文本会采用空格分隔数据，其他的情况比较少见。

CSV 的变体如此之多，我们在导入时不可能为每一种变体编写一个函数，正确的做法是使用默认参数。

具体的思路和做法如下。

- 如果是自己编写的函数，应创建合理的默认参数，以处理一些常见的情况。
- 如果是使用他人编写的模块，应先查阅函数文档，而不是马上求助。一般而言，模块的开发者会为函数的一些常见情况创建相应的参数，阅读函数文档是非常好的习惯。如果函数的确没有参数，而且自己又没有开发的能力，那么再去搜索资料或到专业论坛提问。

假设我们需要处理 3 种 CSV 格式文件：英文逗号分隔、制表符分隔和空格分隔。它们的文件名分别为 records.csv、records.tsv 和 records.txt。下面来看如何通过自己创建函数导入并使用 Pandas 库导入数据。

records.csv 内容如下：

```
姓名,年龄,班级
周某某,9,3 班
王某某,10,6 班
```

records.tsv 内容如下：

```
姓名	年龄	班级
周某某	9	3 班
王某某	10	6 班
```

records.txt 内容如下：

```
姓名 年龄 班级
周某某 9 3 班
王某某 10 6 班
```

### 10.2.1 创建 CSV 导入函数

为了处理不同的分隔符，我们要为创建的函数指定一个 sep 参数（seperator 的简写）。使用字符串方法处理和 csv 模块处理的结构是类似的，我们不妨设定一个参数 method 用来控制使用哪种方法解析文本。

```python
def read_csv(file_path, sep=',', method='default'):
    """导入 CSV 及其变体文本"""
    res = []
    with open(file_path, "r", encoding='utf-8') as f:
        # 这里我们直接指定了 encoding 为 utf-8
        # 实际上为了处理更广泛的编码类型，
        # 读者可以将其改写为函数的一个参数
        # 其他选项也可以这样做
```

```
        if method == "default":
            for line in f.readlines():
                res.append(line.strip().split(sep))
        elif method == "csv":
            print("Using csv module...")
            import csv
            csv_reader = csv.reader(f, delimiter=sep)
            for row in csv_reader:
                res.append(row)
        else:
            raise ValueError('不支持的导入方法！')
    return res
```

在 read_csv()函数中，我们通过不同的 method 调用不同的导入方法，通过查阅 csv 模块的文档（请读者自行查阅），发现 reader()函数的 delimiter 参数可以指定分隔符。下面来试试我们创建的函数的威力吧！

首先来看默认方法的结果，我们需要先运行上面创建的函数，再运行下面的测试代码。

```
In [11]: read_csv('records.csv')
Out[11]: [['姓名', '年龄', '班级'], ['周某某', '9', '3 班'], ['王某某', '10', '6 班']]

In [12]: read_csv('records.tsv', sep='\t')
Out[12]: [['姓名', '年龄', '班级'], ['周某某', '9', '3 班'], ['王某某', '10', '6 班']]

In [13]: read_csv('records.txt', sep=' ')
Out[13]: [['姓名', '年龄', '班级'], ['周某某', '9', '3 班'], ['王某某', '10', '6 班']]
3 种情况读入的数据完全一致！再来看看使用 csv 模块导入的结果。
In [14]: read_csv('records.csv', method='csv')
Using csv module...
Out[14]: [['姓名', '年龄', '班级'], ['周某某', '9', '3 班'], ['王某某', '10', '6 班']]

In [15]: read_csv('records.tsv', sep='\t', method='csv')
Using csv module...
Out[15]: [['姓名', '年龄', '班级'], ['周某某', '9', '3 班'], ['王某某', '10', '6 班']]

In [16]: read_csv('records.txt', sep=' ', method='csv')
Using csv module...
Out[16]: [['姓名', '年龄', '班级'], ['周某某', '9', '3 班'], ['王某某', '10', '6 班']]
```

两次的结果完全一致。可见，上面的函数虽然简单，但它完全实现了我们所需要的功能。实际上，更复杂的函数也是通过一步一步添加选项完成的。

### 10.2.2　使用 Pandas 导入

使用 Pandas 不需要我们自己创建函数，因为 Pandas 库提供的 read_csv()函数本身支持 sep 参数，所以通过指定该选项，我们就能够读入不同的 CSV 及变体格式数据。

```
In [17]: import pandas as pd
In [18]: pd.read_csv('records.csv')
Out[18]:
     姓名  年龄  班级
0  周某某    9   3班
1  王某某   10   6班
In [19]: pd.read_csv('records.tsv', sep='\t')
Out[19]:
     姓名  年龄  班级
0  周某某    9   3班
1  王某某   10   6班

In [20]: pd.read_csv('records.txt', sep=' ')
Out[20]:
     姓名  年龄  班级
0  周某某    9   3班
1  王某某   10   6班
```

从上面的代码调用来看，我们创建的 read_csv()和 Pandas 库提供的函数是没有差别的。利用前面所学习的知识，我们还可以修改函数，让结果都保持一致。

```
def read_csv2(file_path, sep=',', method='default'):
    """导入 CSV 及其变体文本"""
    res = []
    with open(file_path, "r", encoding='utf-8') as f:
        if method == "default":
            for line in f.readlines():
                res.append(line.strip().split(sep))
        elif method == "csv":
            print("Using csv module...")
            import csv
            csv_reader = csv.reader(f, delimiter=sep)
            for row in csv_reader:
                res.append(row)
        else:
            raise ValueError('不支持的导入方法！')
    import pandas as pd
    # 将结果转换为 DataFrame
    res = pd.DataFrame(res[1:], columns=res[0])
    return res
```

上述函数的测试结果如下。

```
In [21]: read_csv2('records.tsv', sep='\t', method='csv')
Using csv module...
Out[21]:
     姓名  年龄  班级
```

```
0   周某某    9   3班
1   王某某   10   6班
```

读者不妨试试修改要读入的文件和函数选项，看看函数是否都能正常工作。

### 10.2.3 导出 CSV

保存数据的最佳方式是将处理后得到的结构化数据导出为 CSV 文件，便于分享和再次分析。导出或者粘贴为 Excel 表格是非常不推荐的方式，Excel 会自动对输入文本进行分析和转换，虽然这种方式简化了操作，但有时会得到意料之外的结果，特别是在要求数据严谨的科学领域。例如，在 Excel 表格中输入“MARCH1”，它是一个基因的名字，按回车键后，它会被 Excel 自动转换为日期“3 月 1 号”！有一篇科学研究报道称，生物医学文献中 Excel 由保存的数据中，有 20%左右的表格出现了问题，这极大地影响了科学研究的可重复性，而且这种错误很难被发现，因而会影响所有使用包含此错误数据的研究。

将数据保存为 CSV 文件其实是导入 CSV 文件的逆操作。相应地，有两种导出办法：一是结合使用 open()和 print()函数将数据按分隔符输出到文件；二是直接调用 Pandas 提供的 to_csv()方法。

首先读入测试数据：

```
In [3]: rds1 = read_csv('records.csv')
In [4]: rds2 = pd.read_csv('records.csv')
In [5]: rds1
Out[5]: [['姓名', '年龄', '班级'], ['周某某', '9', '3班'], ['王某某', '10', '6班']]
In [6]: rds2
Out[6]:
     姓名   年龄   班级
0   周某某    9    3班
1   王某某   10    6班
```

如果只是简单地将数据以 CSV 格式打印到屏幕，我们可以使用下面的命令：

```
In [13]: for row in rds1:
    ...:     print(','.join(row))
    ...:
姓名,年龄,班级
周某某,9,3班
王某某,10,6班
```

接下来需要将数据打印输出到文件中，我们先看一下 print()函数的说明：

```
In [12]: print?
Docstring:
print(value, ..., sep=' ', end='\n', file=sys.stdout, flush=False)

Prints the values to a stream, or to sys.stdout by default.
Optional keyword arguments:
```

```
file:  a file-like object (stream); defaults to the current sys.stdout.
sep:   string inserted between values, default a space.
end:   string appended after the last value, default a newline.
flush: whether to forcibly flush the stream.
Type:      builtin_function_or_method
```

可以看到，print()函数支持参数 file 用于设定文件流，默认是系统标准输出。因此，我们可以联合 open()函数打开一个文件 test1.csv 并进行写入：

```
In [16]: with open('test1.csv', 'w', encoding='utf-8') as f:
    ...:     for row in rds1:
    ...:         print(','.join(row), file=f)
```

使用系统命令查看文件内容是否正确：

```
In [17]: !cat test1.csv
姓名,年龄,班级
周某某,9,3 班
王某某,10,6 班
```

这样我们就将数据成功导出到 CSV 文件中了。

直接使用 Pandas 的 to_csv()方法也可以完成上面的操作：

```
In [18]: rds2.to_csv('test2.csv')

In [19]: !cat test2.csv
,姓名,年龄,班级
0,周某某,9,3 班
1,王某某,10,6 班
```

由此可见，对于数据的读写，Pandas 提供的工具更加简便直观。

## 10.3 Excel 文件

尽管不推荐读者使用 Excel 处理和保存数据，但是因为微软系统和 Office 办公软件的流行，我们总会遇见并且必须处理 Excel 文件。在 Python 中，我们无法通过直接使用 open()函数或标准模块来导入 Excel 数据，但有很多工具包提供了该功能，比较知名的有 Pandas、openpyxl、xlrd、xlutils 和 pyexcel。

### 10.3.1　检查数据

Excel 是微软提供的一款非常强大的数据分析软件，Excel 的单元格支持非常多的操作，包括设定格式、插入函数命令等。一旦我们在 Excel 中对数据进行了额外操作，在使用 Python 进行导入时就需要格外小心，因为与数据无关的额外信息破坏了数据的规律性，增加了文件的复杂性，所以 Python 在解析时非常容易出错。

既然是使用 Python 处理数据，那么我们提供的 Excel 数据应当尽量是规整的，具体可以参考以下要求进行检查。

- 表格的第一行应当是列名。
- 所有的单元格尽量避免出现空格，特别是行名和列名。建议可以使用其他符号，如下划线、分号、短横杠等作为替代。
- 名字尽量简短易懂。
- 确保缺失值都使用 NA 进行标注。

Excel 文件一般以.xls 或.xlsx 作为文件扩展名。除此之外，Excel 也支持保存为其他格式，推荐将数据导出为 CSV 文件，然后用前面介绍过的方法导入 Python。

### 10.3.2 准备工作

在执行导入操作时，我们默认 IPython Shell 或 Jupyter Notebook 在待导入文件的同一目录下启动，此时 Python 的工作路径与文件目录一致，我们在为导入函数传入文件路径参数时只需要指定文件名。但更为实际的情况可能是，执行的脚本、Notebook 没有和待操作的数据文件位于同一路径，一个解决办法是通过绝对路径或相对路径的方式指定文件路径，另一个办法是在 Python 程序中切换工作目录。

假设 records.csv 文件有以下路径层级：C 盘中有 data 文件夹（目录），data 下有文件 records.csv。

```
C:
├─data
   └─records.csv
```

而我们在 C 盘下启动了 Jupyter Notebook 或 IPython Shell，那么 Python 如何访问 records.csv 文件路径呢？

绝对路径以根目录为起始的路径，Windows 系统一般以盘符开始，如 C:；而 macOS 和 Linux 系统以 / 开始。相对路径是指以当前路径为参考的路径，以 C: 为当前路径，文件 records.csv 的绝对路径和相对路径如下：

```
# 绝对路径
C:/data/records.csv
# 相对路径
data/records.csv
```

另外，我们可以通过 os 模块提供的 chdir()函数在 Python 脚本内部切换工作目录。常见操作如下：

```
# 导入 os
import os

# 获取当前工作目录，cwd 为 current working directory 首字母缩写
```

```
cwd = os.getcwd()
cwd
# 或者使用魔术命令 pwd
pwd

# 更改工作目录
os.chdir("/path/to/your/data-folder")
# 或者使用魔术命令 cd
cd /path/to/your/data-folder

# 列出当前目录的所有文件和子目录
os.listdir('.')
```

### 10.3.3 使用 Pandas 读写 Excel

使用 Pandas 可以非常方便地导入 CSV 文本数据，下面来看如何使用 Pandas 读写 Excel 文件。

这里使用事先已经创建好的 Excel 文件 data.xlsx 作为示例数据，它包含了两个数据集，分别存储在两个表格中。

首先查看当前的工作目录，并将其切换到数据对应的目录中。

```
In [2]: import os
In [3]: os.getcwd()  # 获取当前工作目录
Out[3]: 'C:\\Shixiang\\pybook'
In [4]: os.listdir('files/chapter10')  # 列出目录下的文件及子目录
Out[4]:
['data.xlsx',
 'lung.csv',
 'mtcars.csv',
 'records.csv',
 'records.tsv',
 'records.txt',
 'test1.csv',
 'test2.csv']

In [5]: cd files  # 切换工作目录
C:\Shixiang\pybook\files
In [6]: os.getcwd()  # 获取当前工作目录
Out[6]: 'C:\\Shixiang\\pybook\\files'
In [7]: pwd
Out[7]: 'C:\\Shixiang\\pybook\\files'

In [8]: os.chdir('chapter10')  # 将工作目录切换为数据所在目录
In [9]: pwd
Out[9]: 'C:\\Shixiang\\pybook\\files\\chapter10'
```

上面代码分别演示了使用 os 模块的函数和 IPython 魔术命令实现工作目录的获取和切换，下面开始读入数据。

```
In [10]: import pandas as pd
In [11]: file = 'data.xlsx'
In [12]: xl = pd.ExcelFile(file)
In [13]: # 打印表格名字
In [14]: print(xl.sheet_names)
['mtcars', 'lung']
```

可以看到，data.xlsx 文件中存在两个表名分别为 mtcars 和 lung 的表格，下面我们将这 2 个数据集解析出来。

```
In [15]: mtcars = xl.parse('mtcars')
In [16]: mtcars.head()  # 只查看头几行
Out[16]:
    mpg  cyl   disp   hp  drat     wt   qsec  vs  am  gear  carb
0  21.0    6  160.0  110  3.90  2.620  16.46   0   1     4     4
1  21.0    6  160.0  110  3.90  2.875  17.02   0   1     4     4
2  22.8    4  108.0   93  3.85  2.320  18.61   1   1     4     1
3  21.4    6  258.0  110  3.08  3.215  19.44   1   0     3     1
4  18.7    8  360.0  175  3.15  3.440  17.02   0   0     3     2

In [17]: lung = xl.parse('lung')
In [18]: lung.head()
Out[18]:
   inst  time  status  age  ...  ph.karno  pat.karno  meal.cal  wt.loss
0   3.0   306       2   74  ...      90.0      100.0    1175.0      NaN
1   3.0   455       2   68  ...      90.0       90.0    1225.0     15.0
2   3.0  1010       1   56  ...      90.0       90.0       NaN     15.0
3   5.0   210       2   57  ...      90.0       60.0    1150.0     11.0
4   1.0   883       2   60  ...     100.0       90.0       NaN      0.0

[5 rows x 10 columns]
```

然后就可以根据前面介绍的 Pandas 知识来操作它们了。

假设我们已经分析好了数据，接下来要把结果导出为 Excel 文件，使用 Pandas 的 to_excel() 函数就可以完成。

```
In [21]: lung.to_excel('~/测试导出.xlsx')
```

运行上面这个命令，然后打开家目录下的“测试导出.xlsx”文件，看看是否成功导出。

to_excel()函数支持如下众多的选项。

```
In [22]: lung.to_excel?
Signature:
lung.to_excel(
```

```
    excel_writer,
    sheet_name='Sheet1',
    na_rep='',
    float_format=None,
    columns=None,
    header=True,
    index=True,
    index_label=None,
    startrow=0,
    startcol=0,
    engine=None,
    merge_cells=True,
    encoding=None,
    inf_rep='inf',
    verbose=True,
    freeze_panes=None,
)
Docstring:
Write object to an Excel sheet.
...
```

例如，默认的表名是 Sheet1，我们可以通过以下代码将其修改为 lung：

```
In [23]: lung.to_excel('~/测试导出.xlsx', sheet_name='lung')
```

## 10.4 pickle 文件

CSV 文件和 Excel 文件都可以通过外部程序进行修改，这可能与某些安全程序的目的相悖，有时不利于分析的可重复性。此外，CSV 和 Excel 等文件类型都无法保存 Python 特有的数据结构，例如类。为此，Python 提供了一个标准模块 pickle，用于实现对一个 Python 对象结构的二进制序列化和反序列化。通过 pickle 模块的序列化操作，我们能够将 Python 程序中运行的对象信息保存到文件中永久存储；通过 pickle 模块的反序列化操作，我们能够从文件中创建上一次程序保存的对象。

pickle 文件与 CSV 文本文件的不同之处如下。

- pickle 文件是二进制格式的。
- pickle 文件无法通过文本编辑器直观阅读。
- CSV 文件在 Python 系统外被广泛使用，而 pickle 文件是 Python 专有的。
- pickle 文件可以保存 Python 大量的数据类型。

pickle 文件的读取和保存通过 pickle 模块的 load()和 dump()函数来实现，下面举例说明。

```
In [1]: import pickle
In [2]: data = {'a':[1,2,3], 'b':['yes','no']}
In [3]: with open('data.pkl', 'wb') as f:
```

```
   ...:     pickle.dump(data, f)
```

这里首先创建了一个字典 data，然后使用 open()函数以二进制写入的方式创建了文件 data.pkl。.pkl 是 pickle 文件特有的扩展名，在 with 语句内部，我们使用 dump()函数写入数据，保证 data.pkl 文件无论如何都会正常关闭。

使用 pickle 文件的好处是显而易见的，这个数据用 CSV 格式表示并不是很好。另外，如果考虑使用纯文本保存，我们需要调用 for 循环，而这种情况下如果数据更复杂就会难以还原了。

导入 pickle 文件操作类似，但需要把 open()的模式设定为二进制写入'rb'，另外是调用 load()函数而非 dump()。

```
In [4]: with open('data.pkl', 'rb') as file:
   ...:     data_restore = pickle.load(file)
   ...:

In [5]: print(data_restore)
{'a': [1, 2, 3], 'b': ['yes', 'no']}
```

## 10.5 SAS 与 Stata 文件

数据分析从业者可能没有使用过 SAS 和 Stata，但想必对它们有所耳闻。SAS 全称为 Statistical Analysis System，是由美国北卡罗来纳州立大学于 1966 年开发的统计分析软件。经过多年的完善和发展，SAS 在国际上已被誉为统计分析的标准软件，广泛应用于各个领域，尤其是商业分析和生物统计学领域。Stata 由 Statistics 和 data 这两个词各取一部分拼接而成（与 Pandas 一词的来源相似），是一套用于数据分析、数据管理以及绘制专业图表的完整及整合性统计软件，主要用于学术研究，尤其是社会科学领域。

作为专业的统计分析软件，SAS 和 Stata 都有自己独有的数据存储方式。SAS 目前主要使用.sas7bdat 作为文件扩展名，而 Stata 使用.dta 作为文件扩展名。

导入 sas7bdat 文件前需要安装 sas7bdat 包。安装好后，通过 SAS7BDAT()函数打开数据集文件，并调用 todataframe()方法将文件导入为一个 Pandas 的 DataFrame 对象。

```
import pandas as pd
from sas7bdat import SAS7BDAT

# 此处 xxxx 应修改为实际文件名
with SAS7BDAT('xxxx.sas7bdat') as file:
    df_sas = file.to_data_frame()
```

dta 文件可以直接通过 Pandas 库提供的 read_stata()函数导入。

```
import pandas as pd
# 此处 xxxx 应修改为实际文件名
```

```
data = pd.read_stata('xxxx.dta')
```

## 10.6 HDF5 文件

HDF（Hierarchical Data Format）指一种为存储和处理大容量科学数据设计的文件格式和相应库文件。HDF 最早由美国国家超级计算应用中心 NCSA 开发，目前在非营利组织 HDF 小组的维护下继续发展。当前的流行版本 HDF5 拥有一系列的优异特性，特别适合存储和操作大量科学数据，它支持非常多的数据类型，灵活、通用、跨平台、可扩展，具有高效的 I/O 性能，支持几乎无限量的单文件存储等。

HDF5 文件的主要特点如下。

一个 HDF5 文件是存储如下两类对象的容器。

- dataset：类似数组的数据集合。
- group：结构类似目录的容器，其中可以包含一个或多个 dataset 和 group。

一个 HDF5 文件从一个命名为"/"的 group 开始，所有的 dataset 和其他 group 都包含在此 group 下。当操作 HDF5 文件时，如果没有显式指定 group 的 dataset 则默认指"/"下的 dataset。

HDF5 文件的 dataset 和 group 都可以拥有描述性的元数据，称作 attribute（属性）。

Python 中有一系列的工具可以操作和使用 HDF5 文件，其中最常用的是 h5py 和 PyTables。用 h5py 操作 HDF5 文件，我们可以像使用目录一样使用 group，像使用 NumPy 数组一样使用 dataset，像使用字典一样使用属性，非常方便好用。

下面使用 h5py 导入时间序列数据，并进行简单的可视化。

```
In [6]: import h5py
In [7]: import numpy as np
In [8]: import matplotlib.pyplot as plt
In [9]: filename = 'data.hdf5'
In [10]: data = h5py.File(filename, 'r')  # 读入 data.hdf5
In [11]: print(type(data))  # 查看对象类型
<class 'h5py._hl.files.File'>
In [12]: group = data['strain']  # 获取 HDF5 的 group
In [13]: # 检查 group 的键
In [13]: for key in group.keys():
    ...:     print(key)
    ...:
Strain
In [14]: # 获取数据集的值
In [14]: strain = data['strain']['Strain'].value
In [15]: # 设定采样数
    ...: s
    ...: num_samples = 10000
    ...:
    ...: # 设定时间向量
```

```
    ...: time = np.arange(0, 1, 1/num_samples)
In [16]: # 绘图
    ...: plt.plot(time, strain[:num_samples])
    ...: plt.xlabel('GPS Time (s)')
    ...: plt.ylabel('strain')
    ...: plt.show()
```

结果如图 10-1 所示。

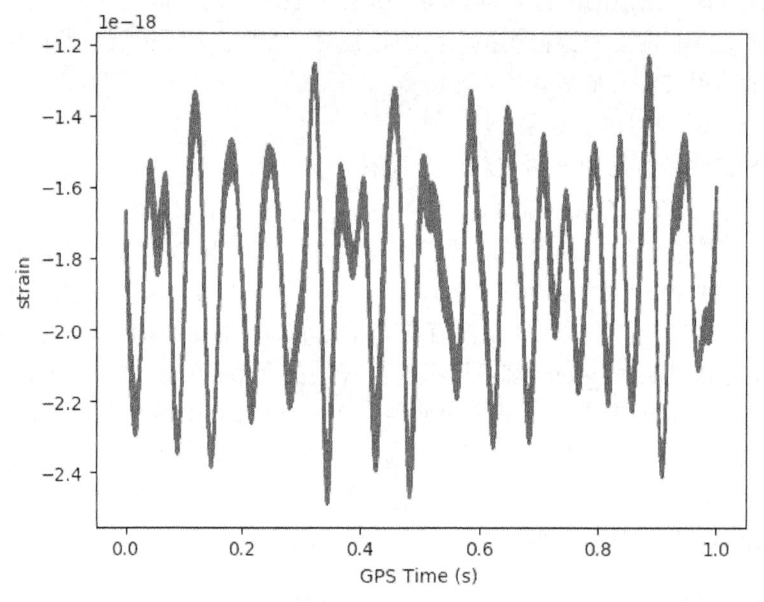


图 10-1　HDF5 存储的时间序列数据可视化

上述代码将 HDF5 文件导入为一个 h5py 类实例，该对象有一套自己的操作方法，仅依靠上面这个简单的例子不足以掌握它们，感兴趣的读者请自行查阅资料学习。

## 10.7 MATLAB 文件

MATLAB 是 matrix 和 laboratory 两个词的组合，译作"矩阵实验室"，它是由美国 MathWorks 公司发布的主要面对科学计算、可视化以及交互式程序设计的高科技计算环境。MATLAB 主要应用于科学计算、工程技术等领域，与工业界结合非常紧密，也是深度学习应用的主要平台之一。

MATLAB 所使用的数据格式以.mat 为文件扩展名，在 Python 中可以通过来自 scipy.io 模块中的 loadmat()和 savemat()函数进行读写。下面的代码是一个数据导入的操作范例。

```
import scipy.io
filename = 'xxx.mat'
# 读入 mat 文件
```

```
mat = scipy.io.loadmat(filename)
print(type(mat))
# mat['x'] 中的 x 是
# MATLAB 文件中的变量 x,
# mat['x'] 是 变量 x 的值
print(type(mat['x']))
print(mat['x'])
```

可见，mat 文件中存储的变量名和相应的值（来自 MATLAB）被转换为了 Python 中的键值对形式。

## 10.8 JSON 文件

JSON 全称为 JavaScript 对象表示法（JavaScript Object Notation），它是轻量级的文本数据交换格式，易于阅读和编写，也易于机器解析和生成，能够有效地提升网络传输效率。JSON 虽然使用 Javascript 语法来描述数据对象，但是它完全独立于编程语言和平台。目前很多的动态（PHP、Python、R）编程语言都支持 JSON。

JSON 的语法规则如下。

- 数据在名称/值对中。
- 数据由逗号分隔。
- 大括号保存对象。
- 中括号保存数组。

下面给出一个对象示例：

```
{ "名字": "Mike Wang" , "个人主页":"www.xxx.com" }
```

当存在多个数据时，可以用数组表示。

```
{
    "sites": [
        { "名字": "Mike Wang" , "个人主页":"www.xxx.com" },
        { "名字": "Mike Zhang" , "个人主页":"www.xx1.com" },
        { "名字": "Mike Li" , "个人主页":"www.xx2.com" }
        ]
    }
```

不难发现，这种结构在 Python 中就是列表和字典的嵌套，因此使用 Python 易于完成 JSON 的解析。Python 提供了一个标准模块 json 专门处理这项工作，其中，loads()和 load()函数用于将 JSON 结构解析为 Python 对象，dumps()和 dump()函数用于将 Python 对象解析为 JSON 结构。这里，带 s 结尾的函数用于处理非文本对象，不带 s 结尾的函数用于处理文件，请读者注意区分。

下面通过一个简单的示例来了解 loads()和 dumps()函数的用法。

```
In [1]: import json
In [2]: json_data = '{ "名字": "Mike Wang" , "个人主页":"www.x
   ...: xx.com" }'
In [3]: json.loads(json_data)  # 解析json数据为字典
Out[3]: {'名字': 'Mike Wang', '个人主页': 'www.xxx.com'}
In [4]: data = json.loads(json_data)
In [5]: json.dumps(data)  # 将字典解析为 json 数据
Out[5]: '{"\\u540d\\u5b57": "Mike Wang", "\\u4e2a\\u4eba\\u4e3b\\u9875": "www.xxx.com
"}'
```

Python 与 JSON 的对应关系如表 10-1 所示。

表 10-1 Python 与 JSON 的对应关系

| Python 对象 | JSON 等价物 |
| --- | --- |
| 字典 | 对象 |
| 列表、元组 | 数组 |
| 字符串 | 字符串 |
| 数值 | 数值 |
| True | true |
| False | false |
| None | null |

下面是一些简单的测试：

```
In [7]: json.dumps([1, 2, 3])
Out[7]: '[1, 2, 3]'
In [8]: json.dumps(True)
Out[8]: 'true'
In [9]: json.dumps(None)
Out[9]: 'null'
In [10]: json.dumps(('a', 'b', 'c'))
Out[10]: '["a", "b", "c"]'
```

load()和 dump()函数的输入是文本对象，根据前面所学的知识可以推测，使用下面的代码应该可以导入 JSON 文件。

```
with open('xxx.json') as f:
  data = json.load(f)
```

下面我们试一试：

```
In [12]: with open('files/chapter10/data.json', 'r', encoding=
    ...: 'utf-8') as f:
    ...:     data = json.load(f)
    ...:
In [13]: data
Out[13]:
```

```
{'sites': [{'名字': 'Mike Wang', '个人主页': 'www.xxx.com'},
  {'名字': 'Mike Zhang', '个人主页': 'www.xx1.com'},
  {'名字': 'Mike Li', '个人主页': 'www.xx2.com'}]}
```

由结果可知，用法的确是这样的。请读者尝试利用 dump()函数和类似的操作，将 Python 对象导出保存为 JSON 文件。

## 10.9 YAML 文件

YAML 是"Yet Another Markup Language"（仍是一种标记语言）的缩写，常见于配置文件，如 Markdown 文档的文件头元信息注释就常常采用 YAML 格式。YAML 可以简单地表达清单、散列表，标量等数据形态。它使用空白符号缩进和大量依赖外观的特色，能巧妙避开各种封闭符号，如引号、各种括号等，这些符号在嵌套结构时会变得复杂而难以辨认，因而特别适合表达或编辑数据结构、各种配置文件、倾印调试内容、文件大纲。

下面是一个 YAML 格式的简单示例：

```
a string: bla
another dict:
  foo: bar
  key: value
  the answer: 42
```

YAML 与 JSON 格式的关系很亲密，JSON 的语法是 YAML 1.2 版的子集，因此大部分的 JSON 文件都可以被 YAML 的剖析器剖析。YAML 也可以采用类似 JSON 的写法，但 YAML 标准并不建议这样使用，除非这样编写能提升文件可读性。

YAML 遵循以下规则。

- 使用英文井号进行注释标识，这与 Python 一致。
- 使用缩进表示层级关系，并只能使用空格缩进，不能使用制表符。
- 区分大小写。
- 缩进的空格数目不固定，只需要相同层级的元素左侧对齐。
- 文件中的字符串不需要使用引号标注，但若字符串包含有特殊字符，则需用引号标注。

这里注意第二点，Python 是同时支持空格和制表符缩进的，只要在书写代码块时保持一致即可，而 YAML 不支持制表符缩进，这样如果我们同时编辑和处理 Python 和 YAML 文件时稍不注意，YAML 就可能会产生语法错误。最好的解决办法是设定代码编辑器，将制表符转换为特定数目的空格符，一般是 4 个或 2 个，这样就可以对所有文件使用制表符缩进了。

YAML 支持的数据结构如下。

- 对象：键值对的集合，类似 Python 中的字典。
- 数组：一组按序排列的值，简称“序列”或“列表”。数组前加有“-”符号，符号与值之间需以空格分隔。
- 标量：单个的、不可再分的值，如字符串、bool 值、整数、浮点数、时间、日期、

null 等。

- None：空值，用 null 或～表示。

下面是常见标量的表示方式：

```
字符串: name
特殊: "name\n"
数值: 3.14
布尔值: true
空值: null
空值 2: ~
时间值: 2019-11-11t11:33:22.55-06:00
日期值: 2019-11-11
```

Python 提供了 yaml 模块用于 YAML 文件的解析，使用方法和函数名与 json 类似，即使用文件操作函数 open()打开文件，使用 safe_load()解析 YAML 文件（load()函数也可以使用，但不安全），使用 dump()保存 YAML 文件。

下面举两个导入 YAML 文件的例子，导出与操作 JSON 文件一致，因此不再赘述。

第一个例子是将上面展示的标量表示方式保存到 YAML 文件 data1.yml 中（YAML 一般以.yml 作为文件扩展名），我们使用 Python yaml 模块解析来看它们在 Python 中的表现方式。

```
In [1]: import yaml
In [2]: with open('files/chapter10/data1.yml', encoding='utf-8') as f:
   ...:     data = yaml.safe_load(f)
   ...:
In [3]: data
Out[3]:
{'字符串': 'name',
 '特殊': 'name\n',
 '数值': 3.14,
 '布尔值': True,
 '空值': None,
 '空值 2': None,
 '时间值': datetime.datetime(2019, 11, 11, 17, 33, 22, 550000),
 '日期值': datetime.date(2019, 11, 11)}
```

结果显示这是一个 Python 字典，每一行的内容都被转换为一个键值对。

第二个例子是观察一个嵌套键值对和数组的结果。

```
user1:
  type: user
  name: a
  password: 123
user2:
  type: user
  name: b
  password: 456
```

```
user3:
  type: group
  name:
    - aa
    - bb
    - cc
  password:
    - 123
    - 456
    - null
summary:
  - user1
  - user2
  - user3
```

上面我们虚构了一组简单的用户管理数据，用户 user1 和 user2 是个体用户，user3 是群组用户。

```
In [12]: with open('files/chapter10/data2.yml', encoding='utf-8') as f:
    ...:     data = yaml.safe_load(f)
    ...:

In [13]: data
Out[13]:
{'user1': {'type': 'user', 'name': 'a', 'password': 123},
 'user2': {'type': 'user', 'name': 'b', 'password': 456},
 'user3': {'type': 'group',
  'name': ['aa', 'bb', 'cc'],
  'password': [123, 456, None]},
 'summary': ['user1', 'user2', 'user3']}
```

对比上一节的 JSON，从视觉感官来看，JSON 和 YAML 都比较容易看懂，YAML 的写法更加易读，而 JSON 的写法更易与 Python 解析后展示的结果直观对应起来。可能就是这种差异让出处和用处相同的两者在实际应用方向上存在差异：JSON 常用于数据交换（机器解读），而 YAML 常用作配置文件（用户编辑）。

## 10.10 网页数据

网页数据的解析常与一个流行的领域——爬虫相关联。本书不会解读爬虫技术，但有必要简单介绍网页数据格式和简单的处理办法。

我们目前所浏览的网页全部是一种叫作超文本标记语言（HyperText Markup Language，HTML）的文件。超文本是一种组织信息的方式，包括一系列标签。通过这些标签可以将网络上的文档格式统一，文字、图表与其他信息媒体相关联。这些相互关联的信息媒体可能在同一文本中，也可能是其他文件，或是地理位置相距遥远的某台计算机上的文件。

如果我们在本地浏览 HTML 文件，它就是一个简单的带有各种标签的文本，必须在浏览器上运行，被浏览器解析才能观察到相应的网页效果。

下面是一个简单的 HTML 文件内容，它设定了一个网页的标题、内容标题和段落文字。

```
<!DOCTYPE html>
<html>
<head>
<meta charset="utf-8">
<title>一个网页</title>
</head>
<body>
    <h1>第一个标题</h1>
    <p>第一个段落。</p>
</body>
</html>
```

我们可以将它存储到一个以.html 作为文件扩展名的文件中，然后用浏览器打开它查看网页的显示效果。

虽然内容比较短，但我们可以从中发现 HTML 格式的规律，HTML 使用的大部分标签以<tag>的形式开始，以</tag>的形式结束，它的标签作用一般由对应的英文所展示，比较易于理解。

进一步，如果把这些标签想象为树的结构，可以得到以下信息：

```
html
|__ head
|    |__ title: 一个网页
|
|__ body
     |__ h1: 第一个标题
     |__ p: 第一个段落
```

当然，我们上网浏览的网页比这要复杂得多。在互联网中，HTML 树结构中存储着巨量的信息，数据分析人员有时不可避免地要解析它们。

Python 标准模块 html.parser 提供一个简单的 HTML 解析器，这个模块定义了一个 HTMLParser 类，该类的实例用来接受 HTML 数据，并在标记开始、标记结束、文本、注释和其他元素标记出现时调用对应的方法。要实现具体的行为，我们需要使用 HTMLParser 的子类并重载其方法。

下面是一个来自 Python 官方文档的示例：

```
In [1]: from html.parser import HTMLParser
   ...:
   ...: class MyHTMLParser(HTMLParser):
   ...:     def handle_starttag(self, tag, attrs):
   ...:         print("Encountered a start tag:", tag)
```

```
   ...:
   ...:     def handle_endtag(self, tag):
   ...:         print("Encountered an end tag :", tag)
   ...:
   ...:     def handle_data(self, data):
   ...:         print("Encountered some data  :", data)
   ...:
   ...: parser = MyHTMLParser()
   ...: parser.feed('<html><head><title>Test</title></head>'
   ...:             '<body><h1>Parse me!</h1></body></html>')
Encountered a start tag: html
Encountered a start tag: head
Encountered a start tag: title
Encountered some data  : Test
Encountered an end tag : title
Encountered an end tag : head
Encountered a start tag: body
Encountered a start tag: h1
Encountered some data  : Parse me!
Encountered an end tag : h1
Encountered an end tag : body
Encountered an end tag : html
```

我们试着用这个解析器解析上面的 HTML 文件。

```
In [2]: with open('files/chapter10/data.html', encoding='utf=8') as f:
   ...:     parser.feed(f.read())
   ...:
Encountered some data  :

Encountered a start tag: html
Encountered some data  :

Encountered a start tag: head
Encountered some data  :

Encountered a start tag: meta
Encountered some data  :

Encountered a start tag: title
Encountered some data  : 一个网页
Encountered an end tag : title
Encountered some data  :

Encountered an end tag : head
Encountered some data  :
```

```
Encountered a start tag: body
Encountered some data   :

Encountered a start tag: h1
Encountered some data   : 第一个标题
Encountered an end tag : h1
Encountered some data   :

Encountered a start tag: p
Encountered some data   : 第一个段落。
Encountered an end tag : p
Encountered some data   :

Encountered an end tag : body
Encountered some data   :

Encountered an end tag : html
Encountered some data   :
```

通过对上述程序增加判断语句，我们可以提取自己感兴趣的数据。对于 Python 初学者来说，会有更好的选择，那就是“大名鼎鼎”的 BeautifulSoup 包。

例如，要提取上面 h1 标签存储的信息：

```
In [3]: from bs4 import BeautifulSoup
In [4]: with open('files/chapter10/data.html', encoding='utf=8') as f:
   ...:     html_data = f.read()
In [5]: parsed_html = BeautifulSoup(html_data)   # 构建数据对象
In [6]: parsed_html.body.find('h1').text          # 查找 h1 并获取内容
Out[6]: '第一个标题'
```

爬虫技术和 BeautifulSoup 包的使用方法十分丰富，HTML 也是一门语言，本书限于篇幅，不做过多介绍。感兴趣的读者请到 BeautifulSoup 官方网站或自行查阅资料学习。

## 10.11 数据库数据

本节将简单介绍读写数据库。商业分析的工作者通常需要掌握数据库操作，而数据科学家们则较少使用数据库。

J.Martin 给出了一个比较完整的“数据库”定义：

数据库是将相关数据存储在一起的集合，这些数据是结构化的，无有害的或不必要的冗余，并为多种应用提供服务；数据的存储独立于使用它的程序；对数据库插入新数据，修改和检索原有数据均能按一种公用的和可控制的方式进行。当某个系统中存在结构上完全分开的若干个数据库时，则该系统包含一个“数据库集合”。

使用数据库可以带来许多好处，比如降低了数据的冗余度，从而大大地节省了数据的存储空间；实现数据资源的充分共享等。

数据库可以分为如下两类。

- 关系型数据库：指采用了关系模型来组织数据的数据库。关系模型指的是二维表格模型，一个关系型数据库就是由二维表及其之间的联系所组成的一个数据组织。简单地说，关系型数据库的数据格式就像含有多张紧密表格的 Excel 文件。当前主流的关系数据库有 Oracle、Microsoft SQL Server、MySQL、PostgreSQL、DB2、Microsoft Access、SQLite、Teradata、MariaDB、SAP 等。
- 非关系型数据库：指非关系型的、分布式的数据库。非关系型数据库以键值对存储，且结构不固定，每一个元组可以有不一样的字段，并可以根据需要增加一些自己的键值对，不局限于固定的结构，可以减少一些时间和空间开销，其实就是 JSON 格式。非关系数据库的主要代表有 Redis、Amazon DynamoDB、Memcached、Microsoft Azure Cosmos DB。

关系型数据库都需要通过 SQL 语句进行操作，结构化查询语言（Structured Query Language，SQL）是一种具有特定用途的编程语言，用于存取数据以及查询、更新和管理关系数据库系统。因此，关系型数据库通常被称为 SQL 数据库，而非关系型数据库被称为 NoSQL 数据库。SQL 的内容超出了本书范围，在此不做介绍。

大部分的数据库是由商业公司发布的，体积比较庞大，安装麻烦，而且有的需要收费。目前主流的是关系型数据库，下面选择 SQLite 进行学习。SQLite 是开源软件，实现了自给自足、无服务器、零配置、事务性的 SQL 数据库引擎，在全世界部署最为广泛。

在 Python 中使用 SQLite 需要 sqlite3 模块。下面的代码展示了创建（连接）数据库、创建游标、创建表格、对表格操作、提交修改、关闭数据库的整个流程。所有的数据库都遵循相似的操作流程。

```
# 导入模块
import sqlite3
# 连接数据库
connection = sqlite3.connect("data.db")
# 创建游标
crsr = connection.cursor()
# 对数据库使用 SQL 语句创建表格
sql_command = """CREATE TABLE emp (
staff_number INTEGER PRIMARY KEY,
fname VARCHAR(20),
lname VARCHAR(30),
gender CHAR(1),
joining DATE);"""
# 执行 SQL 语句
crsr.execute(sql_command)
# 使用 SQL 语句在表格中插入数据
sql_command = """INSERT INTO emp VALUES (23, "Rishabh", "Bansal", "M", "2014-03-28");"""
```

```
crsr.execute(sql_command)
# 再次插入数据
sql_command = """INSERT INTO emp VALUES (1, "Bill", "Gates", "M", "1980-10-28");"""
crsr.execute(sql_command)
# 提交修改到数据库（如果不执行该操作，上面的修改将不会保存）
connection.commit()
# 关闭数据库连接
connection.close()
```

现在我们已经创建数据并存储在数据库中，当需要使用这些数据时，就可以连接数据库并获取数据，下面展示了数据获取的流程。

```
# 导入模块
import sqlite3
# 连接 data 数据库
connection = sqlite3.connect("data.db")
# 创建游标
crsr = connection.cursor()
# 从表格 emp 中查询数据
crsr.execute("SELECT * FROM emp")
# 将数据存储到 ans 变量
ans= crsr.fetchall()
# 循环打印数据
for i in ans:
    print(i)
# 关闭数据库连接
connection.close()
```

不难看出，操作数据库有一个通用的模式。

- 导入需要的模块。
- 连接数据库。
- 创建游标对象。
- 执行数据操作，主要是执行 SQL 语句。
- 关闭数据库连接。

## 10.12 章末小结

本章从最广泛使用的数据文件格式 CSV 出发，逐步介绍了常见数据格式的导入方法。CSV 和 Excel 数据的导入操作是读者需要掌握的，而其他一些数据格式则需要读者根据自己的实际需求进行深入学习，本书所做的是初步介绍和引导。网络数据和数据库数据的处理很复杂，本书举例较为简单，使读者对这些数据有所了解。数据分析涉及各行各业，不同的读者在数据处理面对时的数据格式和数据结构特点可能有所不同，希望读者能够学习到与自己领域相关数据的导入方式，并对 Python 的处理能力有更清晰的认识。

# 第 11 章　数据分析工具箱

**本章内容提要：**

- 辅助函数与工具
- 作用域与求值计算
- 异常捕获
- 函数式编程
- 生成器与装饰器
- 正则表达式

本章涉及的内容比较广泛，主要介绍数据分析可能会利用到的工具函数和方法，以及 Python 高级编程相关的理论知识。

## 11.1 辅助函数与工具

### 11.1.1 序列解包

在 Python 中，可以同时进行多个赋值操作，这可以通过元组实现：

```
x, y, z = 1, 2, 3
print(x, y, z)
```

利用该方法可以交换多个变量：

```
temp = x
x = y
y = temp
```

精简后的代码如下：

```
x, y = y, x
```

这种特性叫作序列解包，将多个值的序列解开，然后放到左侧的变量序列中。当函数或方法返回元组（或其他可迭代对象）时，这个操作尤为有用。

```
# 获取一个元组结果
tup_res = func()
# 分别赋值
d = tup_res[0]
e = tup_res[1]
f = tup_res[2]
```

利用序列解包操作将上述代码精简如下：

```
def func():
    a = 1
    b = 2
    c = 3
    return a, b, c

# 序列解包操作:
# 将函数结果直接赋值到多个变量中
# 按顺序一一对应
# d <- a
# e <- b
# f <- c
d, e, f = func()
```

等号两侧元素数量要一致，否则会报错。序列解包操作提升了计算效率。

### 11.1.2　断言

与其让程序在晚些时候崩溃，不如在错误条件出现时使用 assert 语句直接让它崩溃，这样可以尽早锁定程序中的错误，节省时间和调试成本。

assert 会检查一个表达式，如果返回逻辑值 False，则会生成断言错误。assert 也可以带第二个参数，用来详细地描述错误。

```
In [1]: a = 10
In [2]: assert a > 10
---------------------------------------------------------------------------
AssertionError                            Traceback (most recent call last)
<ipython-input-2-92ef20669630> in <module>
----> 1 assert a > 10

AssertionError:

In [3]: assert a > 10, 'a 不大于 10'
---------------------------------------------------------------------------
AssertionError                            Traceback (most recent call last)
<ipython-input-3-d19bab11044a> in <module>
```

```
----> 1 assert a > 10, 'a 不大于 10'

AssertionError: a 不大于 10
```

我们一般将断言放到函数的开始部分用于检查输入是否合法，以及在函数调用后检查输出是否合法。

### 11.1.3 常用的字符串方法

本节主要通过代码示例简要介绍常用的字符串方法，其中一些函数在前面章节中使用过。

```
In [4]: print(", ".join(["spam", "eggs", "ham"]))  # 字符串拼接
spam, eggs, ham
In [5]: print("Hello ME".replace("ME", "world"))   # 字符串替换
Hello world
In [6]: print("This is a sentence.".startswith("This"))  # 判断字符串是否以 This 起始
True
In [7]: print("This is a sentence.".endswith("sentence."))  # 判断字符串是否以
sentence. 结束
True
In [8]: print("This is a sentence.".upper())  # 字母全部转换为大写
THIS IS A SENTENCE.
In [9]: print("THIS IS A SENTENCE.".lower())  # 字母全部转换为小写
this is a sentence.
In [10]: print("spam, eggs, ham".split())  # 字符串拆分
['spam,', 'eggs,', 'ham']
```

## 11.2 作用域与求值计算

### 11.2.1 作用域

在函数内部命名的变量不会影响函数外部的变量，也就是说，每个变量都有自己作用的范围。这不仅适用于函数，也适用于其他 Python 对象。

```
In [11]: x = 1
In [12]: scope = vars()
In [13]: scope['x']
Out[13]: 1
In [14]: scope['x'] += 2
In [15]: scope['x']
Out[15]: 3
In [16]: type(scope)
Out[16]: dict
```

上述代码在执行 x = 1 赋值语句后，符号 x 引用到值 1。这就像字典一样，键引用值。当然，变量和所对应的值用的是一个不可见的字典，实际上这已经很接近真实情况了。内建的

vars()函数可以用于返回字典，这个字典叫作命名空间或作用域。除了全局作用域外，每个函数调用都会创建一个新的作用域。

同名变量的存在导致了屏蔽问题：当局部变量名和全局变量名同名时，前者会屏蔽后者。在这种情况下，如果要使用全局变量，那么可以使用 globals()函数。globals()函数返回全局变量字典，而 locals()函数返回局部变量的字典。

```
In [26]: a = 10
In [27]: def masking():
    ...:     a = 1
    ...:     print(a)
    ...:     los = locals()
    ...:     glo = globals()
    ...:     print(los['a'])
    ...:     print(glo['a'])
    ...:

In [28]: masking()
1
1
10
```

使用代码 global x，可以将局部变量 x 声明为全局变量。

```
In [36]: a = 10
In [37]: def change_global():
    ...:     global a
    ...:     a = 5
    ...:

In [38]: change_global()
In [39]: a
Out[39]: 5
```

### 11.2.2　使用 exec()和 eval()执行计算

利用 exec()和 eval()函数可以实现从字符串中创建 Python 代码，用于动态编程。

```
In [40]: exec("print('Hello world')")
Hello world
```

但可能会干扰命名空间（作用域）。

```
In [41]: from math import sqrt
In [42]: exec('sqrt = 1')
In [43]: sqrt(4)
---------------------------------------------------------------------
TypeError                               Traceback (most recent call last)
<ipython-input-43-317e033d29d5> in <module>
----> 1 sqrt(4)
```

```
TypeError: 'int' object is not callable
```

上述代码报错的原因在于，我们在全局空间中创建了一个变量 sqrt 并赋值 1，它屏蔽了此前从 math 模块中导入的 sqrt 函数。

可以通过指定命名空间来避免上述问题。

```
In [44]: scope = {}
In [45]: exec('sqrt = 1', scope)
In [46]: scope['sqrt']
    ...: 1
Out[46]: 1
```

exec()函数会执行一系列 Python 语句，eval()函数计算以字符串形式书写的表达式，并返回结果值。

```
In [47]: eval('sqrt = 1')
Traceback (most recent call last):

  File "/home/shixiang/miniconda3/lib/python3.7/site-packages/IPython/core/
interactiveshell.py", line 3326, in run_code
    exec(code_obj, self.user_global_ns, self.user_ns)

  File "<ipython-input-47-e7321eeaf096>", line 1, in <module>
    eval('sqrt = 1')

  File "<string>", line 1
    sqrt = 1
         ^
SyntaxError: invalid syntax

In [48]: eval('sqrt + 3')
Out[48]: 4
```

eval()函数也可以使用命名空间。

```
In [48]: eval('sqrt + 3')
Out[48]: 4
In [49]: scope = {}
In [50]: scope['x'] = 3
In [51]: scope['y'] = 5
In [52]: eval('x * y', scope)
Out[52]: 15
```

## 11.3 异常的捕获和处理

### 11.3.1 捕获异常

在第 4 章中介绍了如何捕获异常，即使用 try...finally 读/写文件，确保无论发生什么，都要对文件进行关闭操作。本章会更加详细地介绍异常、异常捕获和处理的方法。

异常是不同的原因导致的出乎意料的结果，有以下几个常见类型。

- ImportError：导入失败。
- IndexError：索引超出序列范围。
- NameError：使用了未知的变量。
- SyntaxError：代码不能被正确解析。
- TypeError：函数参数输入了错误的数据类型。
- ValueError：函数调用正常，但返回值有问题。

当 Python 程序抛出这些异常后，我们能够通过异常类型理解其原因，困难之处在于如何锁定异常发生的位置以及对异常进行处理。对于小型程序和常见的数据分析任务，锁定异常的发生地点通常比较容易，一般通过逐行运行输入代码即可找到。下面主要介绍异常的处理。

处理异常的基本语句是 try/except，我们将可能产生异常的代码放入 try 语句块中，将处理语句放入 except 语句块中。如果运行代码时产生了异常，Python 会停止执行错误代码块，而跳转到执行 except 语句块。

下面看一个简单的例子：

```
try:
    num1 = 7
    num2 = 0
    print(num1 / num2)
    print("完成计算！")
except ZeroDivisionError:
    print("因为除以 0 导致错误！")
```

try 语句块中可以有多条不同的 except 语句用于处理不同的异常情况。另外，多种异常也可以通过括号放入单个 except 语句中：

```
try:
    var = 10
    print(var + "hello")
    print(var / 2)
except ZeroDivisionError:
    print("除数为 0！")
except (ValueError, TypeError):
    print("错误发生了！")
```

如果一条 except 语句没有指明任何的异常类型，那么所有的错误都将被捕获。注意，请尽量少用这样的操作，因为会捕获意想不到的错误并导致程序处理失败。

```
try:
    wd = "hello world"
    print(wd / 0)
except:
    print("发生了一个错误")
```

我们可以使用 finally 语句来保证无论发生什么错误，都会运行一些代码，如正确关闭文件。finally 语句放在 try/except 语句之后，无论前面执行了 try 语句块的代码，还是执行了 except 语句的代码，finally 语句总会被运行。

```
try:
    print("Hello World!")
    print(1 / 0)
except: ZeroDivisionError:
    print("不能被 0 整除！")
finally:
    print("无论上面干啥，我都会运行！")
```

### 11.3.2 产生异常

通过使用 raise 语句，可以生成异常信息。

```
print(1)
raise ValueError
print(2)
```

异常可以带描述性的参数：

```
name = '123'
raise NameError("Invalid name!")
```

在 except 语句块中，不带参数的 raise 语句可以用来重新生成已经发生的异常。

```
try:
    5 / 0
except:
    print("发生了一个异常")
    raise
```

## 11.4 函数式编程

函数式编程是一种以函数为基础的编程方式，函数的使用方法和其他对象基本一样，可以分配给变量、作为参数传递，以及从其他函数返回。Python 尽管不倚重函数，但也可以进行函数式程序设计。

### 11.4.1 高阶函数

函数式编程的一个关键部分是高阶函数。高阶函数以函数作为参数，或者以函数作为返回结果。

```
def do_twice(func, args):
    return fun(func(args))
```

```
def add_two(x):
    return x + 2

print(do_twice(add_two, 1))

def multiplier(factor):
    def multiplyByFactor(number):
        return number*factor
    return multiplyByFactor
```

函数式编程需要使用纯函数。纯函数没有副作用，且返回值只依赖于它的参数。

```
# Pure function
def pure_func(x, y):
    return x + y * x

# Impure function
# 这个函数改变了 a_list 的状态
# 所以不是纯函数
a_list = []
def impure_func(args):
    a_list.append(args)
```

使用纯函数的优点如下。

- 更容易推断和测试。
- 更高效。
- 更容易并行。

不过有时比较难写，有一些情况需要函数的副作用，而纯函数无法提供该特性。

lambda 表达式可以创建匿名函数，在第 8 章使用过。lambda 函数可以赋给变量，并可以像正常函数一样使用，但这种情况更适合使用 def 定义函数。

```
double = lambda x: x * 2
print(double(4))
```

### 11.4.2　常用的高阶函数

内置函数 map()、filter()和 reduce()都是常用的用于操作可迭代对象（如列表、元组）的高阶函数。

map()函数将序列中的元素全部传递给一个函数，并返回一个可迭代对象。

```
In [54]: def double(x):
    ...:     return x * 2
    ...:
    ...: data = [11, 22, 33, 44]
    ...: res = map(double, data)
```

```
    ...: print(list(res))
    ...:
[22, 44, 66, 88]
```

这里可以直接使用匿名函数：

```
In [55]: print(list(map(lambda x: x* 2, data)))
[22, 44, 66, 88]
```

filter()基于一个返回布尔值的函数对元素进行过滤：

```
In [56]: list(filter(lambda x: x % 2 == 0, data))
Out[56]: [22, 44]
```

reduce()可以对元素进行聚合：

```
In [3]: from functools import reduce
In [4]: def add(x, y):
   ...:     return x+y
   ...:

In [5]: reduce(add, [1,2,3,4,5])
Out[5]: 15
```

### 11.4.3 itertools 模块

itertools 是 Python 的一个标准库，提供了许多用于函数式编程的函数。

其中一类函数用于生成无限迭代器，包括 count()、cycle()和 repeat()。

- count()函数：从一个数开始计数到无限。
- cycle()函数：无限迭代一个可迭代对象（如列表或字符串）。
- repeat()函数：重复一个序列有限或无限次。

下面以 count()为例说明：

```
In [22]: for i in count(11):
    ...:     print(i)
    ...:     if i > 20:
    ...:         break
    ...:
11
12
13
14
15
16
17
18
19
20
```

```
21
```

上面代码输出了序列 11～21，因为是无限迭代器，所以需要通过 break 辅助跳出循环。

itertools 库中也有一些类似 map()和 filter()的函数，如 takewhile()函数用于从可迭代对象中根据预测函数提取元素，chain()函数用于将多个可迭代对象串联为一个，accumulate()函数用于对可迭代对象求和。示例代码如下：

```
In [23]: from itertools import chain, takewhile, accumulate
In [24]: list(chain(list(range(1,5)), list(range(6,10))))
Out[24]: [1, 2, 3, 4, 6, 7, 8, 9]
In [25]: nms = list(accumulate(range(20)))
In [26]: nms
Out[26]:
[0,
 1,
 3,
 6,
 10,
 15,
 21,
 28,
 36,
 45,
 55,
 66,
 78,
 91,
 105,
 120,
 136,
 153,
 171,
 190]
In [27]: print(list(takewhile(lambda x: x <= 10, nms)))
[0, 1, 3, 6, 10]
```

## 11.5 生成器与装饰器

### 11.5.1 生成器

生成器是一类像列表、元组的可迭代对象。与列表不同的是，生成器不支持索引，但同样可以使用 for 循环进行迭代（可迭代对象都可以使用 for 循环迭代，这是迭代器的一个特性）。

创建生成器的方式比较特别，需要使用函数和一个新的关键字 yield。下面以生成 1～9 序列为例。

```
In [1]: def range2(i):
   ...:     while i > 0:
   ...:         yield i
   ...:         i -= 1
   ...:
In [2]: for x in range2(9):
   ...:     print(x)
   ...:
9
8
7
6
5
4
3
2
1
In [3]: range2(9)
Out[3]: <generator object range2 at 0x7fde103f1f50>
In [4]: range(1, 10)
Out[4]: range(1, 10)
```

从 for 循环中的使用来看，生成器与列表和元组完全没有差别，但 range2()的结果与 range()是相似的，它们返回的是对象而非实际的序列。我们可以直接使用 list()显式地将生成器转换为列表。

```
In [5]: list(range(1, 10))
Out[5]: [1, 2, 3, 4, 5, 6, 7, 8, 9]

In [6]: list(range2(9))
Out[6]: [9, 8, 7, 6, 5, 4, 3, 2, 1]
```

读者可能会有点困惑，生成器和列表到底有什么区别呢？关键在于理解生成器的一个特性——惰性求值。再来观察 range2()函数：

```
def range2(i):
    while i > 0:
        yield i
        i -= 1
```

相比于直接返回要生成的序列，这里我们定义了计算下一个值的规则，即 i -= 1。在调用该生成器后，计算机不会立即执行所有的计算，而是存储该规则，等待我们需要时再执行，这一点可以利用 next()函数进行验证。

```
In [7]: a = range2(10)
In [8]: next(a)
```

```
Out[8]: 10
In [9]: next(a)
Out[9]: 9
```

这种按需计算的方式显著提升了计算性能，一方面生成器减少了内存的使用（文件不需要一次性读入），另一方面我们不必等待所有的序列生成后才开始使用。读者可能没有发现，文件的读取使用的就是生成器，open()函数读入的对象需要逐行存储或计算，并非一次性存储到内存中。

## 11.5.2　利用生成器读入大型数据集

open()函数本身就返回迭代器，易于我们创建生成器以读入大的数据集。下面的代码可以用于参考模板：

```
def read_large_file(file_object):
    """A generator function to read a large file lazily."""

    # 循环直到文件尾部
    while True:
        data = file_object.readline()
        if not data:
            break
        # 生成数据行
        yield data

with open('xxx.csv') as file:
    gen_file = read_large_file(file)

    # 打印文件的第一行
    print(next(gen_file))
```

Pandas 库的 read_csv()函数更方便，使用 chunksize 选项会生成 reader 生成器。

```
import pandas as pd
df_reader = pd.read_csv('xxx.csv', chunksize=10)
print(next(df_reader))
```

## 11.5.3　装饰器

装饰器是一种可以修饰（改）其他函数的函数，具有在不更改原函数的情况下拓展原函数的特性。例如，在一个函数调用运行前后添加信息输出。

我们创建一个函数 hello()代表实际的工作函数，创建装饰器 add_text()用来完成对 hello()的额外修饰。

```
In [16]: def add_text(func):
    ...:     def wrap():
```

```
   ...:         print("== This is head of function ==")
   ...:         func()
   ...:         print("== This is the end of function ==")
   ...:     return wrap
   ...:
   ...: def hello():
   ...:     print("Hello world!")
   ...:
```

下面增加对 hello()的修饰，看看会让它有什么不同。

```
In [17]: hello = add_text(hello)

In [18]: hello()
== This is head of function ==
Hello world!
== This is the end of function ==
```

运行时成功输出了我们在 add_text()中添加的信息。下面来关注装饰器的创建，从逻辑上看，它以一个函数作为输入，并在内部定义一个嵌套函数作为返回值。这样，当一个函数被作为参数传入时，该函数被重塑为一个新的函数 wrap()，并被作为结果返回，这样就完成了一个新函数的创建，但从外观来看，我们感觉到原函数被“修饰”了。

为了简化装饰器的分配，Python 允许在原函数定义前使用符号@指派装饰器，从而简化代码。

```
In [19]: def add_text(func):
   ...:     def wrap():
   ...:         print("== This is head of function ==")
   ...:         func()
   ...:         print("== This is the end of function ==")
   ...:     return wrap
   ...:
   ...: @add_text
   ...: def hello():
   ...:     print("Hello world!")
   ...:

In [20]: hello()
== This is head of function ==
Hello world!
== This is the end of function ==
```

## 11.6 正则表达式

正则表达式是一种用于操作字符串的强大工具。正则表达式是一种领域专属语言（Domain

Specific Language，DSL），意思是它以一种库的形式呈现在各类编程语言中，而不仅在 Python 中，这与结构化查询语句 SQL 是类似的。

正则表达式通常有两大用处。

- 验证字符串匹配某种模式，如验证邮箱格式、电话号码。
- 对字符串执行替换，如将美式英语转换为英式英语。

Python 提供了一个标准库 re 用于操作正则表达式。在定义好正则表达式后，函数 re.match()可以用来查看其是否匹配一个字符串的起始。如果匹配成功，则返回一个匹配对象；如果匹配失败，则返回 None。为了避免混淆，我们这里使用原生字符串 r'string'创建正则表达式。

```
In [1]: import re
In [2]: pattern = r'spam'
In [3]: if re.match(pattern, 'spamxxx'):
   ...:     print('匹配成功')
   ...: else:
   ...:     print('匹配失败')
   ...:
匹配成功
In [5]: print(re.match(pattern, 'xspamxx'))
None
```

函数 re.search()用于在字符串任意之处寻找匹配的模式，re.findall()寻找匹配一个模式的所有子串。

```
In [6]: print(re.search(pattern, 'xspamxx'))
<re.Match object; span=(1, 5), match='spam'>
In [7]: print(re.findall(pattern, 'xspamxxspamspam'))
['spam', 'spam', 'spam']
```

可以看到，上面 re.search()返回的结果是一个 Match 对象，有如下常用的方法可以获取匹配的信息。

```
In [8]: match = re.search(pattern, 'xspamxx')
In [9]: match.group()
Out[9]: 'spam'
In [10]: match.start()
Out[10]: 1
In [11]: match.end()
Out[11]: 5
In [12]: match.span()
Out[12]: (1, 5)
```

re 模块最常用的函数之一是 sub()，用于基于正则表达式实现字符串部分内容的替换。

```
In [13]: re.sub?
Signature: re.sub(pattern, repl, string, count=0, flags=0)
Docstring:
```

```
Return the string obtained by replacing the leftmost
non-overlapping occurrences of the pattern in string by the
replacement repl.  repl can be either a string or a callable;
if a string, backslash escapes in it are processed.  If it is
a callable, it's passed the Match object and must return
a replacement string to be used.
File:      ~/miniconda3/lib/python3.7/re.py
Type:      function
```

当不修改 count 时，默认会替换字符串中所有匹配的模式。

```
In [14]: to_sub = 'apple orange apple'
In [16]: re.sub(r'apple', 'juice', to_sub)
Out[16]: 'juice orange juice'
In [17]: re.sub(r'apple', 'juice', to_sub, count=1)
Out[17]: 'juice orange apple'
```

元字符是一类特殊的字符，在正则表达式中有特别的含义和用处，是正则表达式的核心，常用的元字符如下。

（1）锚定符

- ^ —— 用于锚定行首。
- $ —— 用于锚定行尾。

（2）数目符

- . —— 任意一个字符。
- ? —— 0 个或 1 个。
- + —— 一个或以上。
- * —— 任意个（包括 0 个）。
- {m, n} —— 至少 m 个，至多 n 个。

（3）可选符

- [abc] —— a、b、c 中任意一个。
- [^abc] ——不能是 a、b、c 中任意一个（即排除 a、b、c）。
- [a-z] —— 所有小写字母。
- [A-Z] —— 所有大写字母。
- [0-9] —— 所有数字。

锚定符用于定义正则表达式的起始和结尾。

```
In [22]: print(re.search(r'^apple', ' apple'))   # 限定必须以 a 起始
None
In [23]: print(re.search(r'apple$', 'apple '))   # 限定必须以 e 结束
None
In [24]: print(re.search(r'apple', ' apple'))
<re.Match object; span=(1, 6), match='apple'>
In [25]: print(re.search(r'apple', 'apple '))
```

```
<re.Match object; span=(0, 5), match='apple'>
```

数目符和可选符用于占位、筛选和模糊匹配。

```
In [26]: print(re.search(r'[a-z]', 'happy new year'))
<re.Match object; span=(0, 1), match='h'>
In [27]: print(re.search(r'[a-z]', 'HAPPY NEW YEAR'))
None
In [28]: print(re.search(r'[A-Z]', 'HAPPY NEW YEAR'))
<re.Match object; span=(0, 1), match='H'>
In [29]: print(re.search(r'[A-Za-z]', 'HAPPY new YEar'))
<re.Match object; span=(0, 1), match='H'>

In [30]: print(re.search(r'[A-Z]', 'happy new year'))
None
```

假设我们需要匹配 11 位的手机号码，格式如下：

```
TEL: 12345678912
```

正则表达式可以写为：

```
r'^TEL: [0-9]{11}$'
```

测试结果如下：

```
In [31]: print(re.match(r'^TEL: [0-9]{11}$', 'TEL: 12345678912'))
<re.Match object; span=(0, 16), match='TEL: 12345678912'>
In [32]: print(re.match(r'^TEL: [0-9]{11}$', 'TEL: 1234567891'))
None
In [33]: print(re.match(r'^TEL: [0-9]{11}$', 'TEL: 12345678912 '))
None
In [34]: print(re.match(r'^TEL: [0-9]{11}$', 'EL: 12345678912'))
None
In [35]: print(re.match(r'^TEL: [0-9]{11}$', 'TEL:12345678912'))
None
```

当我们第一次输入正确格式的数据时，返回了匹配；后面所有的字符串都有所不同，因此都不能匹配。

## 11.7 章末小结

本章以工具箱的方式讲解了一些 Python 编程的便利函数和操作技巧，包括异常捕获、函数式编程和正则表达式等。理解和掌握这些知识有助于读者更好地理解 Python，编写安全高效的代码。

# 第12章 Pandas进阶

**本章内容提要：**

- 深入 Pandas 数据结构
- 迭代与函数应用
- 数据清洗
- 简单可视化

本书在第8章和第10章分别介绍了Pandas的基本数据结构、操作和导入常见的数据文件。本章的内容将更加深入，除了介绍更多的数据类型外，还包含函数应用、数据清洗等数据处理的核心技能。

## 12.1 深入 Pandas 数据结构

### 12.1.1 回顾

首先来回顾和整理一下目前已接触到的Pandas的数据结构以及它们的联系。

NumPy 数组是 Pandas 数据结构的构成核心，用于存储数据值，常用的有一维和二维的ndarray。

```
In [1]: import numpy as np
In [2]: a = np.arange(9)
In [3]: a
Out[3]: array([0, 1, 2, 3, 4, 5, 6, 7, 8])
In [4]: b = np.arange(9).reshape((3, 3))
In [5]: b
Out[5]:
array([[0, 1, 2],
       [3, 4, 5],
```

```
        [6, 7, 8]])
```

Pandas 的 Series 是在一维 ndarray 的基础上添加了对数据含义的描述，即所谓的索引或标签。与 ndarray 本身所支持的整数索引所不同，Pandas 同时支持整数索引和字符索引。

默认情况下整数索引会被使用，而且是一个范围索引对象 RangeIndex，该对象减少了对内存的使用。例如，0～9 可以用起点 0、步长 1、终止点 10 加以表述，更大范围的数值也是如此。

```
In [6]: import pandas as pd
In [7]: pd.RangeIndex(10)
Out[7]: RangeIndex(start=0, stop=10, step=1)
```

下面代码确认了默认使用 RangeIndex：

```
In [8]: a_series = pd.Series([5, 7, 9])
In [9]: a_series.index
Out[9]: RangeIndex(start=0, stop=3, step=1)
```

Pandas 的特色在于对字符索引的支持，字符索引既可以明确数值含义，也可以建立映射关系，方便数据的访问、修改等操作。

加上字符索引，上面的 Series 便成为了 3 个用户某个属性的度量值。

```
In [10]: a_series = pd.Series([5, 7, 9], index = ['user1', 'user2', 'user3'])
In [11]: a_series
Out[11]:
user1    5
user2    7
user3    9
dtype: int64
```

不妨加个名字，将含义限定为信用得分。

```
In [12]: a_series = pd.Series([5, 7, 9], index = ['user1', 'user2', 'user3'],
name='credit_score')
In [13]: a_series
Out[13]:
user1    5
user2    7
user3    9
Name: credit_score, dtype: int64
```

这里 Series 只能表示用户的一种属性，经 DataFrame 进行了拓展，支持多种属性且不同属性的数据类型。这与工作中常见的表格数据完美地对应了起来。虽然数据的主体表现方式是一个矩阵，但与二维 ndarray 是完全不同的。

以下代码展示了一个典型的数据框，行一般用于表示独立的记录，如 student；列一般表示记录的相关属性，如 student 的 score 和 height。

```
In [14]: df = pd.DataFrame([[5, 166], [7, 178], [9, 160]],
    ...: index=['student1', 'student2', 'student3'], columns=['score', 'height'])
In [15]: df
Out[15]:
          score  height
student1      5     166
student2      7     178
student3      9     160
```

行索引依旧使用 index 描述，为了描述不同的列，DataFrame 引入了 column 属性值，这样两个维度的索引和数据含义的描述就对应了起来。

总结一下，Pandas 的数据结构由 NumPy 数组加上数据描述组成，其中：

- Series = 一维 ndarray + index
- DataFrame =多个一维 ndarray + index + column

上述知识可以归纳为一个比较形象的图形，如图 12-1 所示。

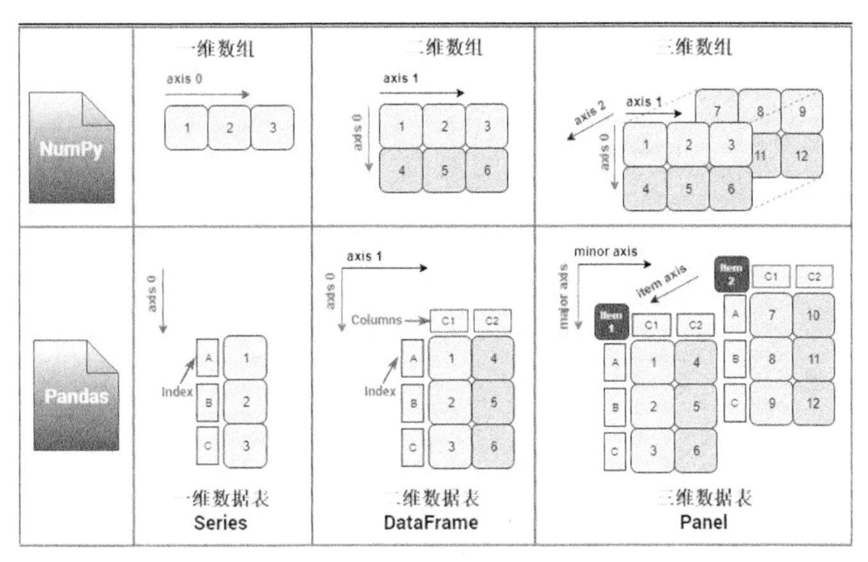


图 12-1　NumPy 数组与 Pandas 数据结构对比（图片来自网络）

## 12.1.2　分类变量

本节介绍一个新的数据类型——分类变量。分类有时也称为因子型变量（factor），用于表示重复的文本列。一些包含有限个元素的列常常出现在需要处理的数据中，如性别、国家、一些程序描述词（低、中、高）等。分类变量的元素是固定的，如性别只有男、女。分类变量有时可能有顺序，如低<中<高。

看到这里，读者可能对分类变量有了一个比较形象的理解：有序的集合。没错，它看起来就是如此。那么分类变量在数据分析时有什么用处呢？Pandas 库为什么要提供这样一个数据类型呢？

- 节省存储：分类变量在存储时是将字符串映射为整数值的，这大大节省了内存的使用。数据越大，效率越高。例如，有 10 万个 one、two、three，分类变量将它们映射为 1、2、3 进行存储，而不是实际的英文字符。
- 分类排序：例如有 3 个分类 one、two、three，我们需要绘制它们的频数条形图。我们可以使用分类变量按照自己的想法排列这 3 个分类，控制绘图时它们的排序。

创建分类变量有两种方法，一种是在创建 Pandas 的 Series 或 DataFrame 时指定数据类型 dtype 为 category，另一种是直接使用 Pandas 提供的构造器函数 Categorical()。

先看第一种办法：

```
In [16]: pd.Series(['a', 'a', 'b', 'c', 'b'], dtype='category')
Out[16]:
0    a
1    a
2    b
3    c
4    b
dtype: category
Categories (3, object): [a, b, c]
```

与不指定该参数值时的结果对比：

```
In [17]: pd.Series(['a', 'a', 'b', 'c', 'b'])
Out[17]:
0    a
1    a
2    b
3    c
4    b
dtype: object
```

两者的差别主要体现在 dtype 上，默认存储字符使用的是 object 类型，当 dtype 指定为 category 后，Pandas 将 5 个字符转换具有 3 个唯一值[a, b, c]的类别。也就是说，这个生成的 Series 存储的数据是从[a, b, c]中重复抽样的结果。

再看使用第二种方法构造分类变量：

```
In [2]: pd.Categorical(['a', 'a', 'b', 'c', 'b'])
Out[2]:
[a, a, b, c, b]
Categories (3, object): [a, b, c]
```

函数文档中显示，我们可以自定义类别以及是否排序。

```
pd.Categorical(
    values,
    categories=None,
    ordered=None,
```

```
    dtype=None,
    fastpath=False,
)
```

我们试一试：

```
In [6]: pd.Categorical(['a', 'a', 'b', 'c', 'b'], categories=['a', 'c'])
Out[6]:
[a, a, NaN, c, NaN]
Categories (2, object): [a, c]

In [7]: pd.Categorical(['a', 'a', 'b', 'c', 'b'], ordered=True)
Out[7]:
[a, a, b, c, b]
Categories (3, object): [a < b < c]
```

第一部分代码中指定了合法的类别是"a"和"c"，所以其他的字母都会被转换为 NaN 值。第二部分代码的结果显示了不仅有 3 个类别，还存在 a < b < c 的顺序关系。

对于分类数据，一个常见的需求是获取元素的频数或频率，这可以通过 describe()方法实现。

```
In [9]: cts = pd.Categorical(['a', 'a', 'b', 'c', 'b'], ordered=True)
In [10]: cts.describe()
Out[10]:
            counts  freqs
categories
a                2    0.4
b                2    0.4
c                1    0.2
```

该对象的类别也是有用的，可以通过对象的属性值 categories 获取。

```
In [11]: cts.categories
Out[11]: Index(['a', 'b', 'c'], dtype='object')
```

另外，ordered 属性可以给出对象是否经过排序，返回一个布尔值。

```
In [12]: cts.ordered
Out[12]: True
```

对分类对象常见的操作有重命名、新增、删除和比较，下面举例介绍。

分类信息存储在对象的 categories 属性中，重写该属性即可重命名类别。

```
In [13]: cts_new = cts.copy()
In [14]: cts_new.categories = ['aa', 'bb', 'cc']
In [15]: cts
Out[15]:
[a, a, b, c, b]
Categories (3, object): [a < b < c]
In [16]: cts_new
```

```
Out[16]:
[aa, aa, bb, cc, bb]
Categories (3, object): [aa < bb < cc]
```

输出中显示所有的元素都被替换了，这是一个非常有用的特性。

使用 add_categories()方法可以实现增加新的类别，新的类别会被添加到最后。

```
In [17]: cts_new.add_categories(['ff'])
Out[17]:
[aa, aa, bb, cc, bb]
Categories (4, object): [aa < bb < cc < ff]
```

删除类别后，原有的值会被 NaN 值替代：

```
In [19]: cts_new.remove_categories("bb")
Out[19]:
[aa, aa, NaN, cc, NaN]
Categories (2, object): [aa < cc]
```

在对象有序时，分类对象的比较更有用。

```
In [23]: cts
Out[23]:
[a, a, b, c, b]
Categories (3, object): [a < b < c]

In [24]: cts2 = pd.Categorical(['b', 'c', 'a', 'a'], ordered=True)
In [25]: cts > cts2
---------------------------------------------------------------------------
ValueError                                Traceback (most recent call last)
<ipython-input-25-d954cff14835> in <module>
----> 1 cts > cts2

~/miniconda3/lib/python3.7/site-packages/pandas/core/arrays/categorical.py in f(self,
 other)
    113                 other_codes = other._codes
    114
--> 115             mask = (self._codes == -1) | (other_codes == -1)
    116             f = getattr(self._codes, op)
    117             ret = f(other_codes)

ValueError: operands could not be broadcast together with shapes (5,) (4,)
In [26]: cts2 = pd.Categorical(['b', 'c', 'a', 'a', 'a'], ordered=True)
In [27]: cts > cts2
Out[27]: array([False, False,  True,  True,  True])
```

当两个对象都是分类对象时，注意长度一定要一致，并且设定的类别一致。

当其中一个对象是标量时，计算会自动进行广播。

```
In [28]: cts > 'b'
Out[28]: array([False, False, False,  True, False])
```

读者可以自行尝试其他对比类型。

### 12.1.3　时间序列

数据的生成和采集往往是连续的过程，这离不开时间的积累。

时间序列即按时间顺序组成的数据序列，它展示了数据变化的趋势、可能的周期性和规律性。时间序列分析的主要目的是根据已有的历史数据寻找规律、建立模型，用来预测未来的数据值。这种类型的分析常用于金融领域，Pandas 的创建最初就是为了处理金融数据，因此提供了时间日期对象和丰富的时序分析功能特性。

#### 1. 时间日期

Python 的标准库提供对日期和时间的支持，例如，我们可以使用下面的代码计算当前的时间戳：

```
In [32]: import time
In [33]: time.time()
Out[33]: 1576340722.0232272
```

时间戳以 1970 年 1 月 1 日零点后经过的时长来表示。

时间戳单位最适合做日期运算，但是 1970 年之前的日期无法以此表示，未来太遥远的日期也不可以，Linux、macOS 和 Windows 系统只支持到 2038 年。

将时间戳传递给 localtime()函数，我们可以获得可读的时间记录。

```
In [34]: time.localtime(time.time())
Out[34]: time.struct_time(tm_year=2019, tm_mon=12, tm_mday=15, tm_hour=10, tm_min=6,
tm_sec=45, tm_wday=6, tm_yda
y=349, tm_isdst=0)
```

将上述代码传为 asctime() 的参数，获得更为简要的时间表示。

```
In [36]: time.asctime(time.localtime(time.time()))
Out[36]: 'Sun Dec 15 10:09:29 2019'
```

#### 2. 时间日期格式化符号

上面代码的结果是按照星期、日期、时间、年份的形式输出的，很多时候需要我们自己格式化时间日期的显示，因此有必要了解相关的格式化符号，这在所有与时间日期有关的 Python 包或其他编程语言中是通用的。

常用的格式化符号汇总如表 12-1 所示。

表 12-1 常用的格式化符号

| 符号 | 含义 |
| --- | --- |
| %y | 两位数的年份表示（00～99） |
| %Y | 四位数的年份表示（0000～9999） |
| %m | 月份（01～12） |
| %d | 月内中的一天（0～31） |
| %H | 24 小时制小时数（0～23） |
| %I | 12 小时制小时数（01～12） |
| %M | 分钟数（00～59） |
| %S | 秒（00～59） |
| %a | 简化的星期名称 |
| %A | 完整的星期名称 |
| %b | 简化的月份名称 |
| %B | 完整的月份名称 |
| %c | 本地相应的日期表示和时间表示 |
| %j | 一年中的一天（001～366） |
| %p | 本地 A.M.或 P.M.的等价符 |
| %U | 一年中的星期数（00～53），星期天为星期的开始 |
| %w | 星期（0～6），星期天为星期的开始 |
| %W | 一年中的星期数（00～53），星期一为星期的开始 |
| %x | 本地相应的日期表示 |
| %X | 本地相应的时间表示 |
| %Z | 当前时区的名称 |
| %% | %号本身 |

time 模块提供了 strftime()函数用于格式化。

举例说明，以年、月、日时间的顺序输出当前时间日期，该格式是最常见的格式。

```
In [37]: time.strftime("%Y-%m-%d %H:%M:%S", time.localtime())
Out[37]: '2019-12-15 10:28:23'
```

### 3. datetime 模块

datetime 模块也是 Python 提供的标准库，在分析中更为常用。该模块提供了 4 个主要的类，用于表示时间日期及其变化。

- time：只包含时、分、秒、微秒等信息。
- date：只包含年、月、日、星期等信息。
- datetime：包含上述两种信息。
- timedelta：表示 datetime 之间差值的类。

这里我们仅介绍最常见的时间日期表示，更为详细的内容请读者阅读官方文档。

时间表示一般分为本地时间和世界标准时，也可以用时间戳，但可读性很差。

```
In [39]: now = datetime.datetime.now()   # 当前本地时间
In [40]: now
Out[40]: datetime.datetime(2019, 12, 15, 10, 34, 54, 516482)
In [41]: utc = datetime.datetime.utcnow()   # 当前世界标准时
In [42]: utc
Out[42]: datetime.datetime(2019, 12, 15, 2, 35, 18, 609633)
In [45]: now.timestamp()   # 当前时间戳
Out[45]: 1576377294.516482
```

调用 strftime()方法可以格式化字符串（注意，在 time 模块中使用的是同名函数）。

```
In [46]: now.strftime("%Y-%m-%d %H:%M:%S")
Out[46]: '2019-12-15 10:34:54'
```

时间差也比较常用，直接将两个 datetime 对象相减即可，返回的是相差的秒数和微秒数。另外，也可以直接通过对应的属性值访问。

```
In [47]: now2 = datetime.datetime.now()
In [48]: now2 - now
Out[48]: datetime.timedelta(seconds=486, microseconds=231216)
In [49]: td = now2 - now
In [52]: td.seconds
Out[52]: 486
```

由于 datetime 模块比较好用，因此 Pandas 库直接将其引入作为一个子模块。

下面代码为调用 datetime 子模块的 now()函数，得到的是一个 datetime 对象。

```
In [55]: pd.datetime.now()
Out[55]: datetime.datetime(2019, 12, 15, 10, 47, 58, 642985)
```

#### 4. Pandas 日期序列

在处理时间日期数据时，我们经常需要生成日期序列以及转换不同的日期频率（季度、月份、周等），Pandas 库在这方面提供了相关的功能特性。

使用 date_range()函数可以创建日期序列，默认的频率是天。

```
In [56]: pd.date_range('20190101', periods=7)
Out[56]:
DatetimeIndex(['2019-01-01', '2019-01-02', '2019-01-03', '2019-01-04',
               '2019-01-05', '2019-01-06', '2019-01-07'],
              dtype='datetime64[ns]', freq='D')
```

D 是 Day 的缩写。我们可以更改日期的频率，比如改为月。

```
In [58]: pd.date_range('20190101', periods=7, freq='M')
Out[58]:
DatetimeIndex(['2019-01-31', '2019-02-28', '2019-03-31', '2019-04-30',
               '2019-05-31', '2019-06-30', '2019-07-31'],
```

```
             dtype='datetime64[ns]', freq='M')
```

商业分析中通常只使用工作日，可以使用 bdate_range()生成序列，会自动跳过周末。

```
In [59]: pd.bdate_range('20190101', periods=7)
Out[59]:
DatetimeIndex(['2019-01-01', '2019-01-02', '2019-01-03', '2019-01-04',
               '2019-01-07', '2019-01-08', '2019-01-09'],
              dtype='datetime64[ns]', freq='B')
```

此时输出结果显示频率是 B（Business 的首字母）。在生成的序列中，1 月 5 日和 6 日被自动跳过了。

### 5. 时间差

Pandas 库提供了 Timedelta 类来表示时间差异，相比于 datetime 模块提供的函数，Timedelta 类更加灵活且功能丰富。

可以直接传入具有描述性的英文语句，会被 Pandas 自动解析。

```
In [60]: pd.Timedelta('1 days 2 hours 3 minutes 4 seconds')
Out[60]: Timedelta('1 days 02:03:04')
```

也可以使用整数值，并指定时间差的单位来生成 Timedelta 对象。

```
In [61]: pd.Timedelta(10, unit='h')
Out[61]: Timedelta('0 days 10:00:00')
```

还可以传入关键字参数表示时间的频率。

```
In [64]: pd.Timedelta(days=10)
Out[64]: Timedelta('10 days 00:00:00')
In [65]: pd.Timedelta(hours=10)
Out[65]: Timedelta('0 days 10:00:00')
In [66]: pd.Timedelta(minutes=10)
Out[66]: Timedelta('0 days 00:10:00')
```

Timedelta 对象常用于时间的加减运算中，运算支持自动广播，示例如下。

```
In [67]: pd.date_range('20190101', periods=7)
Out[67]:
DatetimeIndex(['2019-01-01', '2019-01-02', '2019-01-03', '2019-01-04',
               '2019-01-05', '2019-01-06', '2019-01-07'],
              dtype='datetime64[ns]', freq='D')
In [68]: pd.date_range('20190101', periods=7) + pd.Timedelta(hours=10)
Out[68]:
DatetimeIndex(['2019-01-01 10:00:00', '2019-01-02 10:00:00',
               '2019-01-03 10:00:00', '2019-01-04 10:00:00',
               '2019-01-05 10:00:00', '2019-01-06 10:00:00',
               '2019-01-07 10:00:00'],
```

```
              dtype='datetime64[ns]', freq='D')
In [69]: pd.date_range('20190101', periods=7) - pd.Timedelta(hours=10)
Out[69]:
DatetimeIndex(['2018-12-31 14:00:00', '2019-01-01 14:00:00',
               '2019-01-02 14:00:00', '2019-01-03 14:00:00',
               '2019-01-04 14:00:00', '2019-01-05 14:00:00',
               '2019-01-06 14:00:00'],
              dtype='datetime64[ns]', freq='D')
```

# 12.2 迭代与函数应用

## 12.2.1 迭代

Pandas 对象之间的基本迭代的行为取决于数据类型。当迭代一个 Series 对象时，它被视为数组，迭代会逐一使用元素值。DataFrame 遵循类似的规则迭代对象的列标签。

下面分别生成一个 Series 和 DataFrame 对象。

```
In [74]: s = pd.Series(['a', 'b', 'c'])
In [75]: df = df = {'姓名': ['小明','小王','小张'], '语文':[80,85,90], '数学':[99,88,86]}
In [76]: df = pd.DataFrame(df)
In [77]: s
Out[77]:
0    a
1    b
2    c
dtype: object
In [78]: df
Out[78]:
   姓名  语文  数学
0  小明  80  99
1  小王  85  88
2  小张  90  86
```

用 for 循环迭代两个对象：

```
In [80]: for i in s:
    ...:     print(i)
    ...:
a
b
c
In [81]: for i in df:
    ...:     print(i)
    ...:
姓名
语文
数学
```

从结果中可以看出，的确如前面所说，Series 对象和 DataFrame 对象的 for 循环差别很大。当我们需要迭代 Series 对象的索引时，可以通过 index 属性访问。

```
In [82]: for i in s.index:
    ...:     print(i)
    ...:
0
1
2
```

迭代 DataFrame 的需求通常不只是获取列标签，还有对内容进行迭代，具体有以下 3 种方法。

- iteritems()：迭代键值对。
- iterrows()：将行迭代为索引 Series 对。
- itertuples()：以命名元组的形式迭代行。

首先来看第一种方法：

```
In [84]: for key, value in df.iteritems():
    ...:     print(key, value)
    ...:
姓名 0    小明
1    小王
2    小张
Name: 姓名, dtype: object
语文 0    80
1    85
2    90
Name: 语文, dtype: int64
数学 0    99
1    88
2    86
Name: 数学, dtype: int64
In [85]: for key, value in df.iteritems():
    ...:     print(type(value))
    ...:
<class 'pandas.core.series.Series'>
<class 'pandas.core.series.Series'>
<class 'pandas.core.series.Series'>
```

iteritems()方法以 DataFrame 的列标签为键、以列值为值进行迭代，每一个值都是 Series 对象。

再来看第二种方法：

```
In [87]: for key, value in df.iterrows():
    ...:     print(key, value)
    ...:
```

```
0 姓名    小明
语文    80
数学    99
Name: 0, dtype: object
1 姓名    小王
语文    85
数学    88
Name: 1, dtype: object
2 姓名    小张
语文    90
数学    86
Name: 2, dtype: object
In [88]: for row, value in df.iterrows():
    ...:     print(type(value))
    ...:
<class 'pandas.core.series.Series'>
<class 'pandas.core.series.Series'>
<class 'pandas.core.series.Series'>
```

iterrows()方法的结果也是 Series 对象，以 DataFrame 的列标签作为索引。需要注意的是，此时由于每一行是一个 Series 对象，之前 DataFrame 每列的数据类型会自动强制转换，因此当前每一个 Series 都是字符对象 object。

最后看第三种方法：

```
In [89]: for key, value in df.itertuples():
    ...:     print(key, value)
    ...:
---------------------------------------------------------------------------
ValueError                                Traceback (most recent call last)
<ipython-input-89-6b42ad46ae68> in <module>
----> 1 for key, value in df.itertuples():
      2     print(key, value)
      3

ValueError: too many values to unpack (expected 2)

In [90]: for value in df.itertuples():
    ...:     print(value)
    ...:
Pandas(Index=0, 姓名='小明', 语文=80, 数学=99)
Pandas(Index=1, 姓名='小王', 语文=85, 数学=88)
Pandas(Index=2, 姓名='小张', 语文=90, 数学=86)

In [91]: for value in df.itertuples():
    ...:     print(type(value))
    ...:
```

```
<class 'pandas.core.frame.Pandas'>
<class 'pandas.core.frame.Pandas'>
<class 'pandas.core.frame.Pandas'>
```

当使用与前两个方法类似的操作时，程序报错了，原因是该方法生成的每一个元素都是一个类名为 Pandas 的独立元组。我们可以使用 tuple()将其转换为 Python 内置的元组对象。

```
In [92]: for value in df.itertuples():
    ...:     print(tuple(value))
    ...:
(0, '小明', 80, 99)
(1, '小王', 85, 88)
(2, '小张', 90, 86)
```

### 12.2.2　函数应用

针对 DataFrame 对象，一般有 3 个不同层面的操作：一是整个 DataFrame，二是按行或按列，三是每一个元素。如果我们想要将包/库提供的函数应用到 DataFrame 上，有 3 种相应的方法，分别是 pipe()、apply()和 applymap()。

也可以使用 Series 对象，不过此处内容聚焦于 DataFrame 对象的操作。

#### 1. pipe()

pipe()是表格级别的函数应用，首先定义一个乘法器。

```
In [97]: def timer(e1, e2):
    ...:     return(e1*e2)
    ...:
```

创建用于示例的 DataFrame 对象：

```
In [98]: df1 = pd.DataFrame(6*np.random.randn(6, 3), columns=['col1', 'col2', 'col3'])
In [99]: df1
Out[99]:
        col1      col2       col3
0  -2.327459  4.391074   8.796776
1   3.736191  2.711543 -11.112365
2  -5.686908 -0.246942  -0.692201
3   4.060646  9.178073   1.355170
4  10.171053 -3.417467   0.447833
5  -7.363384 -0.176782  -6.391243
```

使用 pipe()调用该上述定义的乘法器，对 df1 乘以 10。

```
In [100]: df1.pipe(timer, 10)
Out[100]:
         col1        col2         col3
```

```
0  -23.274593  43.910736   87.967759
1   37.361914  27.115432 -111.123654
2  -56.869085  -2.469423   -6.922007
3   40.606458  91.780725   13.551700
4  101.710534 -34.174668    4.478325
5  -73.633838  -1.767825  -63.912430
```

这里 10 自动进行了广播拓展到 df1 相同的大小再进行运算，传入 pipe()的第二个参数也可以是相同大小的 DataFrame。

```
In [103]: df1.pipe(timer, pd.DataFrame(6*np.random.randn(6, 3), columns=['col1', 'col2',
'col3']))
Out[103]:
        col1        col2       col3
0   5.756520  -26.905602  21.285264
1  20.548535  -10.953445 -99.671865
2  -2.653793    1.188218   2.159359
3  15.746131  225.602231  13.177158
4  95.979467   -1.891072   0.294889
5  14.734334    0.651522  27.829243
```

pipe()函数的实用性并不强，由于广播机制的存在，我们完全可以直接使用运算符达到相同的目的。

```
In [104]: df1 * 10
Out[104]:
         col1       col2        col3
0  -23.274593  43.910736   87.967759
1   37.361914  27.115432 -111.123654
2  -56.869085  -2.469423   -6.922007
3   40.606458  91.780725   13.551700
4  101.710534 -34.174668    4.478325
5  -73.633838  -1.767825  -63.912430
In [105]: df1 * df1
Out[105]:
         col1       col2        col3
0    5.417067  19.281527   77.383267
1   13.959126   7.352467  123.484665
2   32.340928   0.060981    0.479142
3   16.488844  84.237015    1.836486
4  103.450327  11.679079    0.200554
5   54.219421   0.031252   40.847987
```

### 2. apply()

apply()是 3 个方法中最常用和实用的，可以对列或行进行函数应用。在默认情况下，apply()对列进行操作。

仍然使用上面的数据和函数，目的也一样，对每列乘以 10。

```
In [114]: df1.apply(timer, axis=0, e2=10)
Out[114]:
         col1       col2        col3
0  -23.274593  43.910736   87.967759
1   37.361914  27.115432 -111.123654
2  -56.869085  -2.469423   -6.922007
3   40.606458  91.780725   13.551700
4  101.710534 -34.174668    4.478325
5  -73.633838  -1.767825  -63.912430
```

这里 df1 被 apply()传入为 timer()函数的第一个参数，第二个参数必须用关键字参数指定。
我们可以指定 apply()应用于特定的列或行，实际上此时就是 Series 对象使用 apply()。
例如，只操作第 3 列或第 3 行。

```
In [123]: df1.iloc[:,2].apply(timer, e2=10)
Out[123]:
0     87.967759
1   -111.123654
2     -6.922007
3     13.551700
4      4.478325
5    -63.912430
Name: col3, dtype: float64

In [124]: df1.iloc[2,].apply(timer, e2=10)
Out[124]:
col1   -56.869085
col2    -2.469423
col3    -6.922007
Name: 2, dtype: float64
```

### 3. applymap()

applymap()实现元素级别的应用，也完全可以做到 pipe()的示例结果。
这里我们直接调用匿名函数，更加方便快捷。

```
In [125]: df1.applymap(lambda x: 10 * x)
Out[125]:
         col1       col2        col3
0  -23.274593  43.910736   87.967759
1   37.361914  27.115432 -111.123654
2  -56.869085  -2.469423   -6.922007
3   40.606458  91.780725   13.551700
4  101.710534 -34.174668    4.478325
5  -73.633838  -1.767825  -63.912430
```

但这体现不出该方法的优势，applymap()在对所有元素做选择性操作时才是最有价值的。

例如，对 df1 中小于 0 的数取平方，大于 0 的数加 10。

```
In [126]: df1.applymap(lambda x: x ** 2 if x < 0 else x + 10)
Out[126]:
        col1       col2        col3
0   5.417067  14.391074   18.796776
1  13.736191  12.711543  123.484665
2  32.340928   0.060981    0.479142
3  14.060646  19.178073   11.355170
4  20.171053  11.679079   10.447833
5  54.219421   0.031252   40.847987
```

### 12.2.3 字符串函数

除了数值计算，数据分析也常用于处理文本数据，字符串函数在其中的作用重大。Pandas 库为文本数据提供了字符属性，便于利用 Python 内置字符串函数同名方法进行操作。

本节将对常见的字符串操作函数进行举例，最后在表格中汇总。

首先构建一个样例数据。

```
In [127]: sample_data = pd.Series(['Mike', 'Shixiang', np.nan, '012345', 'HAPPY',
'hurry'])
In [128]: sample_data
Out[128]:
0        Mike
1    Shixiang
2         NaN
3      012345
4       HAPPY
5       hurry
dtype: object
```

使用字符串方法前需要访问 str 属性。

#### 1. lower()

lower()方法用于将所有字母变为小写。

```
In [129]: sample_data.str.lower()
Out[129]:
0        mike
1    shixiang
2         NaN
3      012345
4       happy
5       hurry
```

```
dtype: object
```

### 2. upper()

upper()方法的作用与 lower()相反。

```
In [130]: sample_data.str.upper()
Out[130]:
0        MIKE
1    SHIXIANG
2         NaN
3      012345
4       HAPPY
5       HURRY
dtype: object
```

### 3. len()

len()方法用于获取字符长度。

```
In [131]: sample_data.str.len()
Out[131]:
0    4.0
1    8.0
2    NaN
3    6.0
4    5.0
5    5.0
dtype: float64
```

### 4. replace()

replace()方法用于替换字符串。

```
In [132]: sample_data.str.replace('H', 'YY')
Out[132]:
0        Mike
1    Shixiang
2         NaN
3      012345
4      YYAPPY
5       hurry
dtype: object
```

### 5. count()

count()方法用于对指定字符进行计数。

```
In [133]: sample_data.str.count('a')
Out[133]:
0    0.0
1    1.0
2    NaN
3    0.0
4    0.0
5    0.0
dtype: float64
```

### 6. swapcase()

swapcase()方法用于转换字母大小写。

```
In [134]: sample_data.str.swapcase()
Out[134]:
0        mIKE
1    sHIXIANG
2         NaN
3      012345
4       happy
5       HURRY
dtype: object
```

其他字符串操作函数不再一一列举，具体见表 12-2。

表 12-2　其他字符串操作函数

| 方法 | 描述 |
| --- | --- |
| lower() | 将 Series/Index 中的字符串转换为小写 |
| upper() | 将 Series/Index 中的字符串转换为大写 |
| len() | 计算字符串长度 |
| strip() | 从两侧的系列/索引中的每个字符串中删除空格（包括换行符） |
| split(' ') | 使用给定的模式拆分每个字符串 |
| cat(sep=' ') | 使用给定的分隔符连接系列/索引元素 |
| get_dummies() | 返回具有单热编码值的 DataFrame |
| contains(pattern) | 如果元素中包含子字符串，则返回每个元素的布尔值 True，否则为 False |
| replace(a,b) | 将字符 a 替换为值 b |
| repeat(value) | 重复每个元素指定的次数 |
| count(pattern) | 返回模式中每个元素的出现总次数 |
| startswith(pattern) | 如果系列/索引中的元素以模式开始，则返回 True |
| endswith(pattern) | 如果系列/索引中的元素以模式结束，则返回 True |
| find(pattern) | 返回模式第一次出现的位置 |
| findall(pattern) | 返回模式的所有出现的列表 |

续表

| 方法 | 描述 |
|---|---|
| swapcase() | 变换字母大小写 |
| islower() | 检查系列/索引中每个字符串中的所有字符是否为小写，返回布尔值 |
| isupper() | 检查系列/索引中每个字符串中的所有字符是否为大写，返回布尔值 |
| isnumeric() | 检查系列/索引中每个字符串中的所有字符是否为数字，返回布尔值 |

### 12.2.4　分组计算

分组计算提供了一种十分强大的汇总技术，主要分为 3 个步骤：拆分、应用和合并。

apply()函数用于对某列或行进行数值计算，在实际情况下，我们可能需要根据表格的某一列分组，然后分别计算每个组别中其他列的汇总值，如和、均值。

Pandas 提供了 groupby()函数来完成上面的需求。

下面看一个来自 Pandas 官方文档的示例，计算不同动物最大速度的均值。

```
df = pd.DataFrame({'Animal': ['Falcon', 'Falcon',
                              'Parrot', 'Parrot'],
                   'Max Speed': [380., 370., 24., 26.]})
In [136]: df
Out[136]:
   Animal  Max Speed
0  Falcon      380.0
1  Falcon      370.0
2  Parrot       24.0
3  Parrot       26.0

In [137]: df.groupby(['Animal']).mean()
Out[137]:
        Max Speed
Animal
Falcon      375.0
Parrot       25.0
```

数据虽然很简单，但足以帮助我们理解其中的操作方法，其核心步骤如下。

- 拆分：将 DataFrame 按照 Animal 分为两个子 DataFrame。
- 应用：计算两个子 DataFrame 的速度列的均值函数，得到汇总值。
- 合并：将分组计算的结果合并起来。

## 12.3　数据清洗

作为一名数据工作者，大部分的时间不是花在数据的转换和计算上，而是花在数据清洗上。由于原始数据的来源不一致、数据记录的人力物力投入不平衡、数据存储格式的设计不相同等各种原因，数据的缺失、不规整是不可避免的问题。特别是在当前流行的机器学习和数据挖掘等领域，质量参差不齐的数据导致模型预测面临低准确性和低可拓展性的问题。

## 12.3.1 缺失值处理

当数据记录缺失时，一般用 NA（Not Available）值表示，NA 值处理时数据清洗的重点。由计算引入的 NaN（Not a Number）也可以归入缺失值。

下面生成一个简单的缺失值数据。

```
In [138]: df = pd.DataFrame(np.random.randn(4, 4), index = ['user1', 'user2', 'user3',
'user4'], columns=['c
     ...: ol1', 'col2', 'col3', 'col4'])
In [139]: df
Out[139]:
           col1      col2      col3      col4
user1  0.368869  1.021476 -0.771651 -1.908077
user2  0.023887  0.799769 -0.230265 -0.800586
user3 -0.139025 -0.032772  1.078525 -1.453405
user4 -1.042709  1.022162 -0.686548 -1.497647
In [141]: df = df.reindex(['user0', 'user1', 'user2', 'user3', 'user4', 'user5'])
In [142]: df
Out[142]:
           col1      col2      col3      col4
user0       NaN       NaN       NaN       NaN
user1  0.368869  1.021476 -0.771651 -1.908077
user2  0.023887  0.799769 -0.230265 -0.800586
user3 -0.139025 -0.032772  1.078525 -1.453405
user4 -1.042709  1.022162 -0.686548 -1.497647
user5       NaN       NaN       NaN       NaN
```

### 1. 检查缺失值

Pandas 库提供了 isnull()和 notnull()函数用于对缺失值进行检测。

我们既可以检测整个 DataFrame，也可以只关注某一列。

```
In [143]: df.isnull()
Out[143]:
        col1   col2   col3   col4
user0   True   True   True   True
user1  False  False  False  False
user2  False  False  False  False
user3  False  False  False  False
user4  False  False  False  False
user5   True   True   True   True

In [144]: df.col1.isnull()
```

```
Out[144]:
user0     True
user1    False
user2    False
user3    False
user4    False
user5     True
Name: col1, dtype: bool
```

### 2. 缺失值相关计算

当数据存在缺失值时，Pandas 在计算过程中会自动忽略它们。当所有的元素是缺失值时，结果返回缺失值。注意，在求和数据时，缺失值会被当作 0 处理。

```
In [145]: df.sum()
Out[145]:
col1   -0.788979
col2    2.810636
col3   -0.609939
col4   -5.659715
dtype: float64

In [146]: pd.Series([np.nan, np.nan]).sum()
Out[146]: 0.0

In [147]: pd.Series([np.nan, np.nan]).mean()
Out[147]: nan
```

### 3. 填充缺失值

Pandas 库提供了诸多清除缺失值的方法。其中，fillna()函数可以通过集中方法填充缺失值，下面举例介绍。

最常见的策略是用一个标量填充缺失值，如果没有特别的需求，一般可以设为 0。

```
In [148]: df.fillna(0)
Out[148]:
           col1      col2      col3      col4
user0  0.000000  0.000000  0.000000  0.000000
user1  0.368869  1.021476 -0.771651 -1.908077
user2  0.023887  0.799769 -0.230265 -0.800586
user3 -0.139025 -0.032772  1.078525 -1.453405
user4 -1.042709  1.022162 -0.686548 -1.497647
user5  0.000000  0.000000  0.000000  0.000000
```

还可以设定缺失值，根据前后的数据进行填充，分为向前和向后两种。

```
In [150]: df.fillna(method='pad')    # 向前填充
Out[150]:
           col1      col2      col3      col4
user0       NaN       NaN       NaN       NaN
user1  0.368869  1.021476 -0.771651 -1.908077
user2  0.023887  0.799769 -0.230265 -0.800586
user3 -0.139025 -0.032772  1.078525 -1.453405
user4 -1.042709  1.022162 -0.686548 -1.497647
user5 -1.042709  1.022162 -0.686548 -1.497647

In [151]: df.fillna(method='backfill')   # 向后填充
Out[151]:
           col1      col2      col3      col4
user0  0.368869  1.021476 -0.771651 -1.908077
user1  0.368869  1.021476 -0.771651 -1.908077
user2  0.023887  0.799769 -0.230265 -0.800586
user3 -0.139025 -0.032772  1.078525 -1.453405
user4 -1.042709  1.022162 -0.686548 -1.497647
user5       NaN       NaN       NaN       NaN
```

含缺失值的数据提供的是不完整的信息，在样本较多时可以考虑直接舍弃。

使用 dropna()方法可以直接去掉含缺失值的行或列，默认是行。

```
In [152]: df.dropna()
Out[152]:
           col1      col2      col3      col4
user1  0.368869  1.021476 -0.771651 -1.908077
user2  0.023887  0.799769 -0.230265 -0.800586
user3 -0.139025 -0.032772  1.078525 -1.453405
user4 -1.042709  1.022162 -0.686548 -1.497647
```

如果按列去除，df 就没有可以用的数据了。

```
In [153]: df.dropna(axis=1)
Out[153]:
Empty DataFrame
Columns: []
Index: [user0, user1, user2, user3, user4, user5]
```

### 12.3.2 连接

最后用于汇报或者绘图的数据可能来自多个数据表格，有时需要将它们合并到一起，称为连接。Pandas 库提供了 merge()函数用于 DataFrame 的连接。

连接操作一般是根据键进行的，键是两个数据表格共有的列。根据键的多少，按键连接可以分为单键连接和多键连接。连接操作与 SQL 操作极为相似。

无论多少个键的连接、不同类型的连接都使用 merge()函数，只是参数不同。merge()函数的参数列表如下：

```
pd.merge(
    left,
    right,
    how='inner',
    on=None,
    left_on=None,
    right_on=None,
    left_index=False,
    right_index=False,
    sort=False,
    suffixes=('_x', '_y'),
    copy=True,
    indicator=False,
    validate=None,
)
```

下面构建用于连接的两个数据框，一个 DataFrame 存储故事的 id 名字，另一个 DataFrame 存储故事所属的 subject 和故事评分。

```
In [155]: stories = pd.DataFrame({'story_id':[1,2,3], 'title':['lions', 'tigers',
'bears']})

In [156]: data = pd.DataFrame({'subject':[1,2,1,2], 'story_id':[1,2,5,6], 'rating':
[6.7, 7.8, 3.2, 9.0]})

In [157]: stories
Out[157]:
   story_id   title
0         1   lions
1         2  tigers
2         3   bears

In [158]: data
Out[158]:
   subject  story_id  rating
0        1         1     6.7
1        2         2     7.8
2        1         5     3.2
3        2         6     9.0
```

接下来根据不同的需求分别介绍连接操作。

### 1. 左连接

连接的 DataFrame 根据参数的顺序分为 left 和 right。按左连接（left join）操作合并之后显示 left 的所有行。

连接的方式由 how 参数控制，用于连接的列名由 on 参数指定。

```
In [159]: pd.merge(stories, data, how='left', on='story_id')
Out[159]:
   story_id   title  subject  rating
0         1   lions      1.0     6.7
1         2  tigers      2.0     7.8
2         3   bears      NaN     NaN
```

连接后不存在的数值将以 NaN 填充。

### 2. 右连接

在理解了左连接后，理解其他的操作就比较简单了。右连接（right join）操作合并之后显示 right 的所有行。其实这与对调输入的两个 DataFrame 的左连接结果一致。

```
In [160]: pd.merge(stories, data, how='right', on='story_id')
Out[160]:
   story_id   title  subject  rating
0         1   lions        1     6.7
1         2  tigers        2     7.8
2         5     NaN        1     3.2
3         6     NaN        2     9.0

In [161]: pd.merge(data, stories, how='left', on='story_id')
Out[161]:
   subject  story_id  rating   title
0        1         1     6.7   lions
1        2         2     7.8  tigers
2        1         5     3.2     NaN
3        2         6     9.0     NaN
```

虽然结果一致，但结果显示两种操作的列名顺序有些不同。

### 3. 外连接

外连接（outer join）操作也可以看作取并集，即合并 left 和 right 所有的行。

```
In [162]: pd.merge(stories, data, how='outer', on='story_id')
Out[162]:
   story_id   title  subject  rating
0         1   lions      1.0     6.7
1         2  tigers      2.0     7.8
2         3   bears      NaN     NaN
3         5     NaN      1.0     3.2
4         6     NaN      2.0     9.0
```

### 4. 内连接

内连接（inner join）操作也可以看作取交集，即合并 left 和 right 共有的行。

```
In [163]: pd.merge(stories, data, how='inner', on='story_id')
Out[163]:
   story_id   title  subject  rating
0         1   lions        1     6.7
1         2  tigers        2     7.8
```

上述所说的“共有”是指用于连接的键的共有值，如 stories 和 data 的 story_id 共有的值是 1 和 2。

### 5. 多键连接

多键连接的难度也不大，以列表形式指定 on 参数为两个 DataFrame 共有的列名即可。

```
In [168]: data2 = pd.merge(stories, data, how='inner', on='story_id')

In [169]: data
Out[169]:
   subject  story_id  rating
0        1         1     6.7
1        2         2     7.8
2        1         5     3.2
3        2         6     9.0

In [170]: pd.merge(data2, data, how='inner', on=['story_id', 'subject'])
Out[170]:
   story_id   title  subject  rating_x  rating_y
0         1   lions        1       6.7       6.7
1         2  tigers        2       7.8       7.8
```

如果两个 DataFrame 除了作为键的列之外还有同名列，合并后会被自动添加 x 和 y 后缀，以示区别。

## 12.3.3 级联

除了通过键将 DataFrame 以列的形式连接到一起外，级联的方式也可以合并 DataFrame。级联操作通过 concat()函数实现，可以将多个 DataFrame 按行（默认）或按列组合。

```
In [171]: data = pd.DataFrame({'subject':[1,2,1,2], 'story_id':[1,2,5,6], 'rating':[6
.7, 7.8, 3.2, 9.0]})
In [172]: data2 = pd.DataFrame({'subject':[1,2], 'story_id':[3, 4], 'rating':[5, 9.7]
})

In [173]: data
```

```
Out[173]:
   subject  story_id  rating
0        1         1     6.7
1        2         2     7.8
2        1         5     3.2
3        2         6     9.0

In [174]: data2
Out[174]:
   subject  story_id  rating
0        1         3     5.0
1        2         4     9.7
```

上述代码生成了两个列名一致的 DataFrame，接下来将它们按行组合起来。

```
In [175]: pd.concat([data, data2])
Out[175]:
   subject  story_id  rating
0        1         1     6.7
1        2         2     7.8
2        1         5     3.2
3        2         6     9.0
0        1         3     5.0
1        2         4     9.7
```

有时可能需要标定行的数据来源，这通过键来实现。

```
In [176]: pd.concat([data, data2], keys=['data', 'data2'])
Out[176]:
            subject  story_id  rating
data  0          1         1     6.7
      1          2         2     7.8
      2          1         5     3.2
      3          2         6     9.0
data2 0          1         3     5.0
      1          2         4     9.7
```

仔细观察不难发现，index 中的 0 和 1 重复了，指定 ignore_index 选项可以变成连续的 index，但经此操作后，keys 的设定将不起作用了。

```
In [177]: pd.concat([data, data2], keys=['data', 'data2'], ignore_index=True)
Out[177]:
   subject  story_id  rating
0        1         1     6.7
1        2         2     7.8
2        1         5     3.2
3        2         6     9.0
4        1         3     5.0
```

```
5        2        4    9.7

In [178]: pd.concat([data, data2],  ignore_index=True)
Out[178]:
   subject  story_id  rating
0        1         1     6.7
1        2         2     7.8
2        1         5     3.2
3        2         6     9.0
4        1         3     5.0
5        2         4     9.7
```

下面再试试按列合并：

```
In [180]: pd.concat([data, data2],  axis=1)
Out[180]:
   subject  story_id  rating  subject  story_id  rating
0        1         1     6.7      1.0       3.0     5.0
1        2         2     7.8      2.0       4.0     9.7
2        1         5     3.2      NaN       NaN     NaN
3        2         6     9.0      NaN       NaN     NaN
```

缺少的行会使用 NaN 自动填充。指定 ignore_index 后，将重新生成所有列索引。

```
In [181]: pd.concat([data, data2],  ignore_index=True, axis=1)
Out[181]:
   0  1    2    3    4    5
0  1  1  6.7  1.0  3.0  5.0
1  2  2  7.8  2.0  4.0  9.7
2  1  5  3.2  NaN  NaN  NaN
3  2  6  9.0  NaN  NaN  NaN
```

除了 concat()函数，append()方法也可以用于行的合并。

```
In [182]: data.append(data2)
Out[182]:
   subject  story_id  rating
0        1         1     6.7
1        2         2     7.8
2        1         5     3.2
3        2         6     9.0
0        1         3     5.0
1        2         4     9.7
```

但 append()的最大用处在于添加新的行，如给 DataFrame 添加 Series 对象。

```
In [185]: data.append(pd.Series({'subject':1, 'story_id':10, 'rating':7}, name=6))
Out[185]:
   subject  story_id  rating
```

```
0          1          1     6.7
1          2          2     7.8
2          1          5     3.2
3          2          6     9.0
6          1         10     7.0
```

## 12.4 Pandas 可视化

Pandas 为 Series 和 DataFrame 对象提供了 Matplotlib 库 plot()函数，用于实现简单包装。

首先导入示例数据集 mtcars，它是美国 Motor Trend 收集的 1973 年～1974 年 32 辆汽车的 11 个指标，包含油耗、设计、性能等方面。

```
In [187]: mtcars = pd.read_csv('files/chapter10/mtcars.csv')
In [188]: mtcars.describe()
Out[188]:
             mpg        cyl        disp  ...         am       gear     carb
count  32.000000  32.000000   32.000000  ...  32.000000  32.000000  32.0000
mean   20.090625   6.187500  230.721875  ...   0.406250   3.687500   2.8125
std     6.026948   1.785922  123.938694  ...   0.498991   0.737804   1.6152
min    10.400000   4.000000   71.100000  ...   0.000000   3.000000   1.0000
25%    15.425000   4.000000  120.825000  ...   0.000000   3.000000   2.0000
50%    19.200000   6.000000  196.300000  ...   0.000000   4.000000   2.0000
75%    22.800000   8.000000  326.000000  ...   1.000000   4.000000   4.0000
max    33.900000   8.000000  472.000000  ...   1.000000   5.000000   8.0000

[8 rows x 11 columns]

In [189]: mtcars.shape
Out[189]: (32, 11)
```

在 mtcars 所有列中，mpg 是每百公里油耗，cyl 是发动机汽缸数。下面我们使用这两列进行可视化分析，如图 12-2 所示。

```
In [193]: df = mtcars.loc[:, ['cyl', 'mpg']]
In [194]: df.head()
Out[194]:
   cyl   mpg
0    6  21.0
1    6  21.0
2    4  22.8
3    6  21.4
4    8  18.7
In [195]: %matplotlib inline
In [196]: df.plot()
```

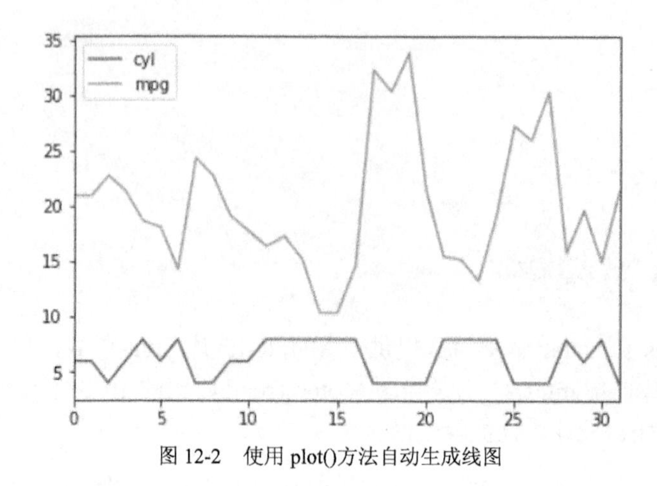

图 12-2　使用 plot()方法自动生成线图

在默认情况下，plot()方法使用线图形式进行绘制。如果需要绘制其他的图形类型，我们可以使用关键字参数 kind 来指定。

- bar：条形图。
- barh：横条形图。
- hist：直方图。
- box：箱线图。
- area：面积图。
- scatter：散点图。

### 12.4.1　条形图

条形图利用条形的高度来表示数值，示例中有 32 辆汽车的数据，所以会有 32 组条形，如图 12-3 所示。

```
df.plot(kind='bar')
```

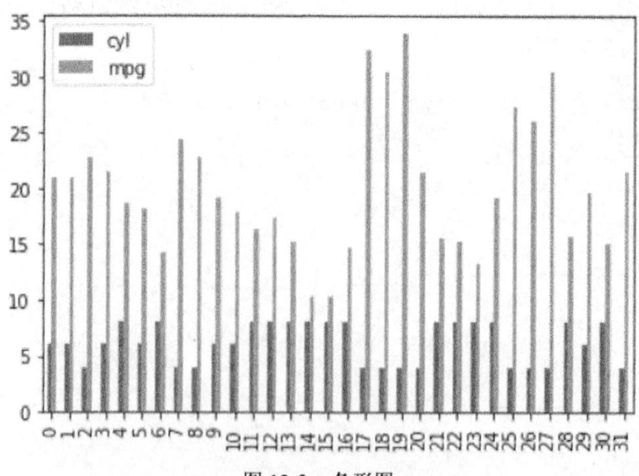

图 12-3　条形图

使用 barh 调换 $x$ 轴和 $y$ 轴，如图 12-4 所示。

```
df.plot(kind='barh')
```

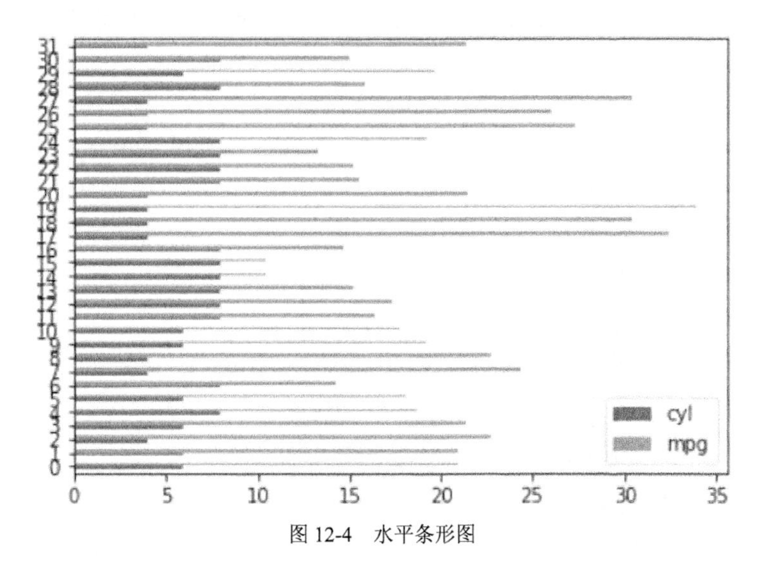


图 12-4 水平条形图

如果要将图形堆叠起来，可以指定 stacked 为 True，如图 12-5 所示。

```
df.plot(kind='bar', stacked=True)
```

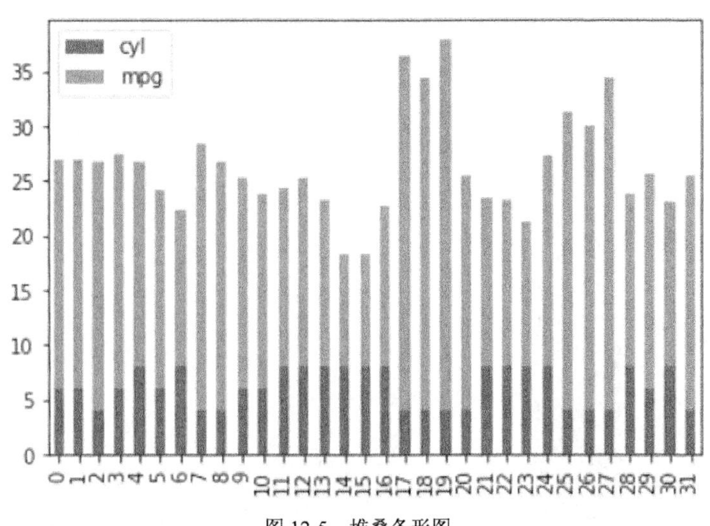


图 12-5 堆叠条形图

在图 12-5 中，$x$ 轴显示的是数值，没有特别的含义，我们给数据加上标签，让它显示出来。

```
df2 = df.copy()
df2.index = ['car '+str(i) for i in np.arange(32) + 1]
df2.plot(kind='bar', stacked=True)
```

### 12.4.2　直方图

直方图可以比较直观地展示数据分布，是初步了解数据的最好方式之一，如图 12-6 所示。

```
df.plot(kind='hist')
```

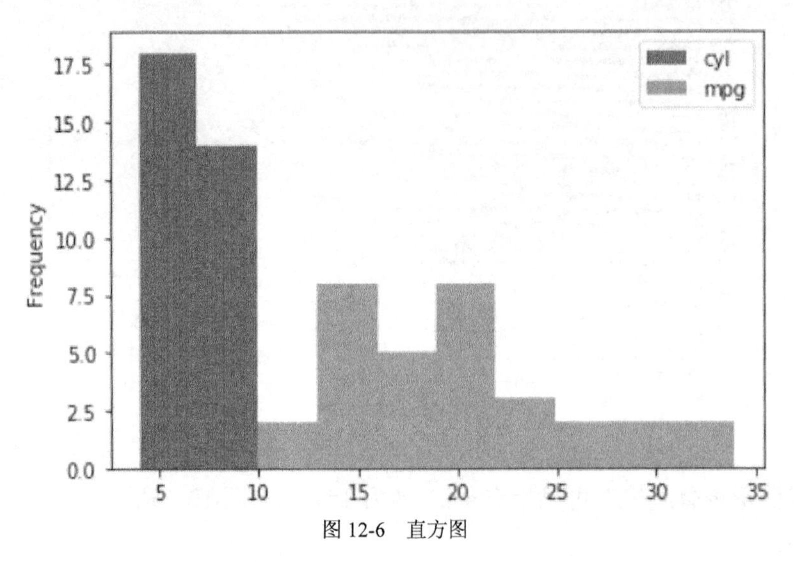


图 12-6　直方图

通过指定 bins 选项，可以修改 bin 的宽度，如图 12-7 所示。

```
df.plot(kind='hist', bins=20)
```

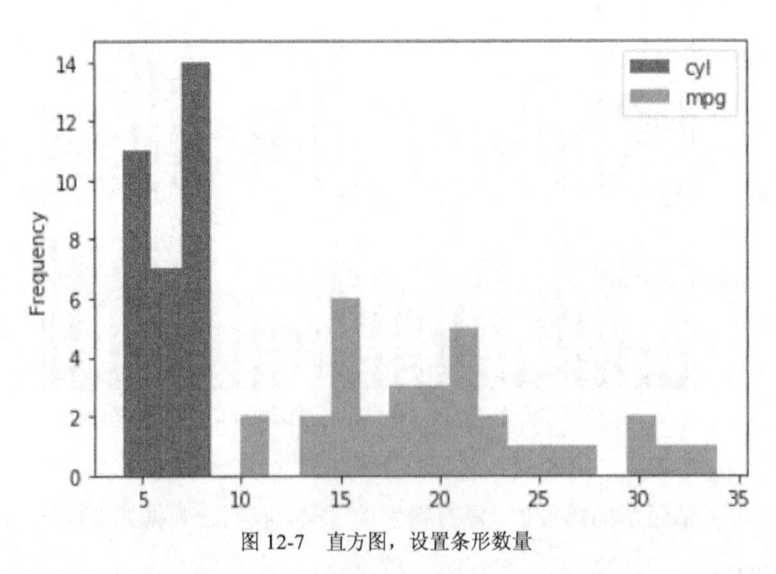


图 12-7　直方图，设置条形数量

上面将两个变量的分布绘制在了一个图中，我们还可以直接调用 hist()方法为每一个变量单独绘制直方图，如图 12-8 所示。

```
df.hist(bins=20)
```

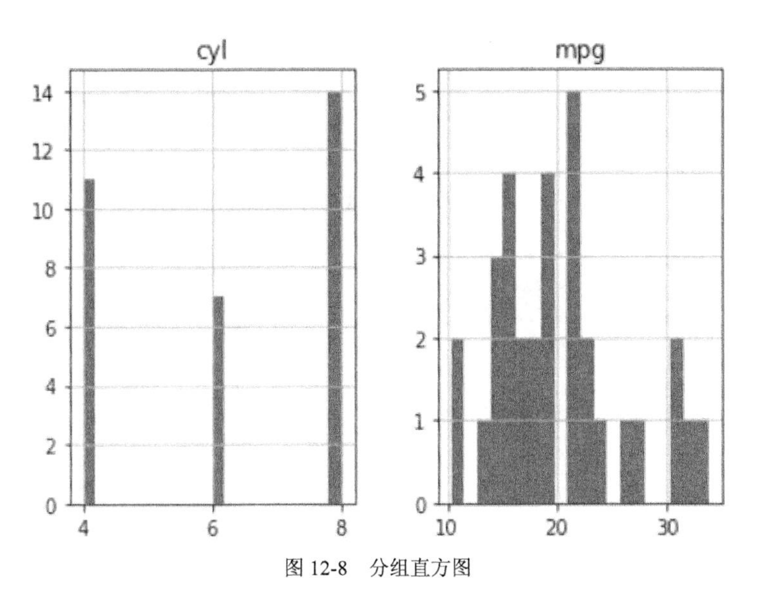


图 12-8 分组直方图

### 12.4.3 箱线图

图 12-8 中的直方图显示了气缸数是 3 个离散值 4、6、8。如果需要比较不同组别之间油耗的差异，箱线图是很好的展示方式。

但 plot()方法绘制箱线图时默认是为每列单独绘制，无法进行分组，如图 12-9 所示。

```
df.plot(kind='box')
```

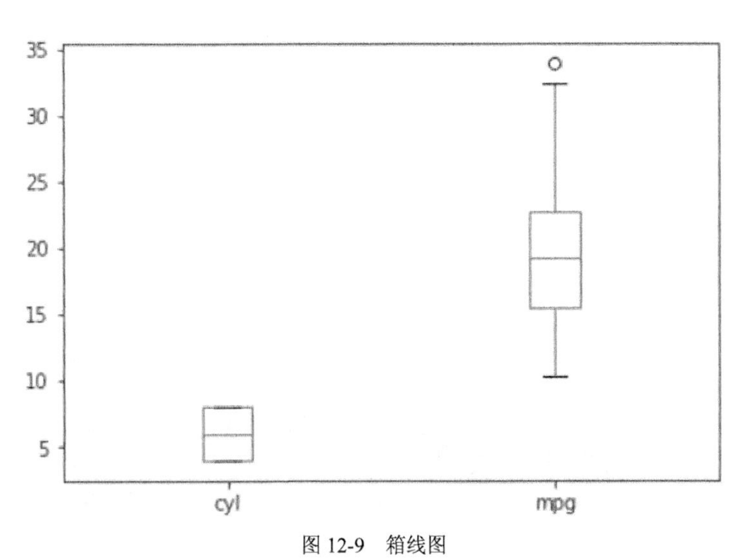


图 12-9 箱线图

为了将油耗按照气缸数分组后绘制箱线图，可以直接使用 boxplot()方法，它支持更多的绘图参数。例如，通过 by 参数指定分组的列名，如图 12-10 所示。

```
# 为了优化显示效果，我们进行了 3 项自定义：
# 去掉网格线
# 旋转 x 轴标签
# 增大字体
df.boxplot(by='cyl', grid=False, rot=45, fontsize=15)
```

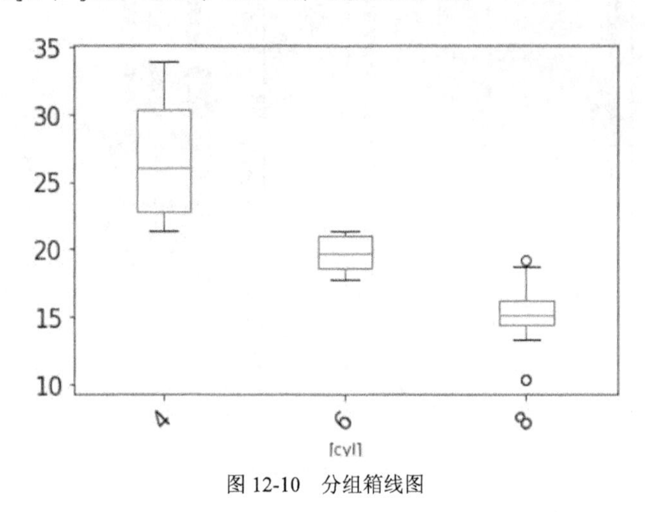


图 12-10　分组箱线图

## 12.4.4　面积图

面积图的效果有点类似堆叠条形图，如图 12-11 所示，前者更适用于连续变量，后者更适用于离散变量。

```
df.plot(kind='area')
```

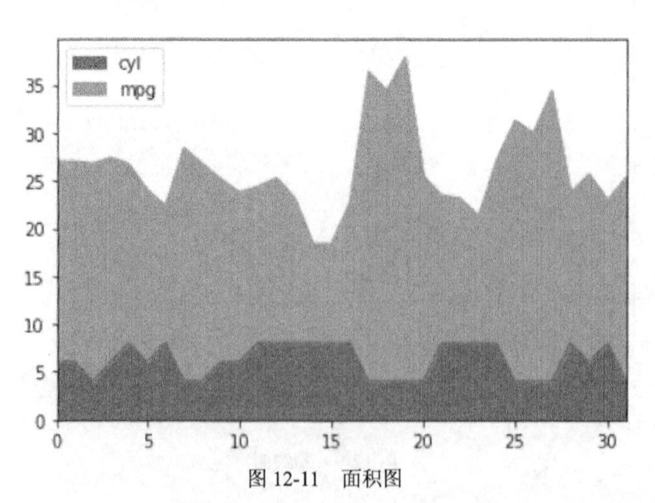


图 12-11　面积图

### 12.4.5　散点图

散点图可以用于更加直观地观测单个数据点的情况。这里变量 cyl 是离散值，所以图 12-12 中绘制的图形可能看起来有点奇怪。不过，有时这种表现形式可能带来意想不到的效果。

```
df.plot(kind='scatter', x='cyl', y='mpg')
```

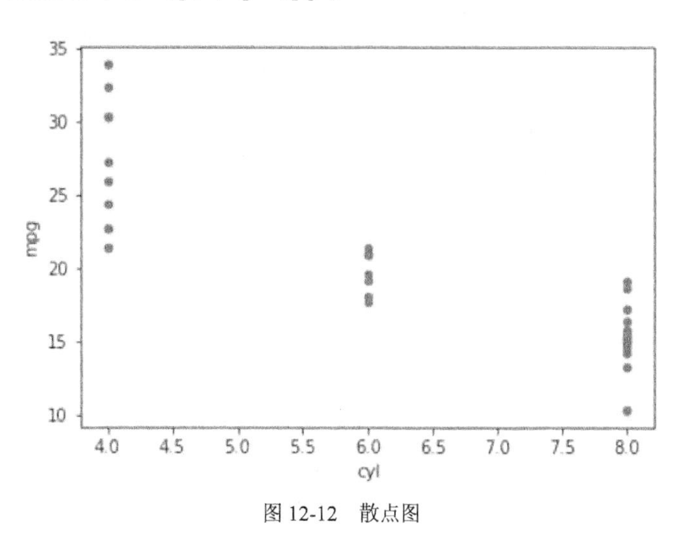


图 12-12　散点图

### 12.4.6　饼图

饼图可以显示数据的占比情况，一般使用一列的数据，即一个 Series 对象。下面代码提取了 cyl 变量并进行了可视化，如图 12-13 所示。

```
df.cyl.plot(kind='pie')
```

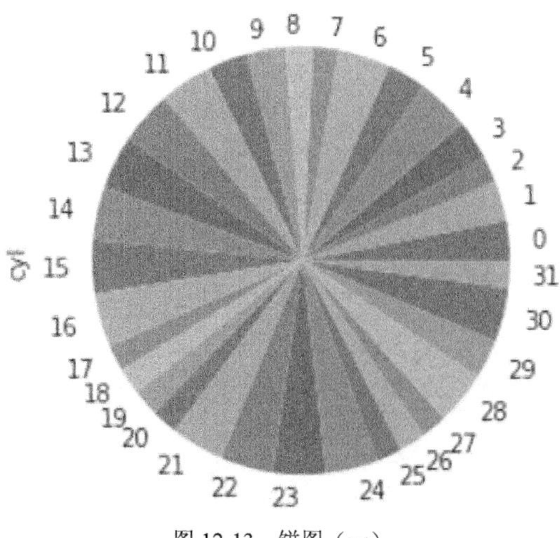


图 12-13　饼图（一）

当需要可视化多列，即一个 DataFrame 对象时，可以指定 subplots 为 True。

下面代码提取了 df 前 5 行的数据用于可视化，如图 12-14 所示。

```
df.head(5).plot(kind='pie', subplots=True)
```

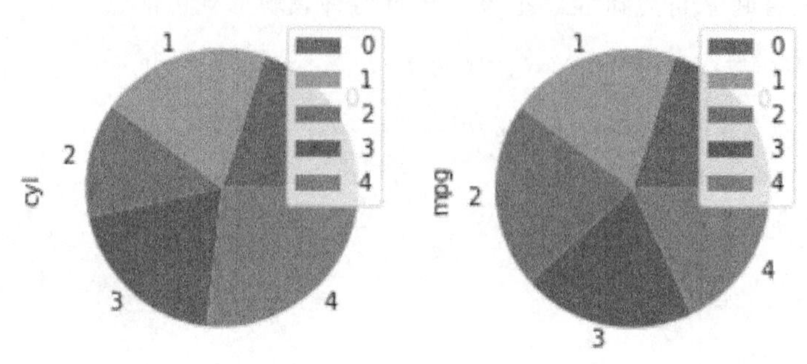


图 12-14　饼图（二）

## 12.5 章末小结

作为 Python 进行数据分析的灵魂工具，Pandas 库提供了一系列数据类型、结构、函数、方法和可视化特性。本章首先在第 8 章的基础上进行了总结回顾，并对其他一些数据类型进行了拓展；然后详细介绍了函数应用和 DataFrame 的迭代计算，包括按行和按列等不同的方式。分组计算是非常实用的技术，推荐读者多多练习和使用。读者按照自己的需求来学习有关缺失值的内容，一般情况下，通过 dropna()去掉缺失值数据即可。DataFrame 的连接和级联合并是非常核心的知识，与数据库操作非常类似，掌握它们能够帮助读者更好地理解和操作数据。可视化是查看数据分布、进行比较的绝佳方案，Pandas 库基于 Matplotlib 库封装的绘图函数简单易用。虽然本书使用了两章的篇幅介绍 Pandas 库，但仍有许多知识点未能涵盖，请读者参考 Pandas 文档和相关技术图书进行进一步学习。

# 第 13 章　数据可视化进阶

**本章内容提要：**

- Seaborn
- Plotnine
- Bokeh

前面章节中使用的绘图方法都来自 Matplotlib 库，它是 Python 可视化的基础。随着近年来数据分析的流行，Python 社区出现了越来越多的可视化库，包括基于 Matplotlib 库的 Seaborn 和支持交互式展示的 Bokeh，它们提供了更易用、更美观、交互性更强的可视化方式。本章将介绍目前流行的 Python 高级可视化库，并通过一些例子展示其使用方法和可视化效果。

## 13.1 Seaborn

Seaborn 在 Matplotlib 库的基础上进行了更高级的封装，提供更高级别的接口，用于绘制优雅美观、具有吸引力的统计图形。

首先在终端中使用以下命令之一安装 Seaborn 库：

```
# 安装方法 1
conda install seaborn
# 安装方法 2
pip install seaborn
```

Seaborn 的默认别名是 sns，所以导入时一般采用以下约定：

```
import seaborn as sns
```

接下来依旧使用前文提及的汽车统计数据进行可视化。

```
In [1]: import pandas as pd
   ...: import numpy as np
```

```
   ...:
   ...: mtcars = pd.read_csv('files/chapter10/mtcars.csv')
```

查看整个数据集的信息，结果显示一共有 11 个变量（列）、32 辆车的记录。

```
In [2]: mtcars.info()
<class 'pandas.core.frame.DataFrame'>
RangeIndex: 32 entries, 0 to 31
Data columns (total 11 columns):
mpg      32 non-null float64
cyl      32 non-null int64
disp     32 non-null float64
hp       32 non-null int64drat     32 non-null float64
wt       32 non-null float64
qsec     32 non-null float64
vs       32 non-null int64
am       32 non-null int64
gear     32 non-null int64
carb     32 non-null int64
dtypes: float64(5), int64(6)
memory usage: 2.9 KB
```

为了观察变量的数值分布，我们一般使用 describe()方法汇总数据。

```
In [3]: mtcars.describe()
Out[3]:
             mpg        cyl        disp  ...         am       gear     carb
count  32.000000  32.000000   32.000000  ...  32.000000  32.000000  32.0000
mean   20.090625   6.187500  230.721875  ...   0.406250   3.687500   2.8125
std     6.026948   1.785922  123.938694  ...   0.498991   0.737804   1.6152
min    10.400000   4.000000   71.100000  ...   0.000000   3.000000   1.0000
25%    15.425000   4.000000  120.825000  ...   0.000000   3.000000   2.0000
50%    19.200000   6.000000  196.300000  ...   0.000000   4.000000   2.0000
75%    22.800000   8.000000  326.000000  ...   1.000000   4.000000   4.0000
max    33.900000   8.000000  472.000000  ...   1.000000   5.000000   8.0000

[8 rows x 11 columns]
```

相比于汇总表格，图形更加直观，特别是在观察数据的变化趋势方面。这时，Seaborn 库就派上用场了。

### 13.1.1　成对图

接下来使用成对的图形来展示两两变量之间的变化趋势，如图 13-1 所示。

```
In [4]: import seaborn as sns
In [5]: # 注意在 Jupyter Notebook 中使用 %matplotlib inline
   ...: %matplotlib
```

```
Using matplotlib backend: agg
```

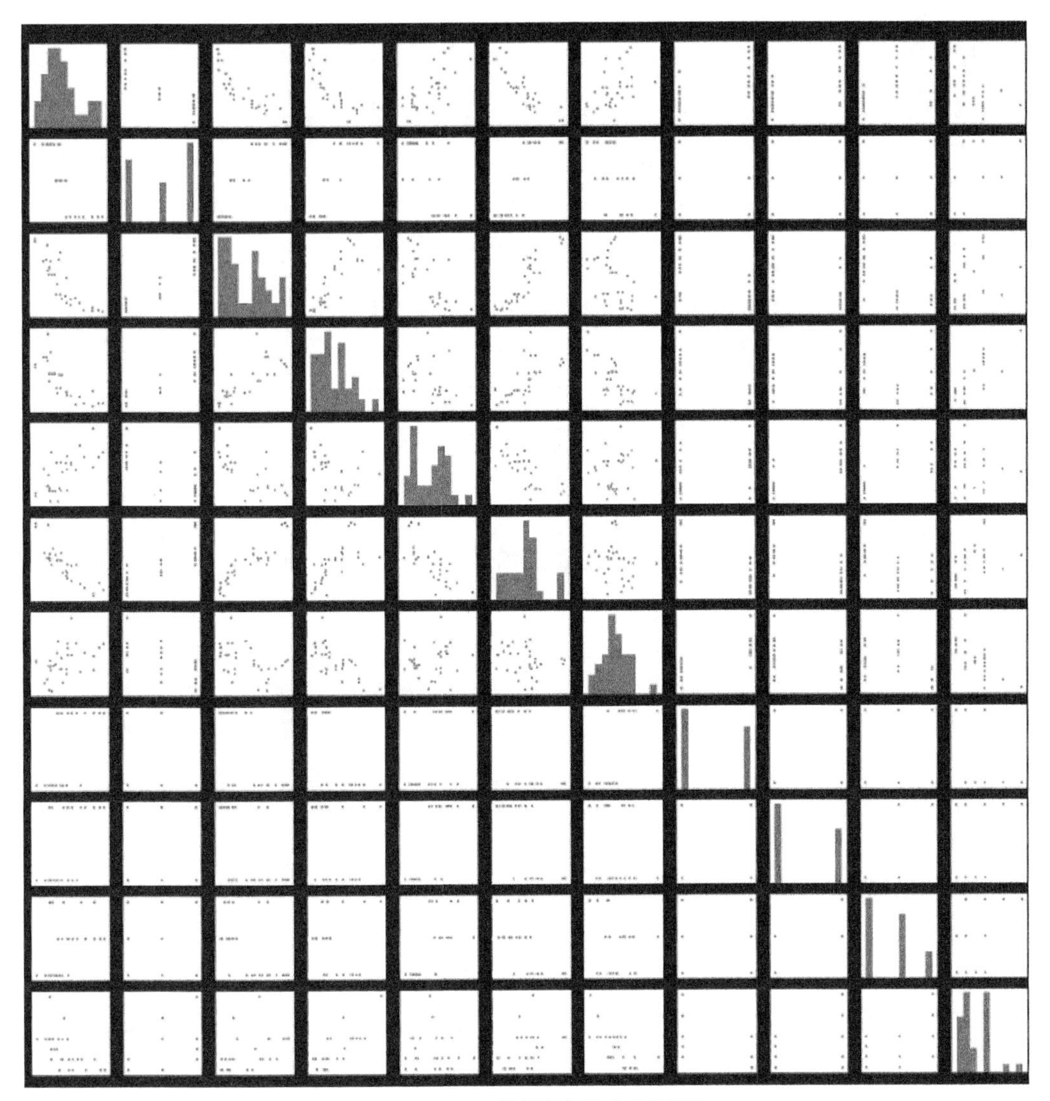

图 13-1　mtcars 数据集变量成对相关图

图 13-1 对角线展示的是单个变量的数据分布，我们可以非常直观地看到哪些变量是离散的、哪些是连续的、连续变量的分布趋势是怎样的。非对角线展示的是两个变量之间的变化趋势。

第 3～7 个变量看起来存在着比较明显的线性关系，下面来单独展示它们，如图 13-2 所示。

```
In [6]: sns.pairplot(mtcars.iloc[:, 2:7])
```

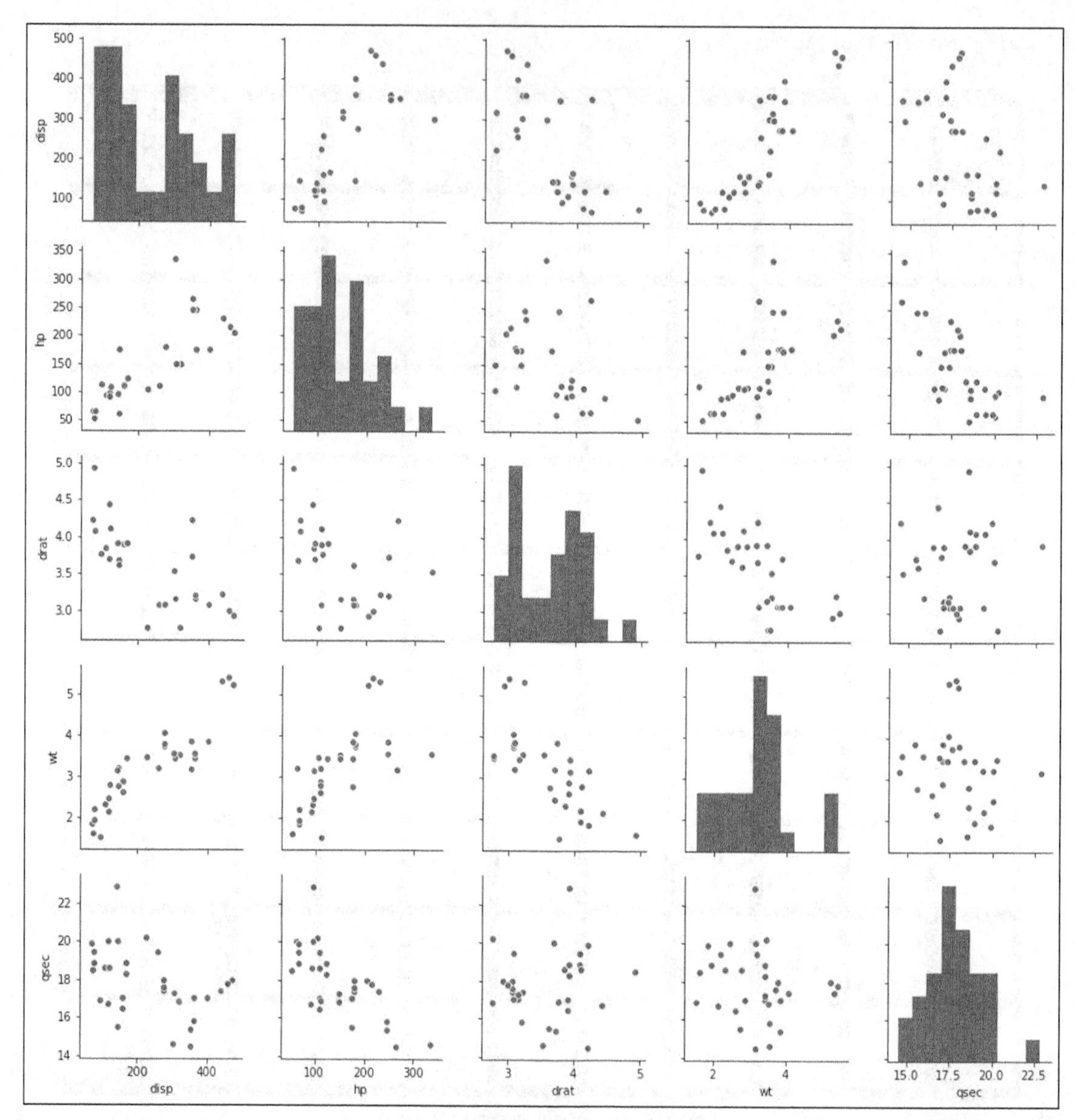


图 13-2　mtcars 数据集相关图选择性展示

特别地，我们来查看汽车重量和每加仑油耗行驶的英里数之间的关系，如图 13-3 所示。

```
In [7]: sns.pairplot(mtcars.loc[:, ['wt', 'mpg']])
```

从图 13-3 中不难发现，汽车越重，车程越短。这种关系是否会受到其他因素的影响呢？例如，汽车的气缸数。我们将 cyl 加入绘图，并根据它的值赋予颜色，生成带分类标签的图，如图 13-4 所示。

```
In [8]: sns.pairplot(mtcars.loc[:, ['wt', 'mpg', 'cyl']], hue='cyl')
```

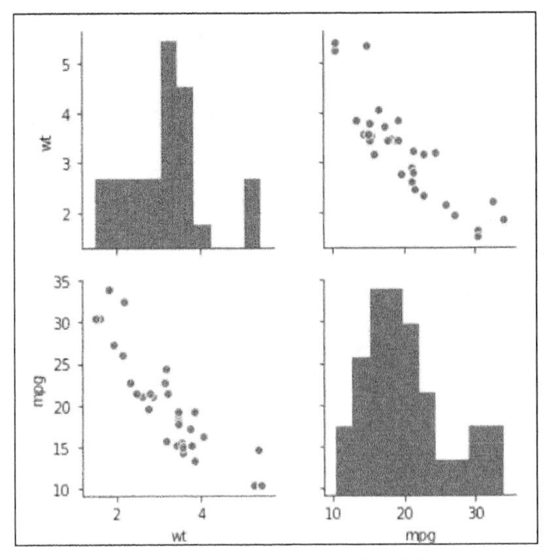


图 13-3 wt 与 mpg 成对相关图

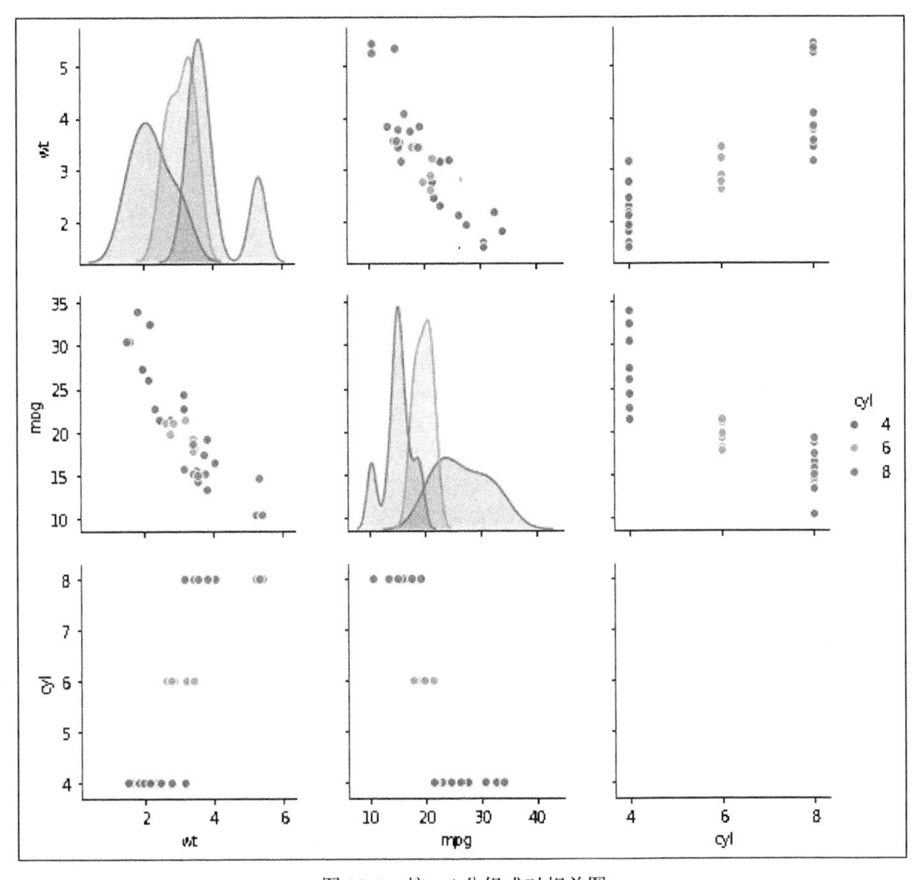


图 13-4 按 cyl 分组成对相关图

由图 13-4 的子图可知，上述的关系不受气缸数的影响，气缸数越多的车辆重量也越大。这些结果与常识一致。

默认 Seaborn 使用白色的（背景）风格，我们可以通过 set_style()函数进行修改，如图 13-5 所示。

```
In [9]: sns.set_style('dark')
In [10]: sns.pairplot(mtcars.loc[:, ['wt', 'mpg', 'cyl']], hue='cyl')
```

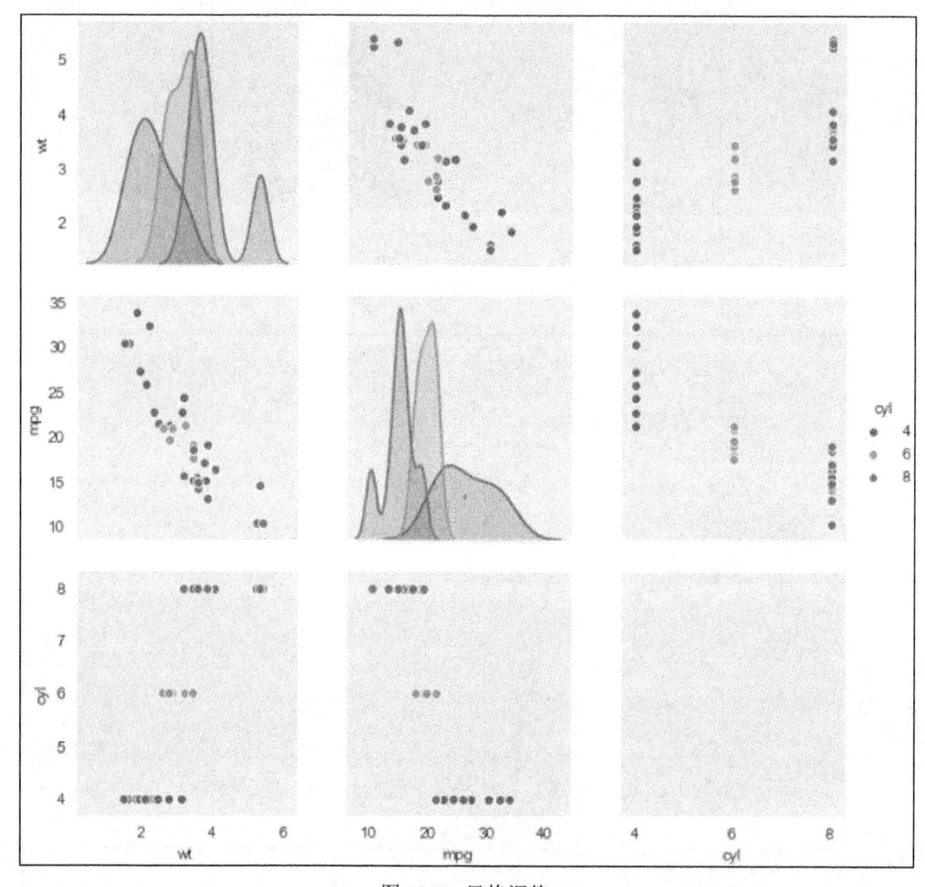


图 13-5　风格调整

可以设置的选项共有 5 种：darkgrid、whitegrid、dark、white 和 ticks。

我们还可以使用 set_palette()修改调色板，例如，将上面图形的配色改为更适合色盲人士观看。

```
In [11]: sns.set_style('dark')
In [12]: sns.set_palette('colorblind')
In [13]: sns.pairplot(mtcars.loc[:, ['wt', 'mpg', 'cyl']],
    ...: hue='cyl')
```

Seaborn 支持 6 种调色盘：deep、muted、pastel、bright、dark 和 colorblind。

### 13.1.2 子集图

上面通过 Pandas 的数据筛选操作仅展示了我们想要观察的变量，实际上 Seaborn 本身就支持子集图的展示，只需要将展示的变量传入 vars 参数，如图 13-6 所示。

```
In [14]: sns.set_style('whitegrid')
In [15]: sns.pairplot(mtcars,
    ...: hue='cyl',
    ...: vars=['wt', 'mpg', 'cyl'])
```

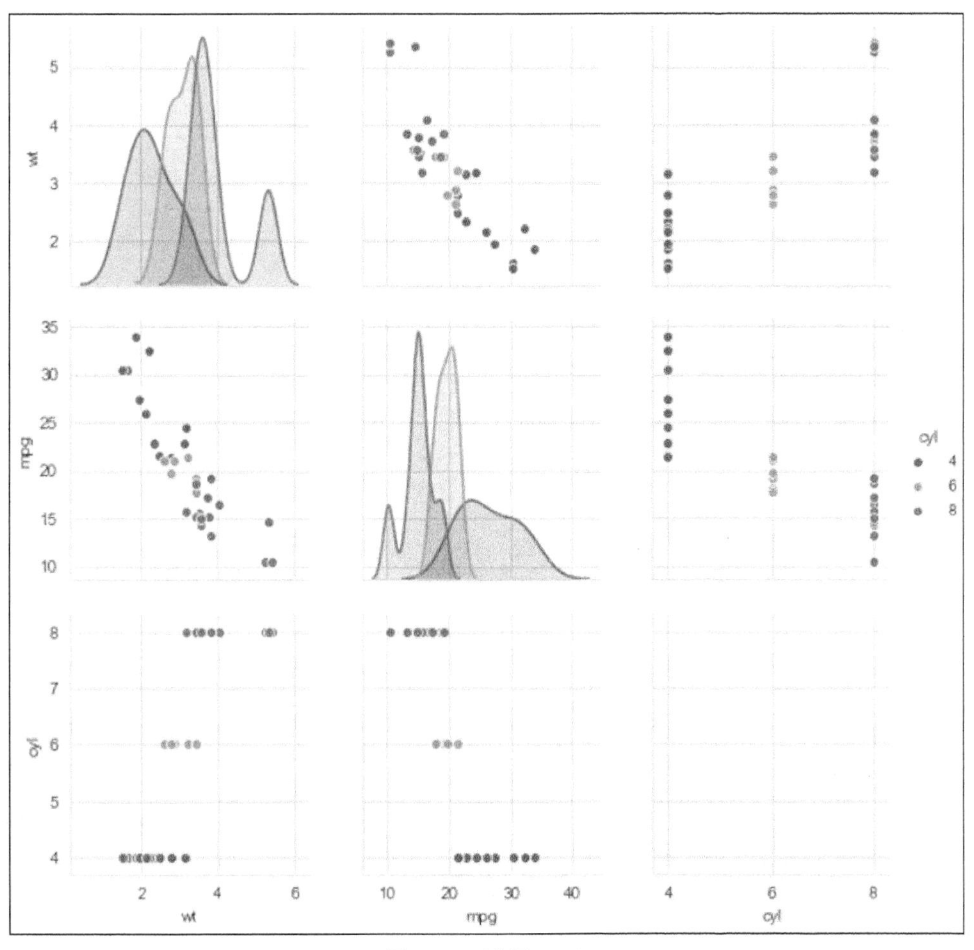


图 13-6 子集图（一）

下面代码将风格设为白色，并用横轴和纵轴展示不同的变量。也就是说可以用 4 个子图展示 4 个变量之间的数据分布趋势，然后加上颜色信息，一共可以展示 5 个变量，如图 13-7 所示。

```
In [16]: sns.set_style('white')
In [17]: sns.pairplot(mtcars,
    ...:     hue='cyl',
    ...:     x_vars=['wt', 'mpg'],
    ...:     y_vars=['hp', 'disp'])
```

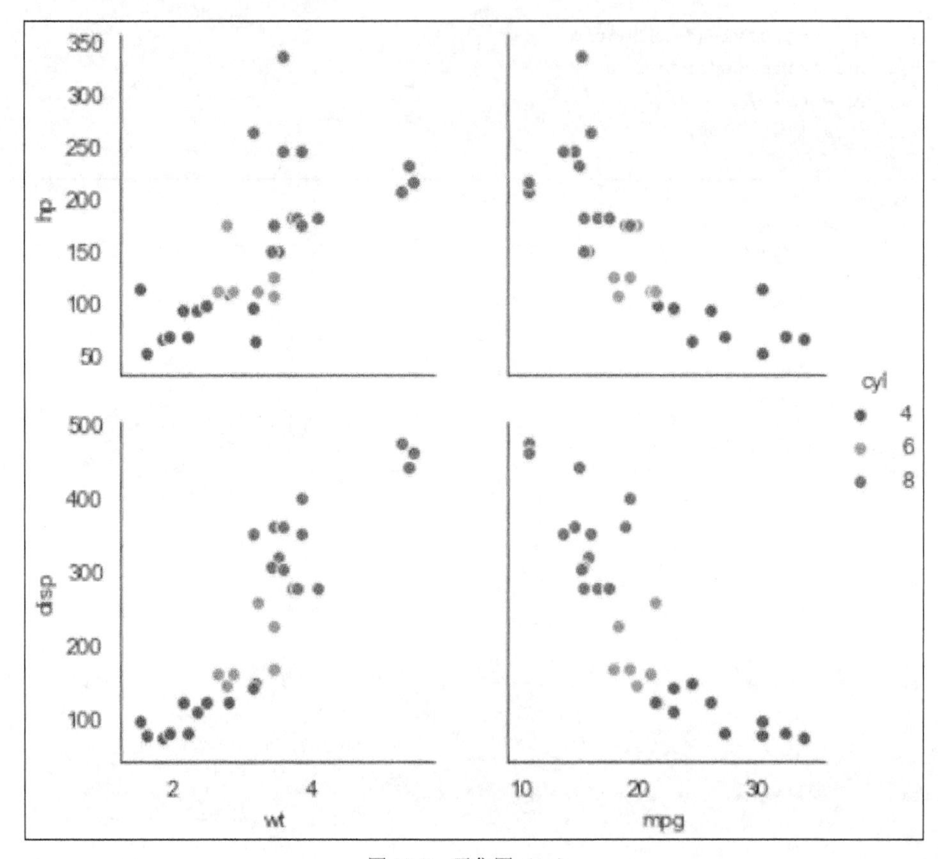


图 13-7　子集图（二）

### 13.1.3　回归图

图 13-7 中显示了 4 个变量之间存在明显的线性关系，当我们添加选项 kind='reg'后，Seaborn 会自动为图形添加回归线，如图 13-8 所示。

```
In [18]: sns.set_style('ticks')
In [19]: sns.set_palette('dark')
In [20]: sns.pairplot(mtcars,
    ...:     kind='reg',
    ...:     x_vars=['wt', 'mpg'],
    ...:     y_vars=['hp', 'disp'])
```

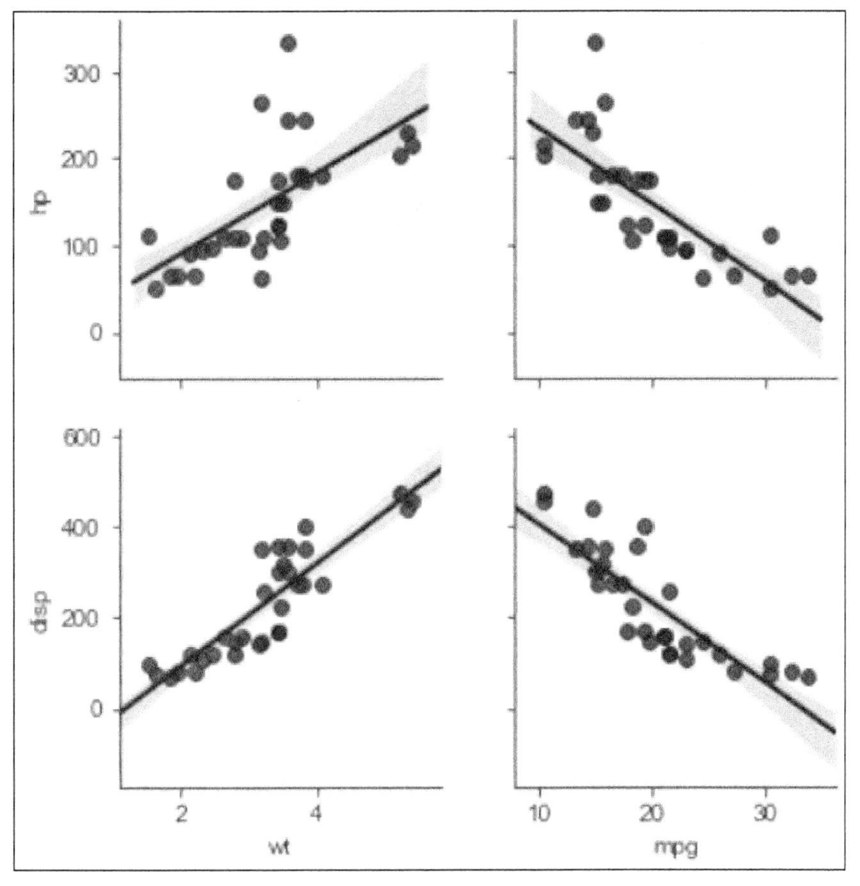


图 13-8 回归图

### 13.1.4 核密度图

核密度图在展示数据的平滑分布方面更为有效，通过 diag_kind='kde'使对角线展示每个变量分布的核密度，如图 13-9 所示。

```
In [21]: sns.set_palette('bright')
In [22]: sns.pairplot(mtcars.loc[:, ['wt', 'mpg', 'hp']],
    ...:     kind='reg', diag_kind='kde')
```

pairplot()提供的丰富特性足以满足很多的数据探索性分析需求。接下来，介绍一些统计分析常见图形的 Seaborn 实现，它们的使用非常简单，一般通过指定绘图使用的 DataFrame 和坐标轴需要展示的变量名称即可完成绘图。

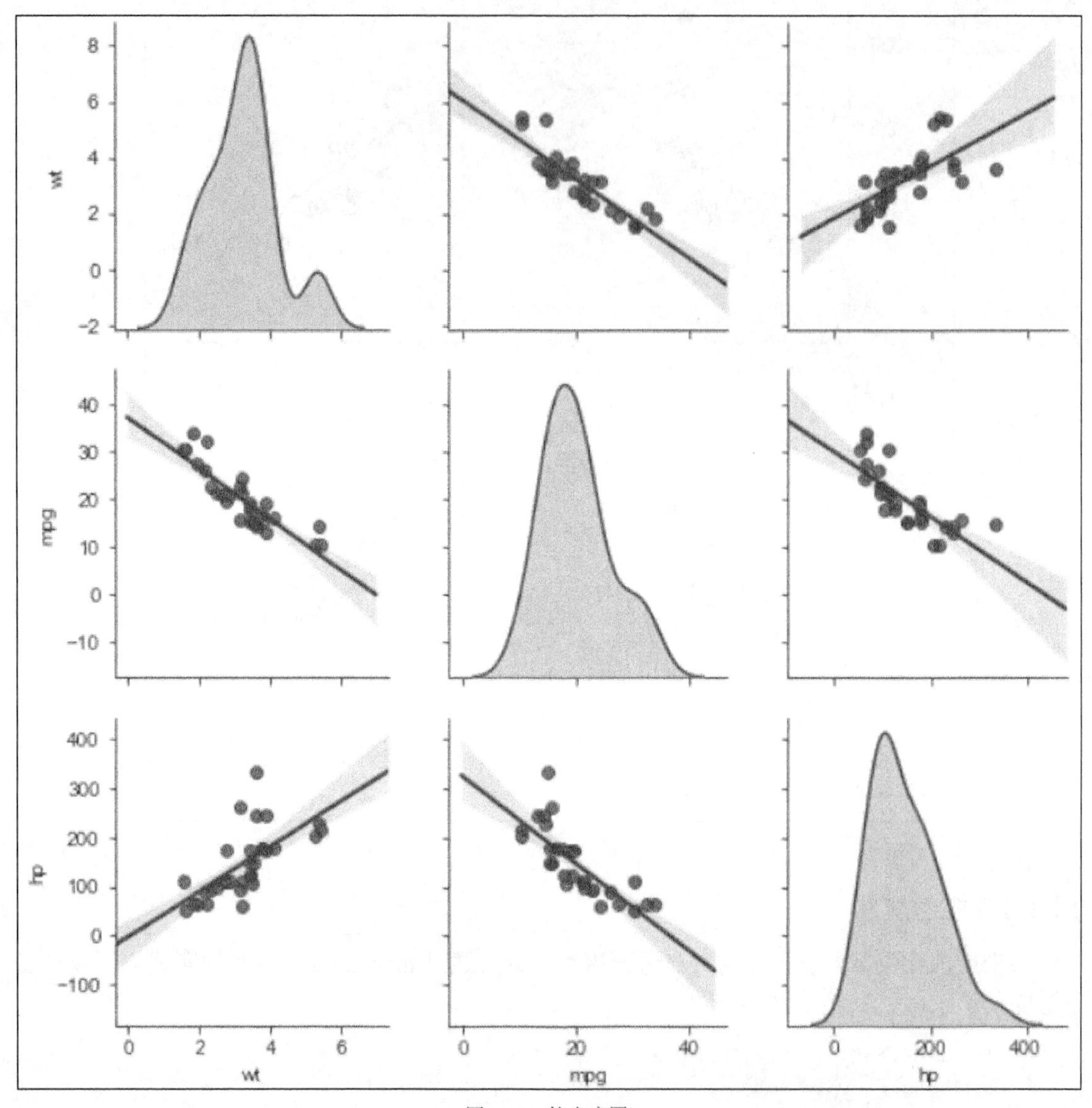


图 13-9　核密度图

## 13.1.5　条形图

barplot()函数用于绘制条形图，图 13-10 中展示了汽车不同气缸数行程的差别。注意，竖线表示置信区间。

```
In [23]: sns.barplot(x='cyl', y='mpg', data=mtcars)
```

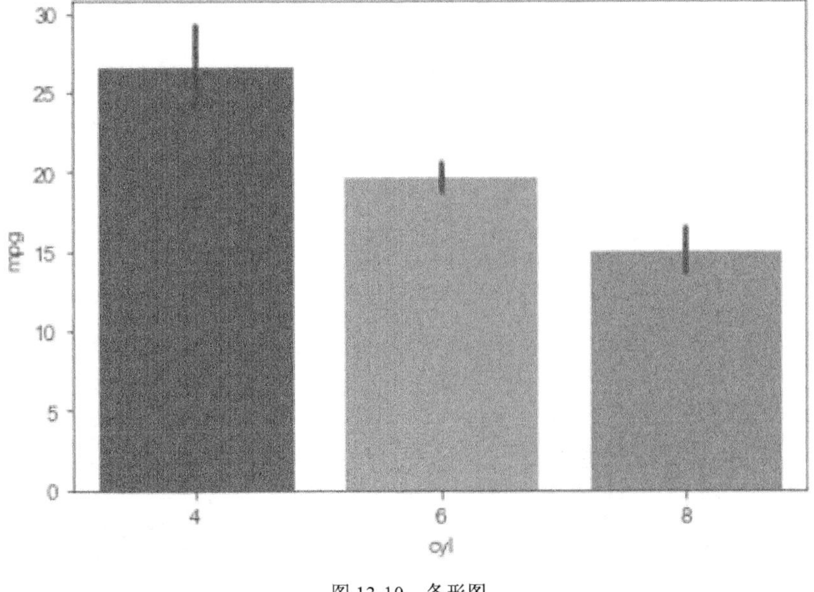


图 13-10 条形图

下面看看引擎类型变量 vs 的不同是否会影响上述的差异，如图 13-11 所示。

```
In [24]: sns.barplot(x='cyl', y='mpg', hue='vs',
    ...:     data=mtcars)
```

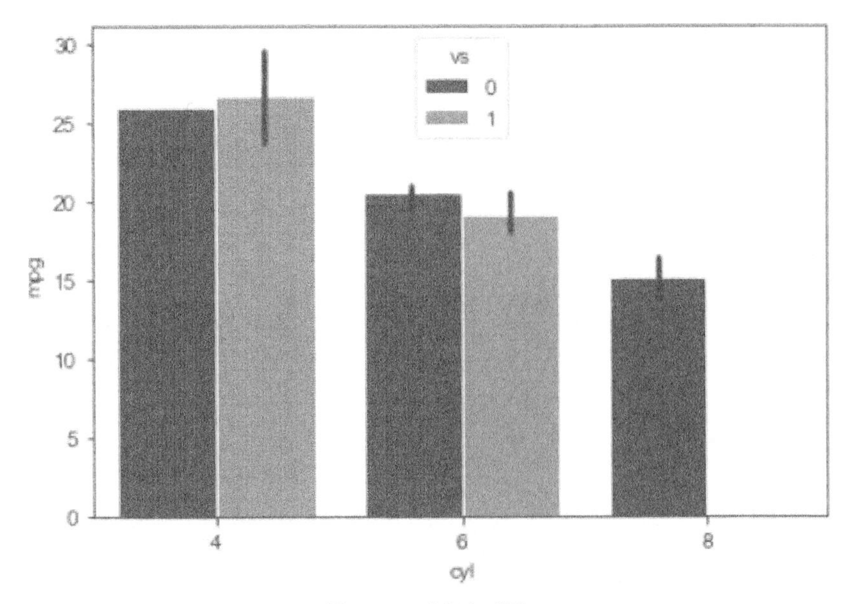


图 13-11 分组条形图

图 13-11 中的结果表明汽车行程几乎不受引擎类型的影响。

### 13.1.6　计数图

countplot()函数用于绘制计数图，该种图形类型适合分类数据，如气缸数，如图 13-12 所示。

```
In [25]: sns.countplot(x='cyl', data=mtcars)
```

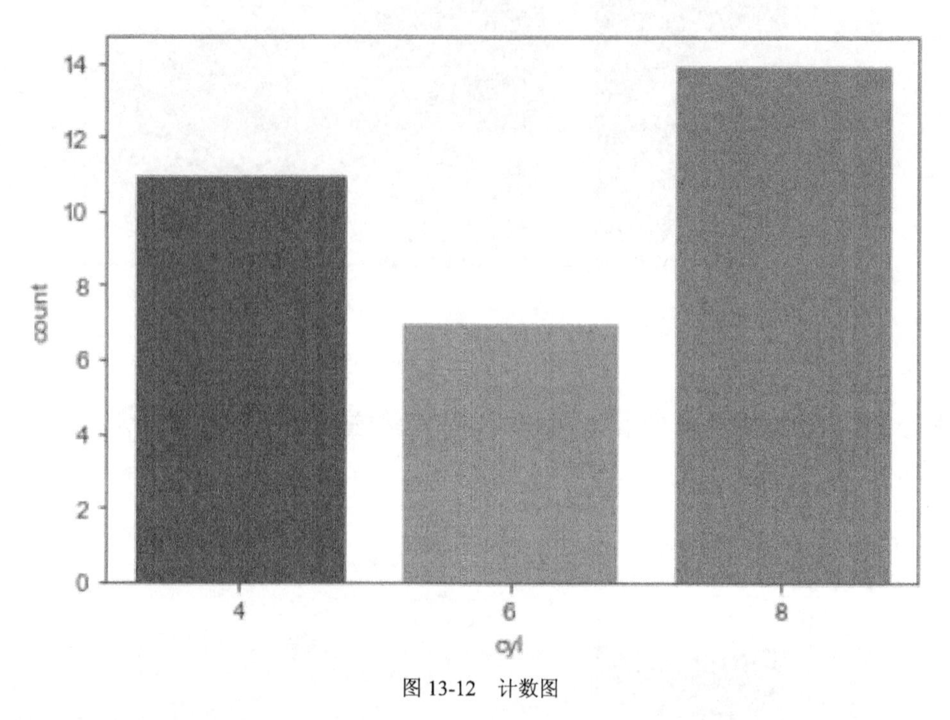


图 13-12　计数图

从图 13-12 中不难发现，32 种汽车气缸数为 8 的最多，为 6 的最少。

### 13.1.7　点图

pointplot()函数用于绘制点图，如图 13-13 所示。点图的使用率很高，适用范围也十分广泛。

```
In [26]: sns.pointplot(x='cyl',
    ...:               y='wt',
    ...:               hue='vs',
    ...:               markers=['^', 'o'],
    ...:               linestyles=['-', '--'],
    ...:               data=mtcars)
```

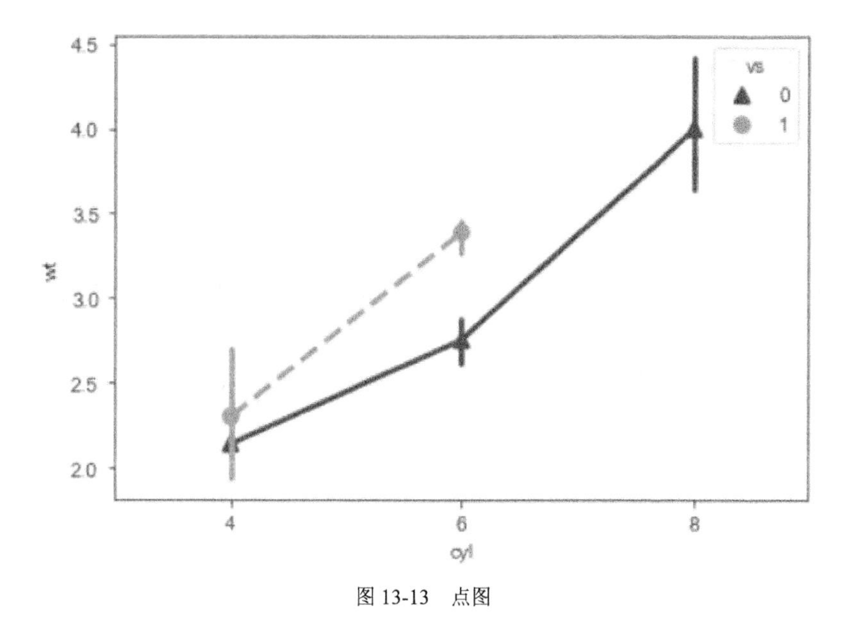


图 13-13 点图

相比于条形图，线图更适用于展示不同引擎类型下汽车重量随气缸数的变化。

### 13.1.8 箱线图

boxplot()函数用于绘制箱线图。箱线图常用在统计分析中，相比于线图和条形图，它可以简单直观地展示数据的样本量、分布以及差异。

使用和图 13-13 一样的数据和变量，图 13-14 所示的箱线图显示效果完全不同于线图。

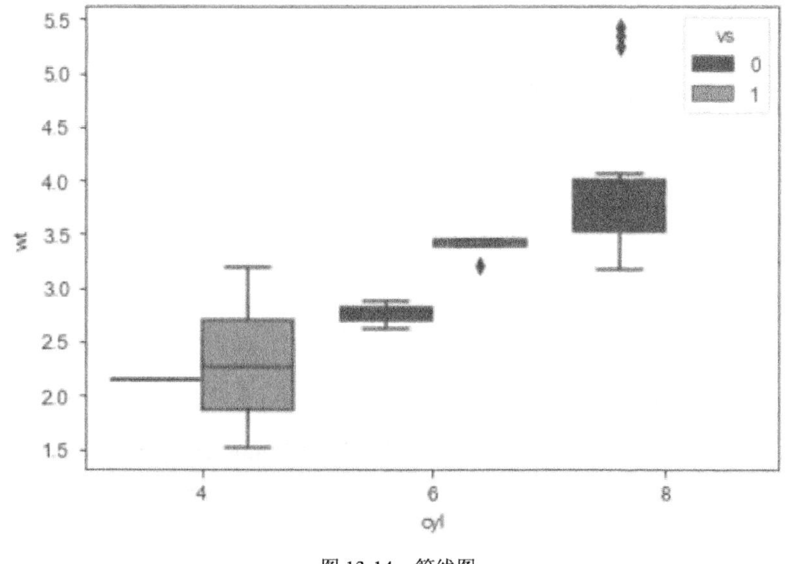


图 13-14 箱线图

```
In [27]: sns.boxplot(x='cyl',
    ...:             y='wt',
    ...:             hue='vs',
    ...:             data=mtcars)
```

### 13.1.9　小提琴图

violinplot()函数用于绘制小提琴图。小提琴图是箱线图的拓展，在视觉感受上，它对数据分布的展示更为直观。

使用与箱线图完全一致的数据，小提琴图如图 13-15 所示。

```
In [28]: sns.violinplot(x='cyl',
    ...:                y='wt',
    ...:                hue='vs',
    ...:                data=mtcars)
```

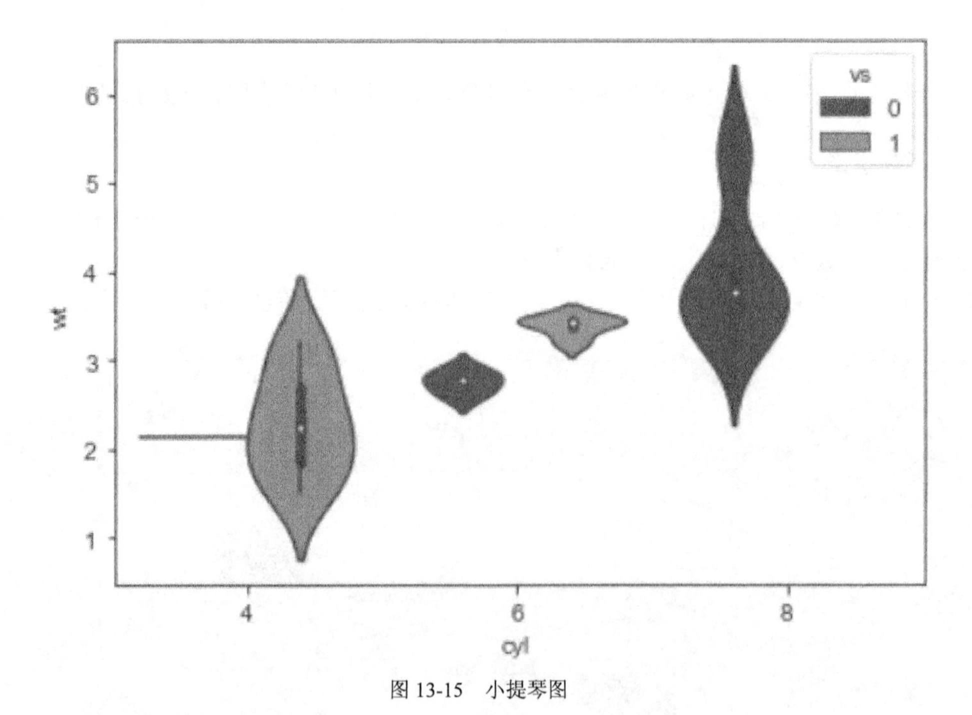


图 13-15　小提琴图

### 13.1.10　双变量分布图

双变量分布图用于展示双变量的分布和关系，通过 jointplot()函数实现。

图 13-16 展示了行程和汽车重量的一维分布与二维核密度。

```
In [29]: sns.jointplot(x='mpg', y='wt',
    ...:               data=mtcars,
    ...:               kind='kde')
```

下面通过修改 kind 选项来展示上述两个变量的直方图和线性回归图，如图 13-17 所示。

```
In [30]: sns.jointplot(x='mpg', y='wt',
    ...:               data=mtcars,
    ...:               kind='reg')
```

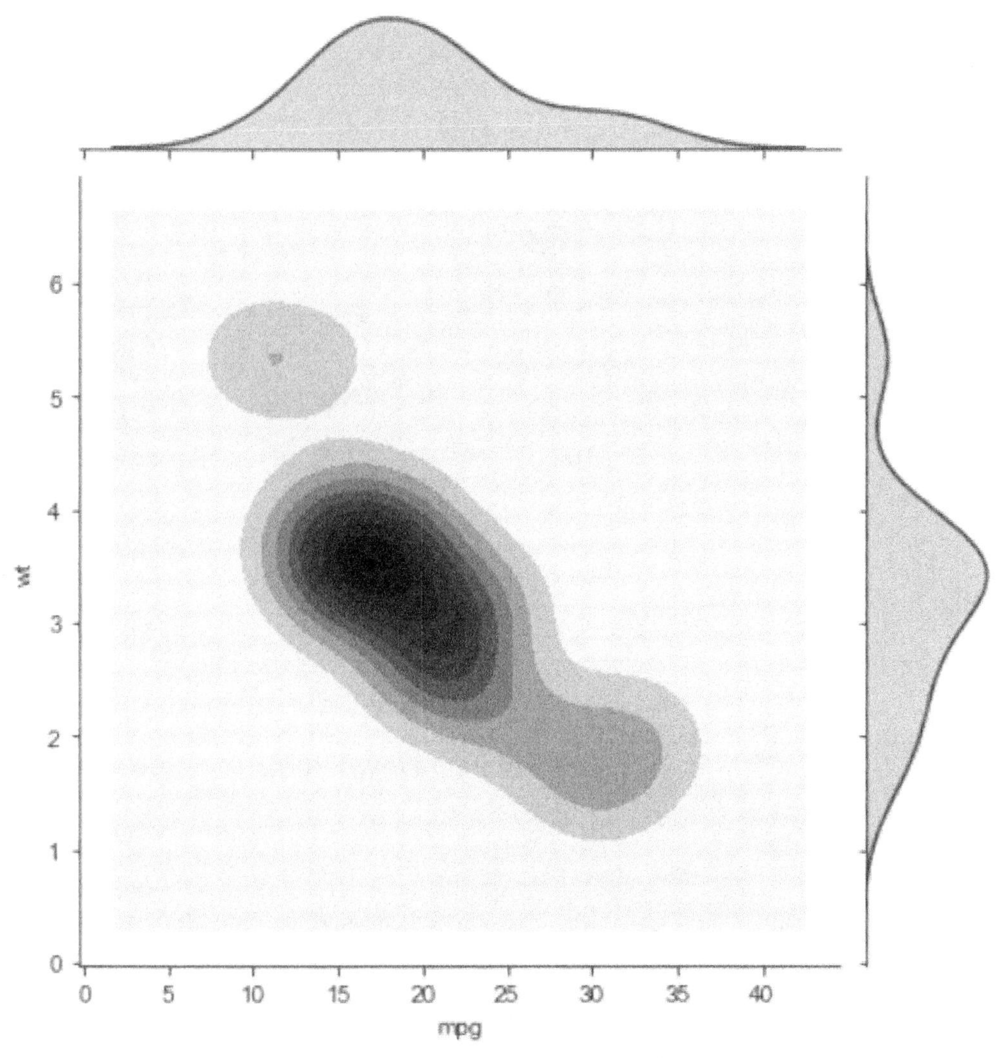


图 13-16　双变量分布图展示核密度

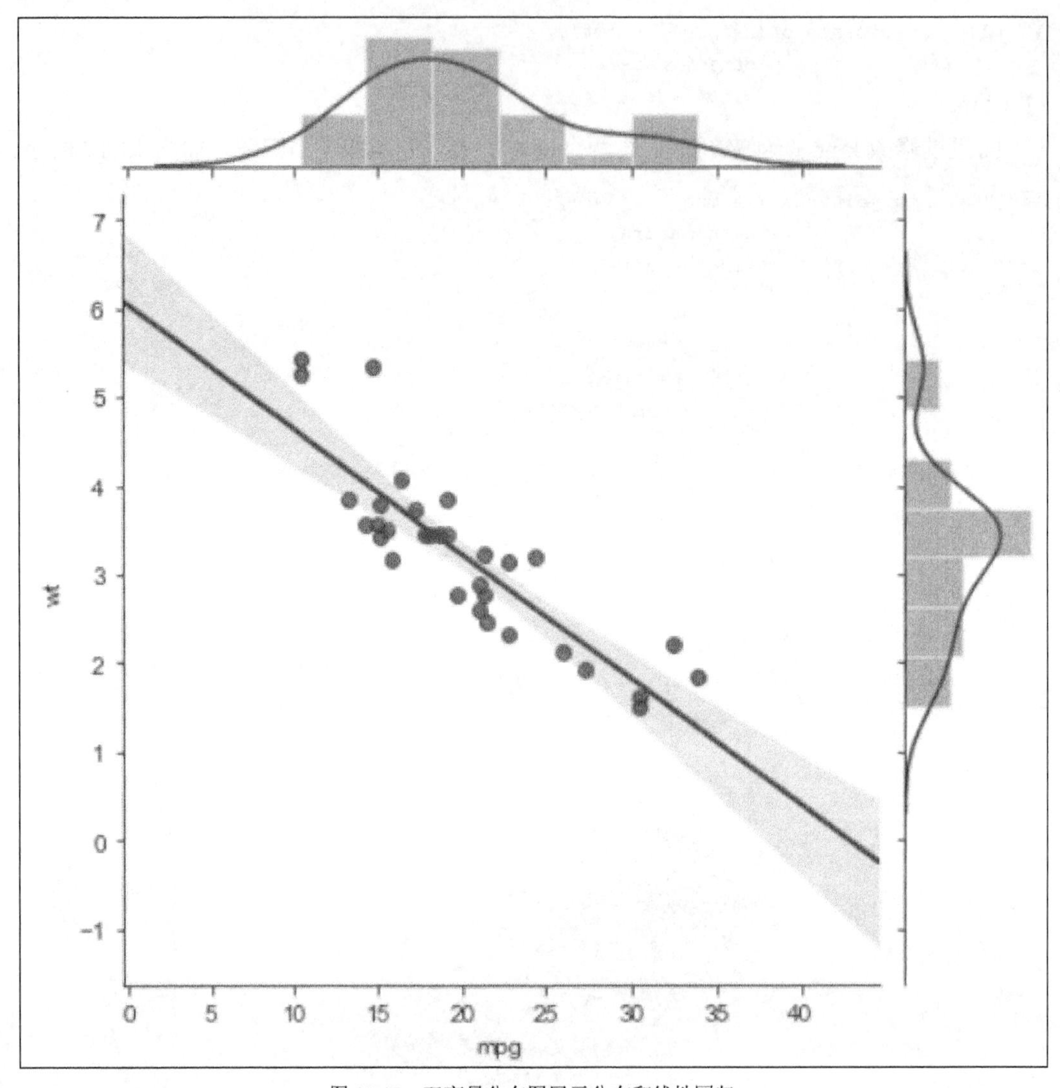


图 13-17　双变量分布图展示分布和线性回归

## 13.2 Plotnine

ggplot2 是基于图形语法的 R 语言实现，提供了灵活的图形生成和组合方法，并有大量的扩展包。由于 ggplot2 的实用性，有开发者将它的功能移植到了 Python 社区，并命名为 plotnine。

可以在终端中使用以下命令之一安装 plotnine 库：

```
# 安装方法 1
conda install -c conda-forge plotnine
# 安装方法 2
pip install plotnine
```

plotnine 库的语法与 R 语言的 ggplot2 基本一致，但需要在执行语句外层使用括号，以避免 Python 的错误语法解析。

导入 plotnine 的绘图函数和自带数据集 mtcars，并查看一个官方文档的示例，如图 13-18 所示。

```
In [31]: from plotnine import *
In [32]: from plotnine.data import mtcars
In [33]: (ggplot(mtcars, aes('wt', 'mpg', color='factor(gear)'))
    ...: + geom_point()
    ...: + stat_smooth(method='lm')
    ...: + facet_wrap('~gear'))
```

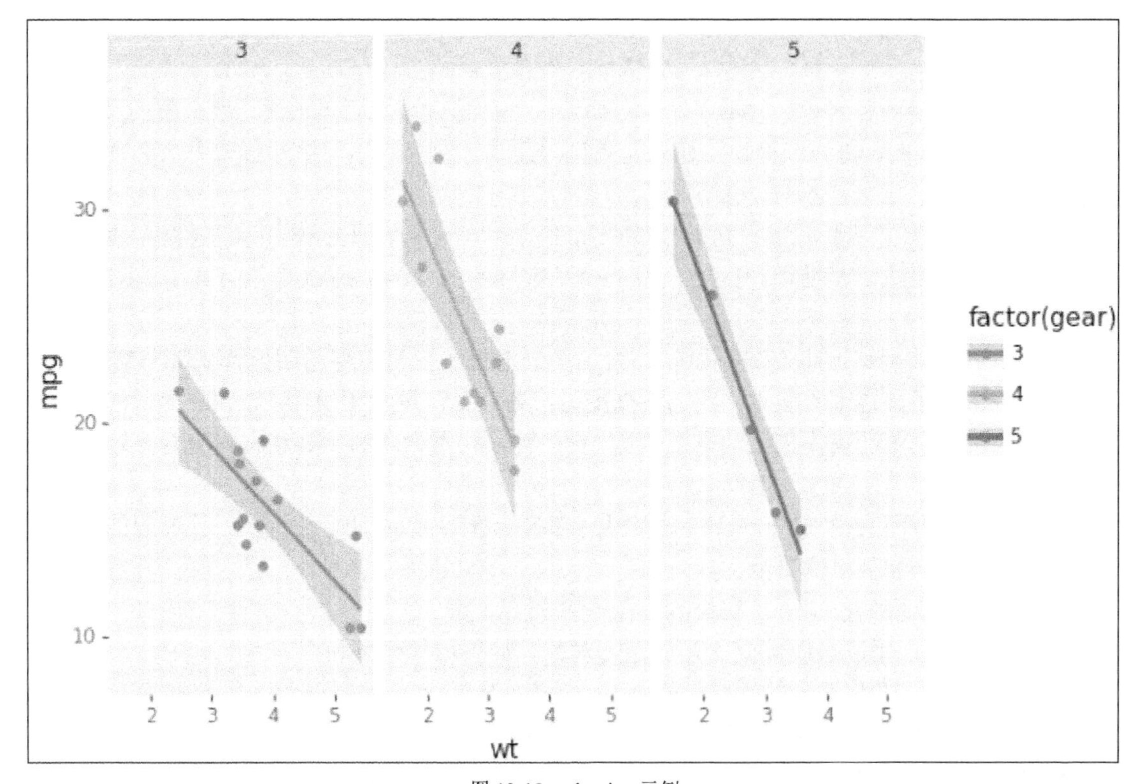


图 13-18　plotnine 示例

初次接触 ggplot 的读者可能会看不懂上面的代码，也不知道为什么几句代码的组合可以形成美观的结果图。这正是 ggplot 的强大之处，它有自己的语法规则：ggplot 绘制图形不是通过单个函数的调用，而是通过一组函数的组合来实现，每一个函数都有独特的功能。当我们了解其基本原理后，便能够轻松驾驭它，并举一反三。

接下来介绍 ggplot 的一些术语及其基本工作步骤和原理，以帮助读者基本掌握 ggplot 的语法。如果读者对 ggplot 感兴趣，可以进一步学习 plotnine 的官方文档和 R 包 ggplot2。

### 13.2.1　ggplot 术语

绘图最重要的两点是数据和显示效果。数据是可视化的对象，其中包含了若干的变量，变量存储在 DataFrame 的每一列中。

例如，我们常用的 mtcars 数据集中的每一列包含汽车的不同信息。

```
In [34]: mtcars.head()
Out[34]:
    mpg  cyl   disp   hp  drat     wt   qsec  vs  am  gear  carb
0  21.0    6  160.0  110  3.90  2.620  16.46   0   1     4     4
1  21.0    6  160.0  110  3.90  2.875  17.02   0   1     4     4
2  22.8    4  108.0   93  3.85  2.320  18.61   1   1     4     1
3  21.4    6  258.0  110  3.08  3.215  19.44   1   0     3     1
4  18.7    8  360.0  175  3.15  3.440  17.02   0   0     3     2
```

知道数据的信息后，另一个要点是确定要绘制的图形效果。简单来说，就是图的类型，如点图、线图、箱线图。更详细地说，如果是点图，需要分组吗？不同组别应该怎么体现？点的大小如何？

前面提及的绘图库都是将不同类型的图封装为不同的函数或方法，我们根据需要选择其一使用。如果需要进一步细调，则要查看某个函数详细的文档或通过其他方式寻找对应的解决办法。

ggplot 的方法则与上述方法不相同。为了更好地理解，我们将绘图比作做菜。Matplotlib 等库好比调制好了某道菜的配方，我们根据配方准备食材，按步骤操作；ggplot 提供的是做好美食所需要的工具集和操作工具的方法规则，我们可以利用不同的工具和食材组合烹饪出不同的菜品。

从学习曲线方面来说，Matplotlib 等库更为简单，但花费时间学习 ggplot 是值得的，因为它有更灵活的操作和更多的可能性。

在学习绘图步骤之前，来了解 ggplot 的一些核心术语。

- 几何对象：用以呈现数据的几何图形对象，如条形、线条和点。
- 图形属性：几何对象的视觉属性，如 $x$ 坐标和 $y$ 坐标、线条颜色、点的形状等。
- 映射：数值的值和图形属性之间存在着某类映射。
- 标度：控制着数据空间的值到图形属性空间的值的映射。一个连续型的 $y$ 标度会将较大的数值映射至空间中纵向更高的位置。
- 引导元素：向看图者展示如何将视觉属性映射回数据空间。最常见的元素是坐标轴上的刻度线、标签以及图例。

### 13.2.2　ggplot 初探

在了解了一些术语后，下面来学习绘图的语法和步骤。

在 ggplot 中，图是通过+串联的函数创建的，如图 13-19 所示。

```
In [35]: (ggplot(mtcars, aes(x='wt', y='mpg'))
    ...: + geom_point())
```

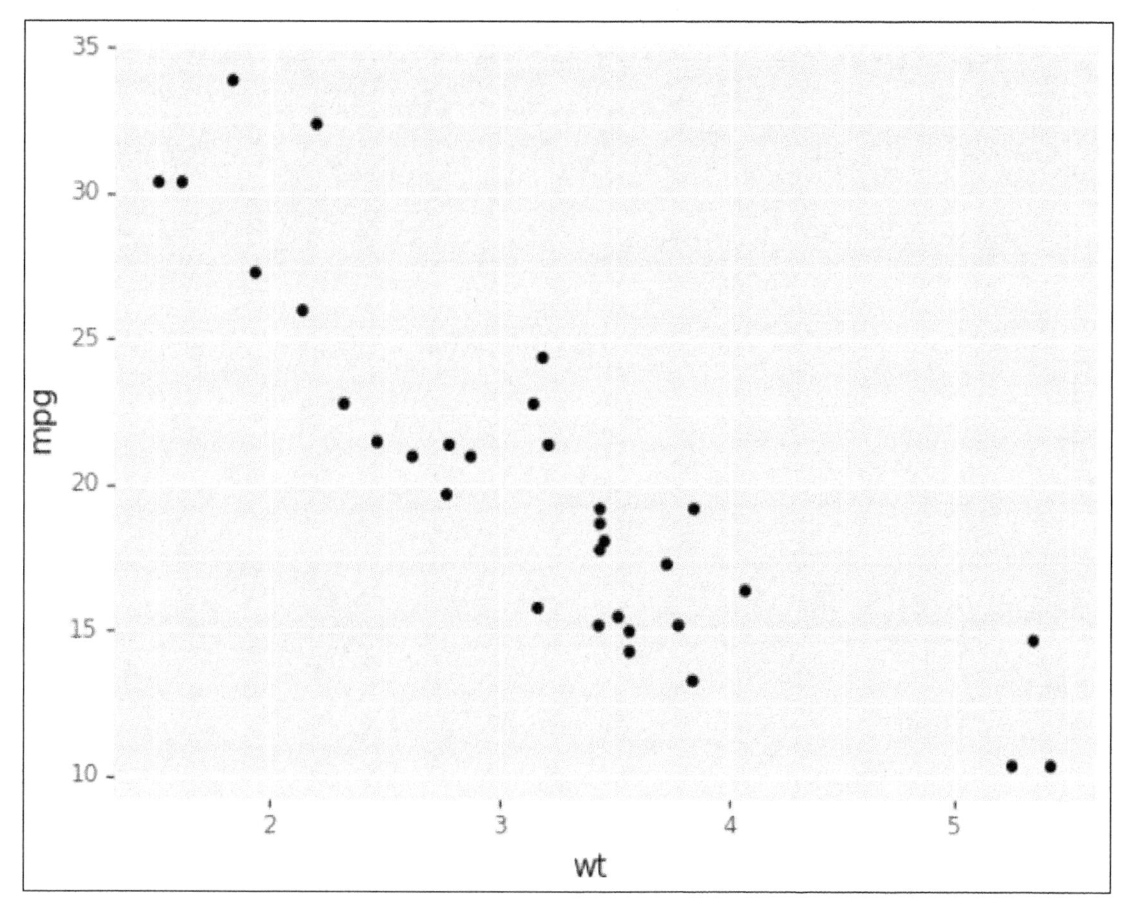


图 13-19　ggplot 点图

上述代码创建了一个基本的点图，整个绘图步骤由 3 个函数协作完成。

- ggplot()：创建一个 ggplot 对象。
- aes()：创建一个美学映射对象。
- geom_point()：创建一个点的几何对象。

ggplot()函数负责初始化图形并指定要用到的数据来源和变量。aes()函数的功能是指定每个变量扮演的角色（aes 代表 aesthetics，即如何用视觉形式呈现信息）。这里，变量 wt 的值映射到 *x* 轴，mpg 的值映射到 *y* 轴。

ggplot()函数一般有两个参数，第一个是画图的数据，第二个是映射对象。一个映射对象可以指定图形的属性，主要包括 x、y、color、size 等。一般我们绘制的是二维图，x、y 是最常用的，根据自己的需求将 *x* 轴、*y* 轴和相应的变量对应起来，即映射。

例如，设定 $x$ 轴展示汽车重量，$y$ 轴展示里程数。下面的代码会生成一个带有坐标映射的画布，如图 13-20 所示。

```
In [36]: ggplot(mtcars, aes(x='wt', y='mpg'))
```

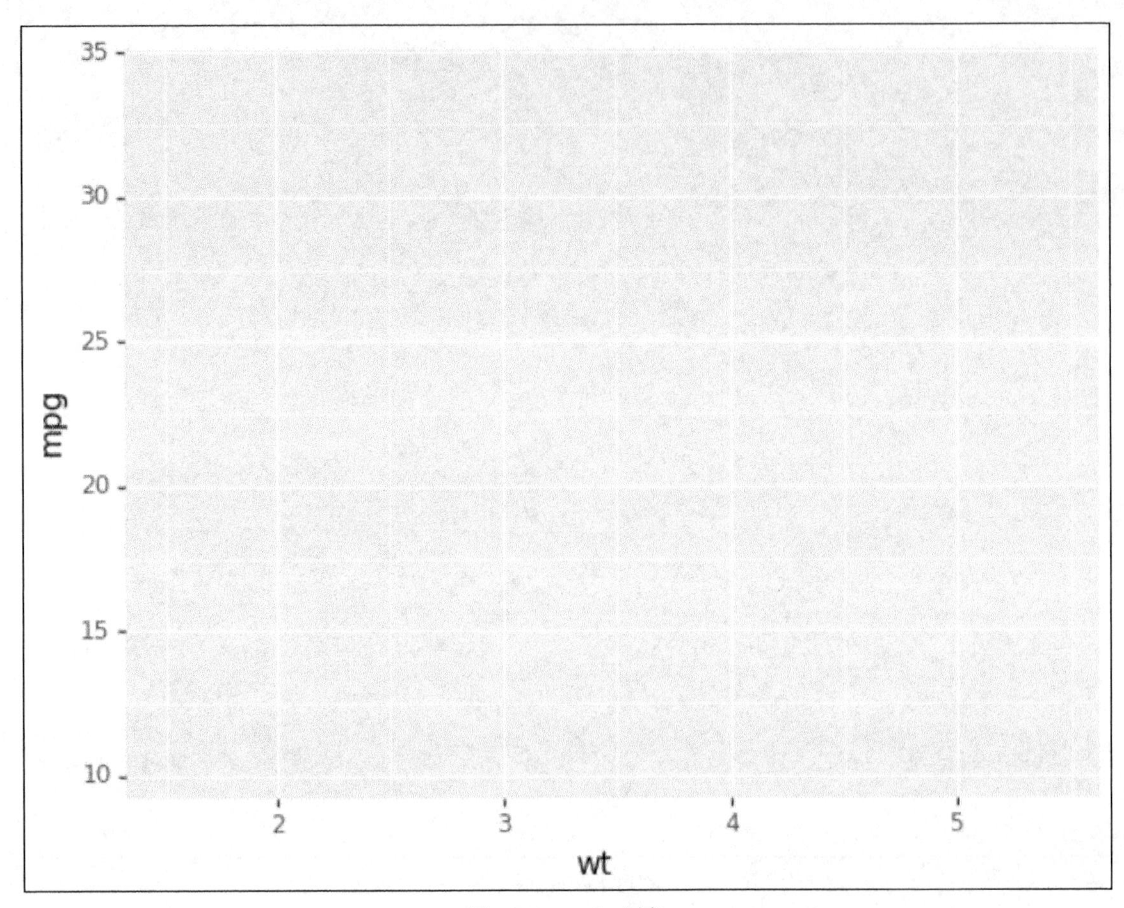


图 13-20　ggplot 画布

建立好画布和坐标映射后，我们接下来要思考用什么几何对象展示两个变量之间的关系：是点图？线图？还是点线结合？

如果是点图，则要在上述代码后衔接点的几何对象，如图 13-21 所示。

```
In [37]: ggplot(mtcars, aes(x='wt', y='mpg')) + geom_point()
```

用线图展示的做法如下，如图 13-22 所示。

```
In [38]: ggplot(mtcars, aes(x='wt', y='mpg')) + geom_line()
```

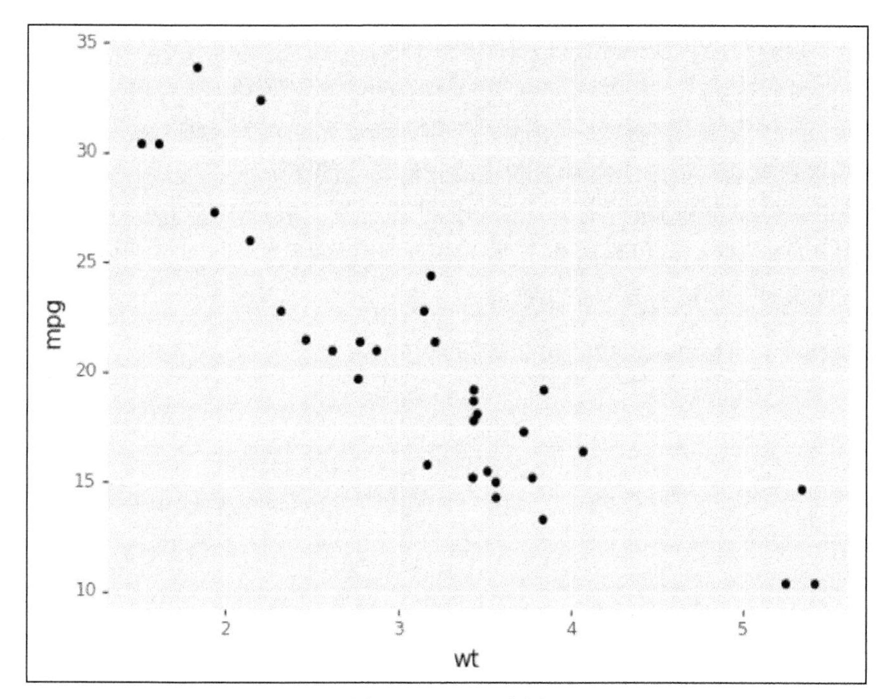


图 13-21 ggplot 点图

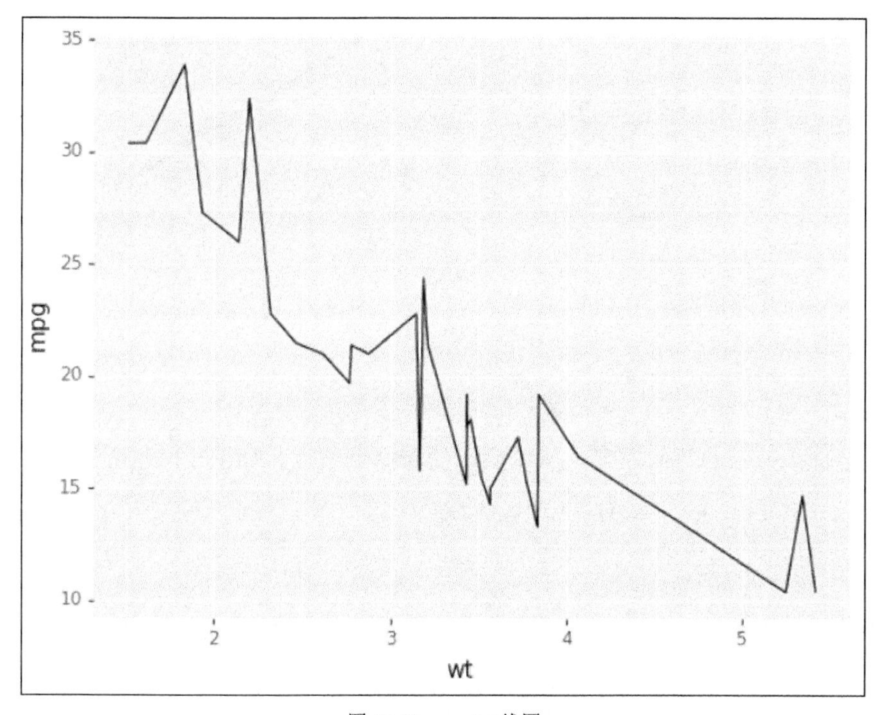


图 13-22 ggplot 线图

下面用易于理解的语言来描述图 13-21 和图 13-22 的生成代码。

（1）以 mtcars 作为输入，将 wt 列映射到 $x$ 轴、mpg 列映射到 $y$ 轴，然后用点绘制一幅图。

（2）以 mtcars 作为输入，将 wt 列映射到 $x$ 轴、mpg 列映射到 $y$ 轴，然后用线绘制一幅图。

ggplot()函数根据这些指令的组合自动生成我们想要的图形。

几何对象是可以层层叠加的。图 13-22 中的线图并没有展示出线性回归的效果，线性回归是一种平滑几何对象，我们可以修改为下面代码，运行后效果如图 13-23 所示。注意，当 ggplot 语句写为多行文本时，外部需要一个小括号。

```
In [39]: (ggplot(mtcars, aes(x='wt', y='mpg'))
    ...: + geom_smooth(method="lm"))
```

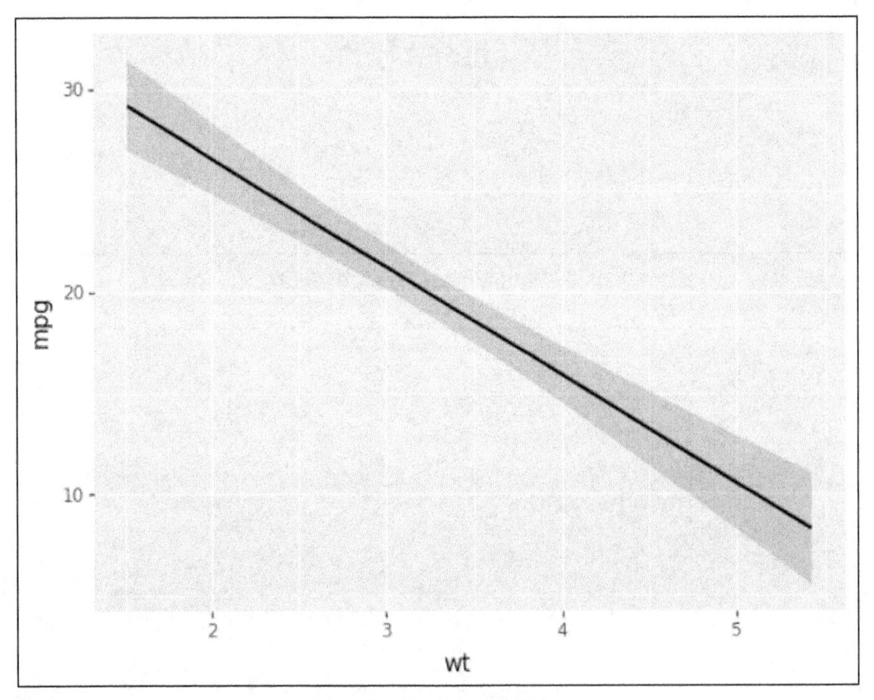


图 13-23　ggplot 线性回归

不妨在后面衔接点的几何对象，展示原始的数据点信息，如图 13-24 所示。

```
In [40]: (ggplot(mtcars, aes(x='wt', y='mpg'))
    ...: + geom_smooth(method="lm")
    ...: + geom_point())
```

通过指定几何函数的选项实现，可以修改点和线条的颜色，如图 13-25 所示。

```
In [41]: (ggplot(mtcars, aes(x='wt', y='mpg'))
    ...: + geom_smooth(method="lm", color='red')
    ...: + geom_point(color='blue'))
```

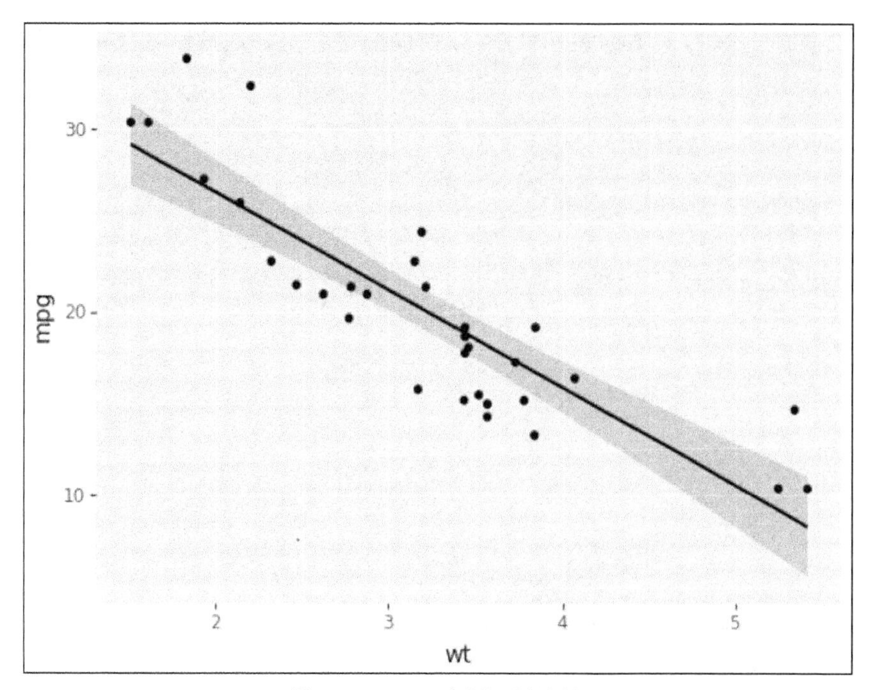


图 13-24 ggplot 点图加线性回归

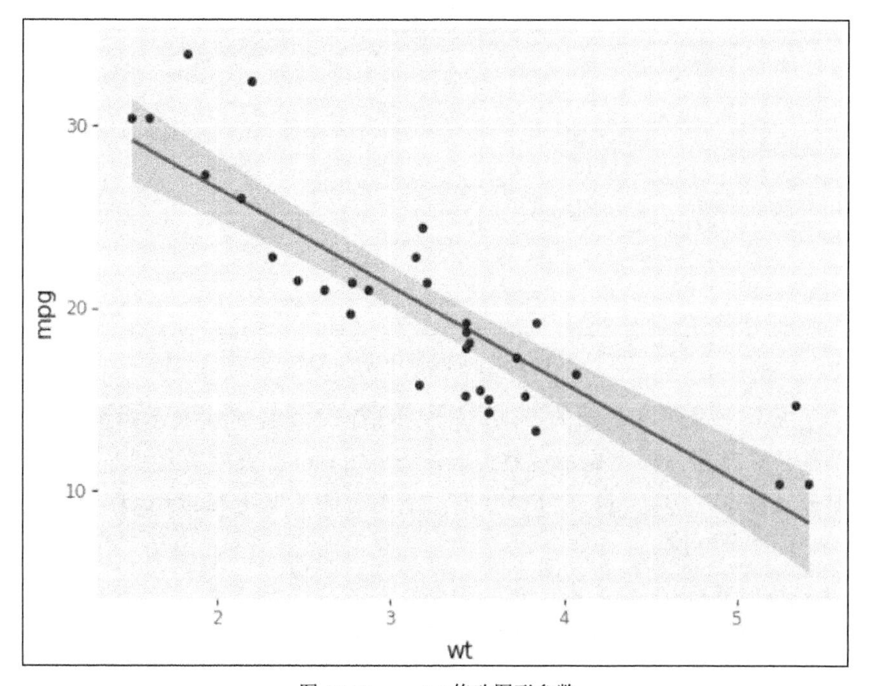


图 13-25 ggplot 修改图形参数

引导元素（包括标签、标题、图例等）都可以通过 labs()函数进行设定或修改。下面代码为图 13-25 添加了 $x$ 轴、$y$ 轴标签和标题，以帮助阅读者更好地理解该图的含义，如图 13-26 所示。

```
In [42]: (ggplot(mtcars, aes(x='wt', y='mpg'))
    ...: + geom_smooth(method="lm", color="red")
    ...: + geom_point(color="blue")
    ...: + labs(title="Automobie Data", x="Weight", y="Miles Per Gallon"))
```

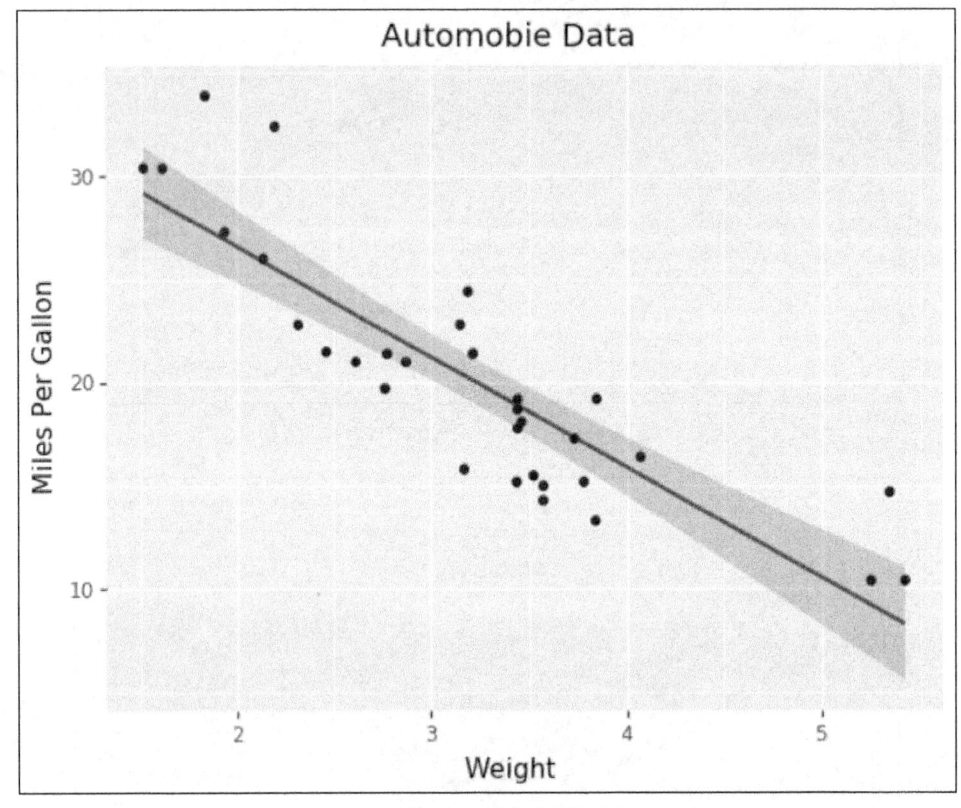


图 13-26　ggplot()修改引导元素

ggplot()函数提供了分组和分面的方法。分组是指在一个图形中显示两组或多组观察结果；分面是指在单独、并排的图形上显示观察组。注意，ggplot 包在定义组或面时要使用因子。

因子针对分类数据，例如 cyl 是分类数据，绘图时需要使用 factor(cyl)，如图 13-27 所示，否则它会是一个连续值标度。

```
In [43]: (ggplot(mtcars, aes(x='hp', y='mpg',
    ...: shape='factor(cyl)', color='factor(cyl)')) +
    ...: geom_point(size=3) +
    ...: facet_grid('am~vs') +
    ...: labs(title="Automobile Data by Engine Type",
    ...:        x="Horsepower", y="Miles Per Gallon"))
```

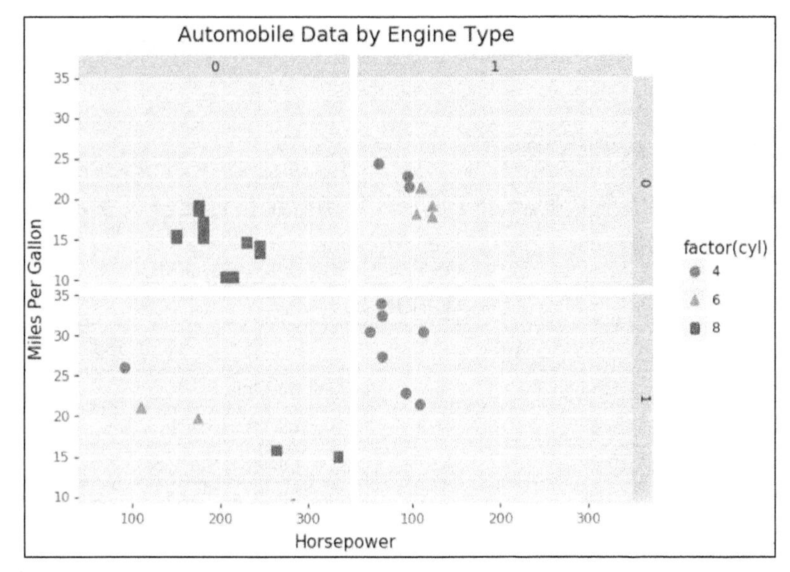


图 13-27　ggplot 分面图

下面不使用因子，生成错误结果图，如图 13-28 所示。

```
In [44]: (ggplot(mtcars, aes(x='hp', y='mpg',
    ...: shape='factor(cyl)', color='cyl')) +
    ...: geom_point(size=3) +
    ...: facet_grid('am~vs') +
    ...: labs(title="Automobile Data by Engine Type",
    ...:      x="Horsepower", y="Miles Per Gallon"))
```

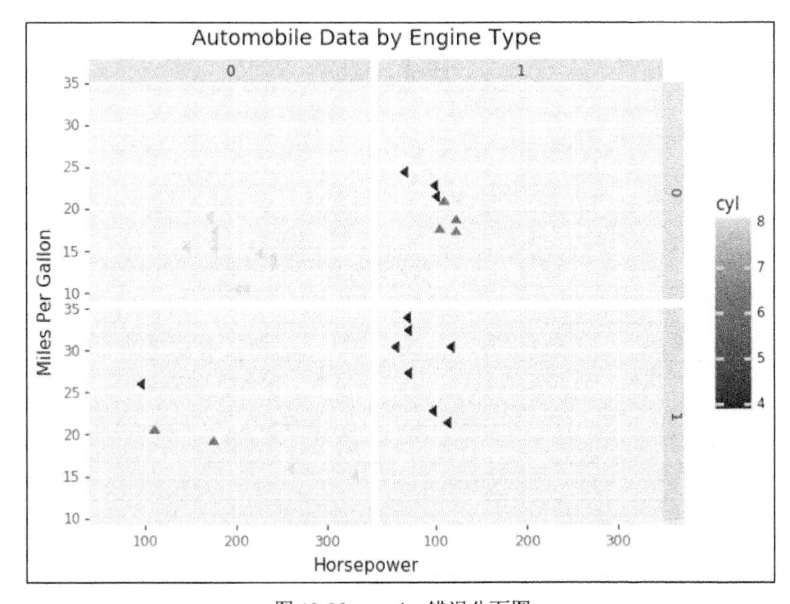


图 13-28　ggplot 错误分面图

这里使用 facet_grid()函数进行分面，可以形成网格状，输入的参数'am~vs'表示以 am 作为行，vs 作为列。

### 13.2.3　常见的几何函数和选项

ggplot()函数指定要绘制的数据源和变量，几何函数则指定这些变量如何在视觉上进行表示。表 13-1 列出常用的函数。

表 13-1　常用的函数

| 函数 | 添加 | 选项 |
|---|---|---|
| geom_bar() | 条形图 | color, fill, alpha |
| geom_boxplot() | 箱线图 | color, fill, alpha, notch, width |
| geom_density() | 密度图 | color, fill, alpha, linetype |
| geom_histogram() | 直方图 | color, fill, alpha, linetype, binwidth |
| geom_hline() | 水平线 | color, aplha, linetype, size |
| geom_jitter() | 抖动点 | color, size, alpha, shape |
| geom_line() | 线图 | colorvalpha, linetype, size |
| geom_point() | 散点图 | color, alpha, shape, size |
| geom_rug() | 地毯图 | color, sides |
| geom_smooth() | 拟合曲线 | method, formula, color, fill, linetype, size |
| geom_text() | 文字注解 | 内容较多，请参考相应文档 |
| geom_violin() | 小提琴图 | color, fill, alpha, linetype |
| geom_vline() | 垂线 | color, alpha, linetype, size |

几何函数有很多通用或常见的选项，见表 13-2。

表 13-2　几何函数的选项

| 选项 | 详述 |
|---|---|
| color | 对点、线和填充区域的边界进行着色 |
| fill | 对填充区域着色，如条形和密度区域 |
| alpha | 颜色的透明度，取值从 0（完全透明）到 1（不透明） |
| linetype | 图案的线条（1=实线，2=虚线，3=点，4=点破折号，5=长破折号，6=双破折号） |
| size | 点的尺寸和线的宽度 |
| shape | 点的形状（和 pch 一样，0=开放的方形，1=开放的圆形，2=开放的三角形，等等） |
| position | 绘制诸如条形图和点等对象的位置。对于条形图来说，'dodge'将分组条形图并排，'stacked'堆叠分组条形图，'fill'垂直地堆叠分组条形图并规范其高度相等；对于点来说，'jitter'减少点重叠 |
| binwidth | 直方图的宽度 |
| notch | 表示方块图是否应为缺口（TRUE/FALSE） |
| sides | 地毯图的安置（"b"=底部，"l"=左部，"t"=顶部，"r"=右部，"bl"=左下部，等等） |
| width | 箱线图的宽度 |

下面举例来验证以上参数的使用，如图 13-29 所示。

```
In [45]: (ggplot(mtcars, aes(x='factor(cyl)', y='mpg'))
    ...: + geom_boxplot(fill='cornflowerblue', color='black', notch=True)
    ...: + geom_point(position='jitter', color='blue', alpha=0.5)
    ...: + geom_rug(sides='l', color='black'))
```

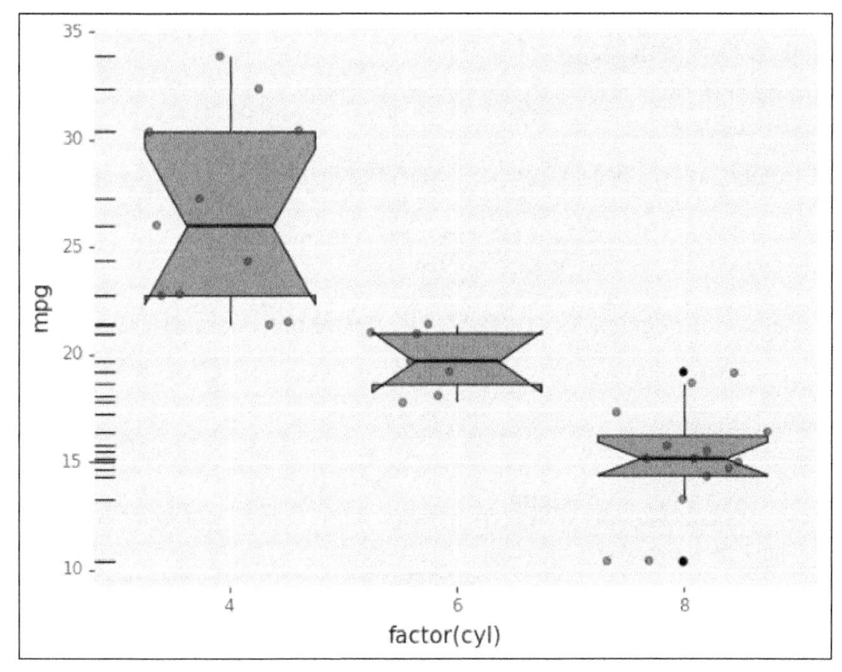


图 13-29 ggplot 组合实例

## 13.3 Bokeh

Bokeh 是一个交互式可视化库，支持 Web 浏览器，其目标是同时提供优雅简洁的图形风格和大型数据集的高性能交互功能特性。Bokeh 可用于快速创建交互式仪表盘和数据分析应用。

可以在终端中使用以下命令之一安装 Bokeh 库：

```
# 安装方法 1
conda install bokeh
# 安装方法 2
pip install bokeh
```

接下来通过 Bokeh 官方文档的一些示例来介绍 Bokeh 的基础概念和操作。

### 13.3.1 Bokeh 基础

Bokeh 的设计理念与 ggplot 类似，采用创建画布并逐一添加图形元素（点、线、弧形等）的方法来构建图形。图形元素在 Bokeh 中被称为 glyphs，对应 ggplot 中的几何对象（由 geom_

系列函数生成）。

在使用 Bokeh 绘图时，我们需要导入一些常用函数。

（1）figure()：用于创建图形对象。

（2）output_系列函数：包括 outputfile()、outputnotebook()和 output_server()，负责告诉 Bokeh 如何显示和保存图形。

（3）show()：立即显示图形。

（4）save()：保存图形。

第 2～4 点应当结合使用。

在 Jupyter Notebook 中，我们一般使用下面的导入方式：

```
In [46]: from bokeh.io import output_notebook, show
In [47]: from bokeh.plotting import figure
```

然后调用 output_notebook()函数指定图形输出方式是 notebook，图形绘制完成后使用 show()函数即可显示。

```
In [48]: output_notebook()
Loading BokehJS ...
```

接下来介绍如何使用 Bokeh 库构建基本图形，请读者观察它的操作方法和效果与前面介绍的图形库的不同之处。

### 1. 散点图

```
In [49]: # 步骤 1：使用 figure() 创建图形对象
    ...: # 并指定图形的宽高
    ...: p = figure(plot_width=400, plot_height=400)
    ...: # 步骤 2：添加图形元素
    ...: # 这里绘制点并指定点的一些属性
    ...: # 包括大小、颜色和透明度
    ...: p.circle([1, 2, 3, 4, 5], [6, 7, 2, 4, 5],
    ...:     size=15, line_color="navy",
    ...:     fill_color="orange", fill_alpha=0.5)
    ...: # 步骤 3：展示图形
    ...: show(p)
```

输出的图形比基础的 Matplotlib 库构建的图形更美观，并且在右侧出现了一些交互操作选项，包括查看 Bokeh 官方地址、放大图形局部、保存和重置等。此外，图形可以通过鼠标滚轮放大或缩小。

除了点图，Bokeh 还支持很多其他的形状，如图 13-30 所示的方块。

```
In [50]: p = figure(plot_width=400, plot_height=400)
    ...: p.square([1, 2, 3, 4, 5], [6, 7, 2, 4, 5],
```

```
    ...:        size=15, color="firebrick", fill_alpha=0.5)
    ...: show(p)
```

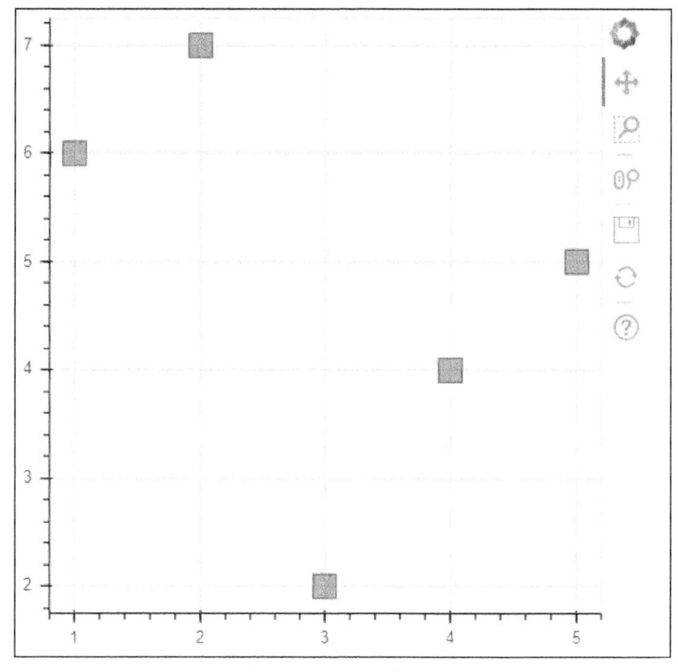


图 13-30 Bokeh 散点图

## 2. 线图

线图只需要调用 line()方法绘制，不需要改变步骤，如图 13-31 所示。

```
In [51]: p = figure(plot_width=400, plot_height=400)
    ...: p.line([1, 2, 3, 4, 5], [6, 7, 2, 4, 5],
    ...:        line_width=2)
    ...: show(p)
```

## 3. 组合图

如果需要同时绘制点图和线图，在下面的代码中进行步骤 2 时可以多次绘制图形元素。下面代码展示了点与线的结合，如图 13-32 所示。

```
In [52]: # 构建数据
    ...: x = [1, 2, 3, 4, 5]
    ...: y = [6, 7, 8, 7, 3]
    ...: # 步骤 1:
    ...: p = figure(plot_width=400, plot_height=400)
    ...: # 步骤 2:
    ...: p.line(x, y, line_width=2)
    ...: p.circle(x, y, fill_color="white", size=8)
```

```
...: # 步骤 3：
...: show(p)
```

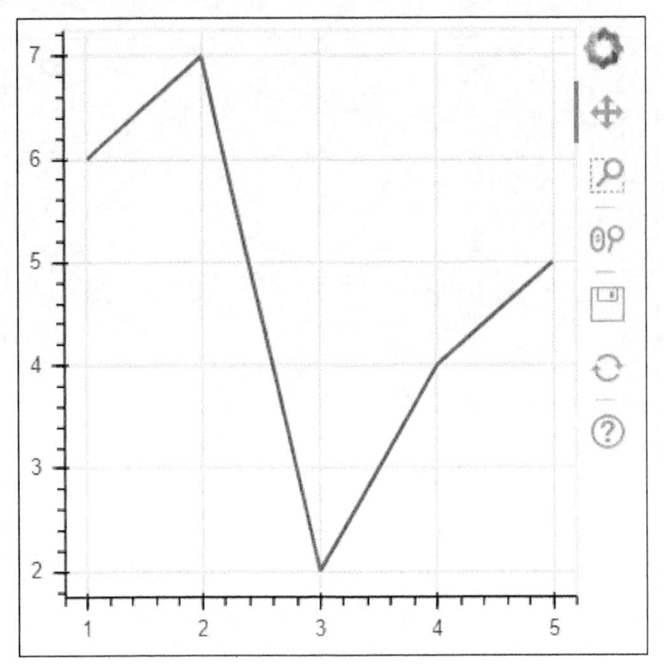


图 13-31　Bokeh 线图

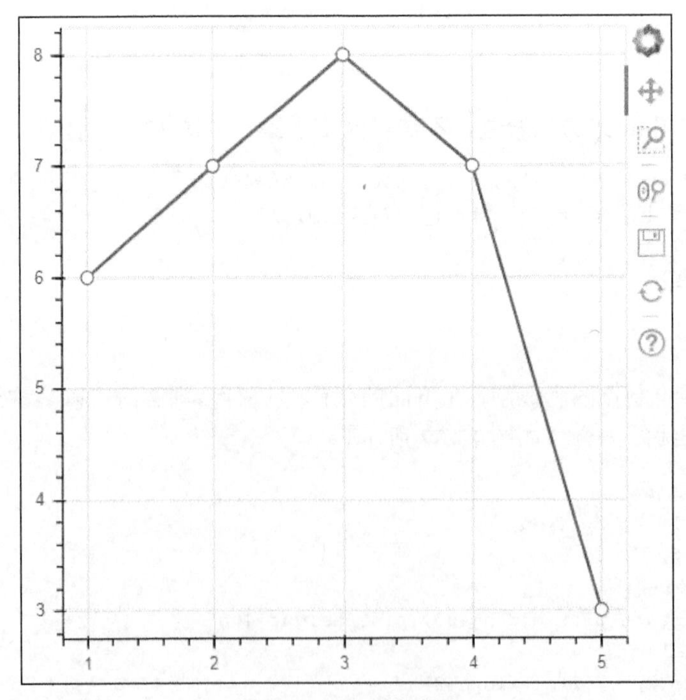


图 13-32　Bokeh 组合图

如需绘制其他的图形元素，请自行查阅官方文档。

## 13.3.2 图形排列

如需同时展示多个图形，则要进行排列，Bokeh 提供了两种图形排列方法。

### 1. 水平与垂直排列

bokeh.layouts 模块提供了 row()和 column()函数用于水平和垂直排列图形。

首先构建几个图形：

```
In [53]: # 构建数据
    ...: x = [1, 2, 3, 4, 5]
    ...: y = [6, 7, 8, 7, 3]
    ...: # 绘制图形 1
    ...: p1 = figure(plot_width=150, plot_height=150)
    ...: p1.circle(x, y,
    ...:           size=5, line_color="navy",
    ...:           fill_color="orange", fill_alpha=0.5)
    ...: # 绘制图形 2
    ...: p2 = figure(plot_width=150, plot_height=150)
    ...: p2.square(x, y,
    ...:           size=5, color="firebrick", fill_alpha=0.5)
    ...: # 绘制图形 3
    ...: p3 = figure(plot_width=150, plot_height=150)
    ...: p3.line(x, y, line_width=2)
```

然后分别使用水平排列和垂直排列查看效果，如图 13-33 和图 13-34 所示。

```
In [54]: from bokeh.layouts import row, column
    ...: # 水平排列
    ...: show(row(p1, p2, p3))
```

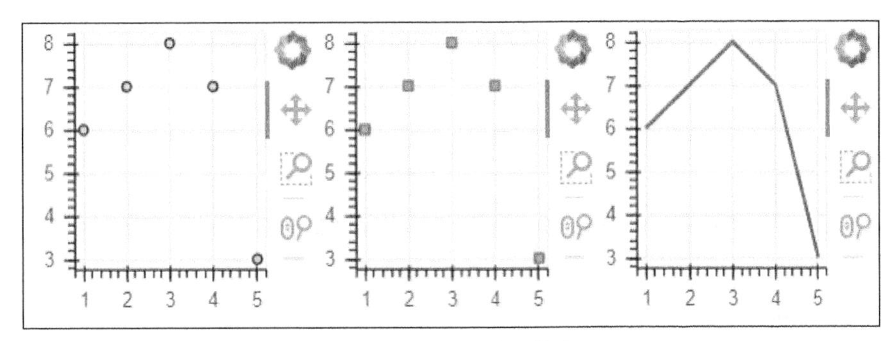

图 13-33　Bokeh 水平排列

```
In [55]: # 垂直排列
    ...: show(column(p1, p2, p3))
```

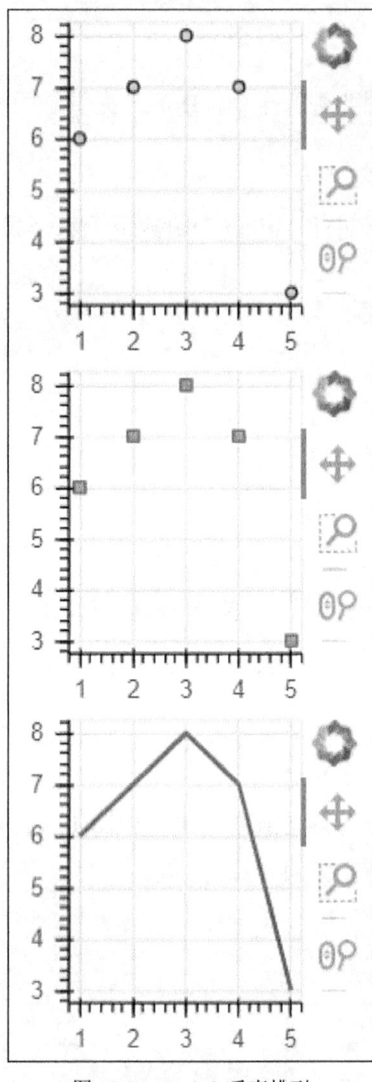


图 13-34　Bokeh 垂直排列

## 2. 网格排列

Bokeh 库还提供了网格排列函数 gridplot()，这里直接使用前面的图形对象来操作，如图 13-35 所示。

```
In [56]: from bokeh.layouts import gridplot
    ...: p = gridplot([[p1, p2], [p3, None]], toolbar_location=None)
    ...: show(p)
```

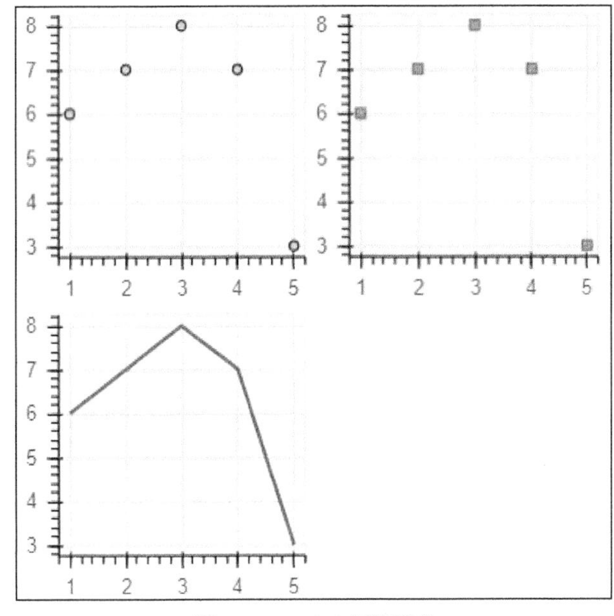


图 13-35 Bokeh 网格排列

gridplot()函数需要传入图形对象列表，列表第 1 个元素表示第 1 行，列表第 2 个元素表示第 2 行，依次类推。None 可以用于填充或者占位。

## 13.4 章末小结

本章介绍了 3 个高级绘图库 Seaborn、Plotnine 和 Bokeh 的基本操作方法，相比于 Matplotlib 库，它们的代码更加简单、图形更为美观、更适用于处理复杂的数据和需求。

Seaborn 库是 Matplotlib 的升级版，封装了底层绘图逻辑，读者可以根据不同的绘图需求选择不同的绘图函数，一些细节则通过函数的选项进行控制。

Plotnine 库是 ggplot 在 Python 中的实现，它有强大的图形理论支撑，绘图操作灵活多变。Plotnine 库虽然没有 Seaborn 库容易上手，但可以帮助读者理解图形的构成，建议读者结合 R 语言中的 ggplot2 进行系统学习。

Bokeh 库的最大特点是图形优雅简洁和支持交互。本章只对该库进行了简单介绍，未涉及更复杂的操作和交互特性。对交互式绘图感兴趣的读者可自行拓展学习。

总而言之，绘图是数据分析中的重要一环，是展示数据规律、与他人交流想法、汇总资料生成结论的工具，数据分析人员应当熟练掌握基础图形的绘制方法。注意，本书介绍很多的绘图库并不要求读者全部掌握，而是为读者提供不同的解决思路和方法，它们的很多功能是重叠的，入门级读者应根据自己的需求和兴趣选择其一进行深入的学习和应用。

# 第 14 章　统计分析

**本章内容提要：**

- 数据的概括性度量
- 统计分布
- 假设检验

统计学是关于认识客观现象总体数量特征和数量关系的科学。一些常见的统计学概念早已深入生活的各个方面，如求和、求均值、相关性等。在不同的领域中，统计分析的重要性不太一样。不管怎样，掌握基础的统计分析方法是有必要的。本章主要介绍一些描述性统计、统计分布和假设检验的基本理论，以及在 Python 中的实现。

## 14.1 概括性度量

对于两组数据，我们通常无法通过一对一地比较得出它们的关系（如大或小）。为了了解和比较数据的分布情况，我们需要提取数据分布的特征。

一般从以下 3 个方面对数据分布的特征进行描述。

- 分布的集中趋势：反映数据点向其中心值聚集的程度。
- 分布的离散程度：反映数据点远离中心值的程度。
- 分布的形状：反映数据分布偏斜的程度和峰度。

接下来逐一介绍它们，我们依旧使用 mtcars 数据集，先导入需要的库和数据。

```
In [1]: import statistics as st # 标准库
   ...: import numpy as np
   ...: import pandas as pd
   ...: mtcars = pd.read_csv('files/chapter10/mtcars.csv')
```

### 14.1.1 集中趋势的度量

集中趋势反映了一组数据中心点的位置。不同的数据类型使用的集中趋势度量不同。

- 分类数据：众数。
- 顺序数据：中位数、众数。
- 数值数据：均值（平均数）、中位数、众数。

Python 标准库、NumPy 库和 Pandas 库都提供了相应的计算函数。

#### 1. 均值

均值反映总体的一般水平，有算术平均数、几何平均数等类型。

算术平均数最为常用，它是一组数据总和与数量的比值。

```
In [2]: st.mean([1, 2, 3])  # 标准库计算
Out[2]: 2
In [3]: np.mean([1, 2, 3])  # NumPy 库计算 Out[3]: 2.0
In [4]: pd.Series([1, 2, 3]).mean()  # Pandas 库计算
Out[4]: 2.0
```

几何平均数又称对数平均数，是 $n$ 个数值乘积的 $n$ 次根，常用于计算当各数据值的连乘积等于总比率或总速度时的平均比率或平均速度，如投资的年利率。如果数据存在 0，则几何平均数无效。

Python 标准库 3.8 版本后才支持几何平均数计算函数。NumPy 库没有该函数的实现，我们可以根据定义自行写一个函数。

```
In [5]: def geo_mean(iterable):
   ...:     a = np.log(iterable)
   ...:     return np.exp(a.sum()/len(a))
In [6]: geo_mean([1, 2, 3])
Out[6]: 1.8171205928321397
```

导入 SciPy 库中的计算函数进行验证。SciPy 是著名的科学计算库，提供了一系列的统计分析功能。

可以在终端中使用以下命令之一安装 SciPy 库：

```
# 安装方法 1
conda install scipy
# 安装方法 2
pip install scipy
```

导入函数进行计算：

```
In [7]: from scipy.stats.mstats import gmean
   ...: gmean([1, 2, 3])
Out[7]: 1.8171205928321397
```

### 2. 中位数

中位数是一组数据中间位置的值，它不受极端值的影响。

```
In [8]: st.median([1, 2, 1000])
Out[8]: 2
In [9]: np.median([1, 2, 1000])
Out[9]: 2.0
```

注意，当数据为偶数项时，中位数是最中间两个数的平均值。

```
In [10]: pd.Series([1, 2, 3, 1000]).median()
Out[10]: 2.5
```

### 3. 众数

众数是一组数据中出现次数最多的值，不受极端值影响。它的断点不容易确定，可能有一个众数，也可能有多个众数。如果数据是均匀分布的，那么没有众数。

推荐使用 Pandas 的 mode()方法检测众数，Python 标准库中的 mode()函数无法检测有多个众数的情况。

```
In [11]: pd.Series([1, 2, 2, 3, 3, 5]).mode()
Out[11]:
0    2
1    3
dtype: int64
```

平均数、中位数与众数三者的关系与总体分布的特征有关，读者可以参考以下标准进行选择。

- 当数据呈对称分布时，3 个值相等或者接近，这时应选择均值作为集中趋势的代表值。
- 当数据中存在极端值时，平均数易受极端值的影响而使数据发生偏斜。对于偏态分布的数据，平均数代表性较差。当数据为偏态分布，特别是偏斜程度较大时，可以考虑使用中位数或者众数，这时二者的代表性都比平均数好。

## 14.1.2　离散程度的度量

集中趋势反映数据的平均水平，探究的是共性，但无法显示出一组数据内部的差异。离散程度用于测量一组数据内部的差异。测量离散程度的方法有极差、方差和标准差等。

### 1. 极差

极差是一组数据内最大值减最小值得到的差，其计算很容易，使用不多。

```
In [12]: a = [1, 2, 3, 1000]     ...: max(a) - min(a)
Out[12]: 999
```

### 2. 方差

方差是一组数据与其平均数的离差平方和除以自由度得到的商，商的值减 1 称为自由度。自由度是指附加给独立的观测值的约束或限制。比如一组数据 a、b、c，一旦均值确定，那么 3 个数据中只有两个值可以自由选择。

```
In [13]: pd.Series([1, 2, 3, 1]).var()
Out[13]: 0.9166666666666666
In [14]: pd.Series([1, 2, 3, 1000]).var()
Out[14]: 249001.66666666666
```

在上述代码中，虽然只改变了一个数据，但方差发生了极大的变化。

### 3. 标准差

标准差是方差的平方根。与方差相比，标准差的单位与数据的计量单位相同，因此标准差是测量数值型数据离散程度最重要和最常用的指标。

```
In [15]: pd.Series([1, 2, 3, 1]).std()
Out[15]: 0.9574271077563381
```

在数据分析前探究数据的分布是比较重要的，Pandas 库提供了 describe()函数直接计算整个 DataFrame 对象的描述性统计量，其中最重要的两个指标便是均值（算术平均数）和方差。

```
In [16]: mtcars.describe()
Out[16]:
             mpg        cyl        disp  ...         am       gear    carb
count  32.000000  32.000000   32.000000  ...  32.000000  32.000000  32.0000
mean   20.090625   6.187500  230.721875  ...   0.406250   3.687500   2.8125
std     6.026948   1.785922  123.938694  ...   0.498991   0.737804   1.6152
min    10.400000   4.000000   71.100000  ...   0.000000   3.000000   1.0000
25%    15.425000   4.000000  120.825000  ...   0.000000   3.000000   2.0000
50%    19.200000   6.000000  196.300000  ...   0.000000   4.000000   2.0000
75%    22.800000   8.000000  326.000000  ...   1.000000   4.000000   4.0000
max    33.900000   8.000000  472.000000  ...   1.000000   5.000000   8.0000

[8 rows x 11 columns]
```

## 14.1.3 偏态与峰态的度量

前面介绍了集中趋势和离散程度这两个数据分布的重要特征，如果要全面了解数据的特点，还要知道数据分布的形态是否对称、偏斜的程度等。

### 1. 偏态

偏态是对数据分布对称性的度量。如果数据分布是对称的，那么偏态系数在−1～1 之间，完全对称时为 0；偏态系数为正时，为右偏分布；偏态系数为负时，为左偏分布。

下面来看 mtcars 数据集中展示的汽车重量的偏态如何。

```
In [17]: mtcars.wt.skew()
Out[17]: 0.4659161067929868
```

不难推断出该重量分布大致是对称的，不过有些许右偏。接下来使用核密度图验证一下，如图 14-1 所示。

```
In [18]: %matplotlib # Notebook 使用 %matplotlib inline
    ...: mtcars.wt.plot(kind='kde')
```

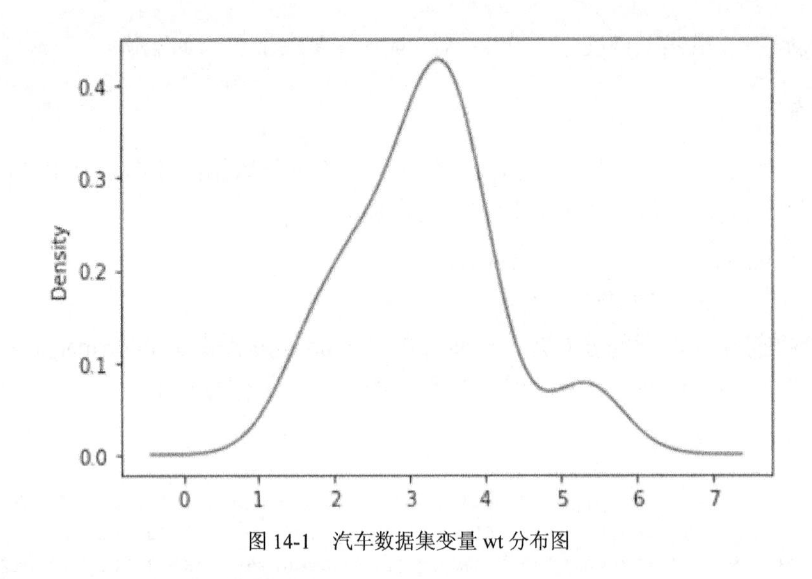


图 14-1　汽车数据集变量 wt 分布图

## 2. 峰态

峰态用于测量数据分布平峰或者尖峰程度，通常与标准正态分布相比较，即均值为 0、标准差为 1 的分布。如果一组数据服从标准正态分布，那么峰态系数为 0；若峰态系数大于 0，则分布更尖，意味着数据更集中；若峰态系数小于 0，则分布更平，数据分布更分散。

由此可以推断，汽车重量的分布峰态应该接近 0，可能大于 0，下面通过计算来验证。

```
In [19]: mtcars.wt.kurtosis()
Out[19]: 0.41659466963492564
```

那么分散的分布峰态是怎样的呢？我们选择 cyl 变量进行计算和可视化，如图 14-2 所示。

```
In [20]: mtcars.cyl.kurtosis()
Out[20]: -1.7627938970111958
In [21]: mtcars.cyl.plot(kind='kde')
```

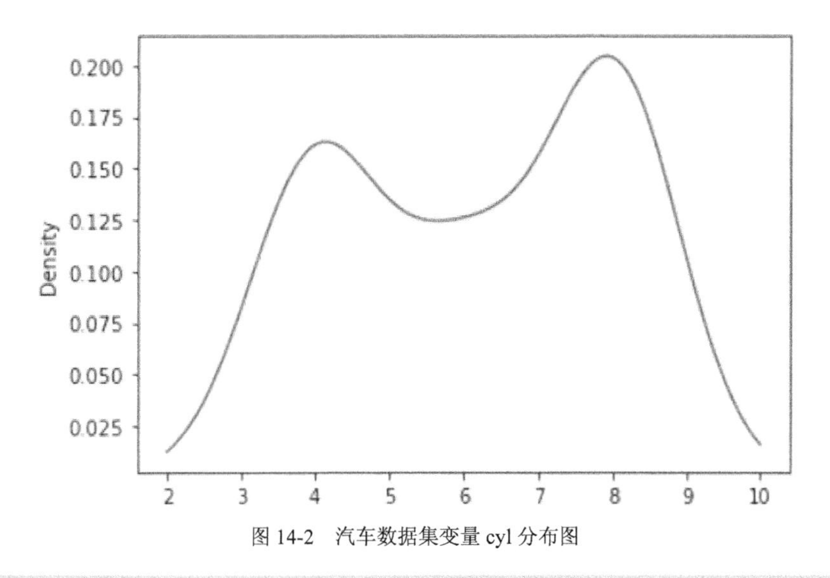


图 14-2 汽车数据集变量 cyl 分布图

## 14.2 统计分布

人们在生活实践中发现，不同变量数据分布的形状和变化是有规律的，例如年龄、身高分布，都是两头低、中间高。历史上数学家们对于数据分布的公式化描述形成了不同的统计分布。根据分布是否连续，将分布分为连续分布和离散分布，对应的变量为连续型变量和离散变量。接下来对常见的统计学分布进行介绍和可视化。

### 14.2.1 正态分布

正态分布，也称高斯分布，是最重要的连续分布。世界上绝大部分的分布都属于正态分布，例如，人的身高、体重、考试成绩、降雨量等。原因在于，根据中心极限定理，如果一个事物受到多种因素的影响，不管每个因素本身是什么分布，它们相加后，那么结果的平均值就是正态分布。而世界上许多事物会受到多种因素的影响，这导致了正态分布十分常见。具体的公式推导和相关知识请读者查阅专业的统计学图书。

正态分布如同一条钟形曲线（也有这个叫法），中间高、两边低、左右对称。它有两个重要的参数：均值和标准差。

下面代码绘制了一条标准的正态分布曲线，均值为 0，标准差为 1，如图 14-3 所示。

```
In [22]: from scipy import stats
    ...: import matplotlib.pyplot as plt
    ...: mu = 0 # 均值
    ...: sigma = 1 # 标准差
    ...: x = np.arange(-5,5,0.1)
    ...: y = stats.norm.pdf(x,mu,sigma)  # 生成正态分布概率函数值
    ...: plt.plot(x, y)
    ...: plt.title('Normal: $\mu$=%.1f, $\sigma^2$=%.1f' % (mu,sigma))
```

```
    ...: plt.xlabel('x')
    ...: plt.ylabel('Probability density', fontsize=15)
    ...: plt.show()
```

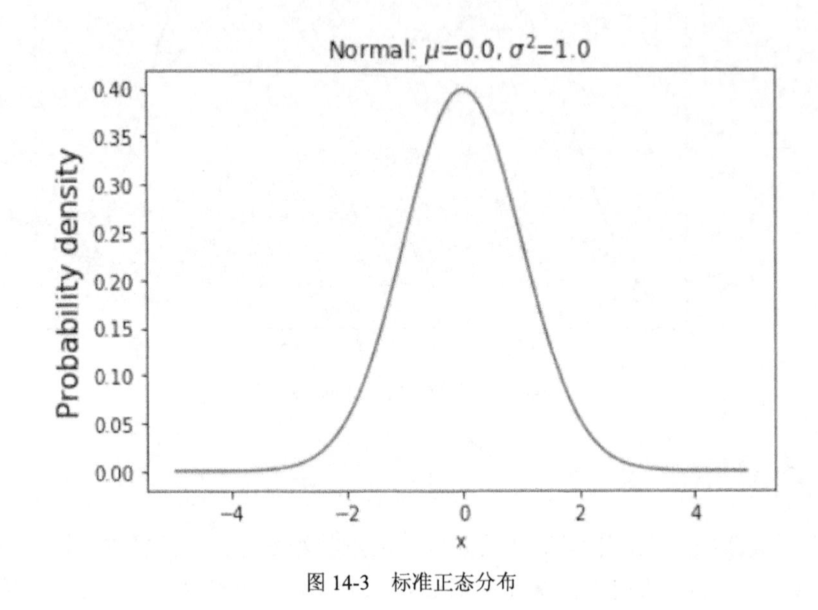


图 14-3　标准正态分布

## 14.2.2　二项分布

二项分布是一种离散分布，二项是指某事件有两种可能结果，如抛掷硬币，一般将正面的概率记为 $p$，反面的概率为 $1-p$。

抛掷硬币是一个典型的二项分布，当计算抛掷硬币 $n$ 次，其中有 $k$ 次正面朝上的概率时，可以用二项分布表示，其概率密度函数为：

$$P(X=k)=C_n^k p^k (1-p)^{n-k} \tag{14-1}$$

统计学中称抛掷一次硬币为试验，二项分布要求每次试验彼此独立，显然抛掷硬币是符合的。

现在假设抛掷硬币 10 次，正面朝上的概率是 0.5，正面朝上的次数呈什么分布？我们重复 10 次，如图 14-4 所示。

```
In [23]: # 使用 rvs()函数模拟一个二项随机变量
    ...: data = stats.binom.rvs(n=10,p=0.5,size=10)
    ...:
    ...: plt.hist(data, density=True)
    ...: plt.xlabel('x')
    ...: plt.ylabel('Probability density', fontsize=15)
    ...: plt.title('Binormal: n=10,$p$=0.5')
    ...: plt.show()
```

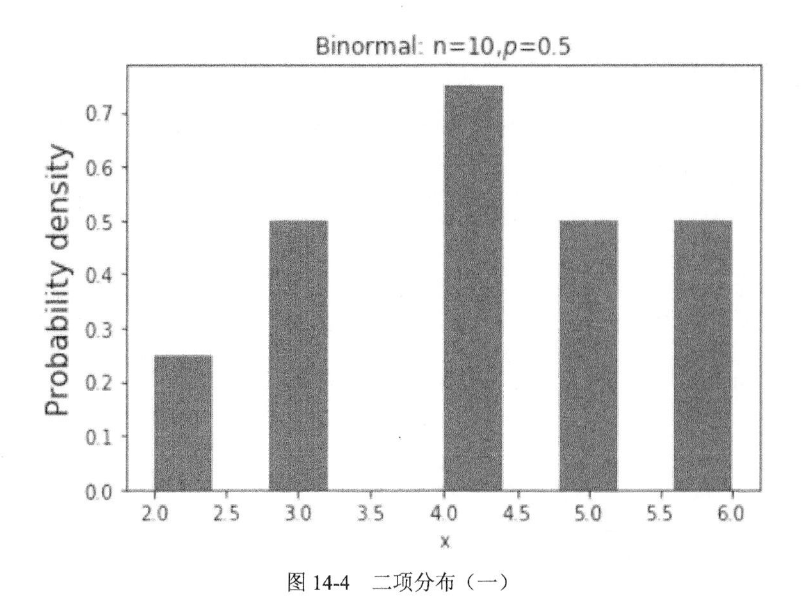


图 14-4　二项分布（一）

从图 14-4 中可以看到，分布非常离散，如果我们增加重复次数，如 1000 次，分布将接近正态分布，如图 14-5 所示。

```
In [24]: data = stats.binom.rvs(n=10,p=0.5,size=1000)
    ...: plt.hist(data, density=True)
    ...: plt.xlabel('x')
    ...: plt.ylabel('Probability density', fontsize=15)
    ...: plt.title('Binormal: n=10,$p$=0.5')
    ...: plt.show()
```

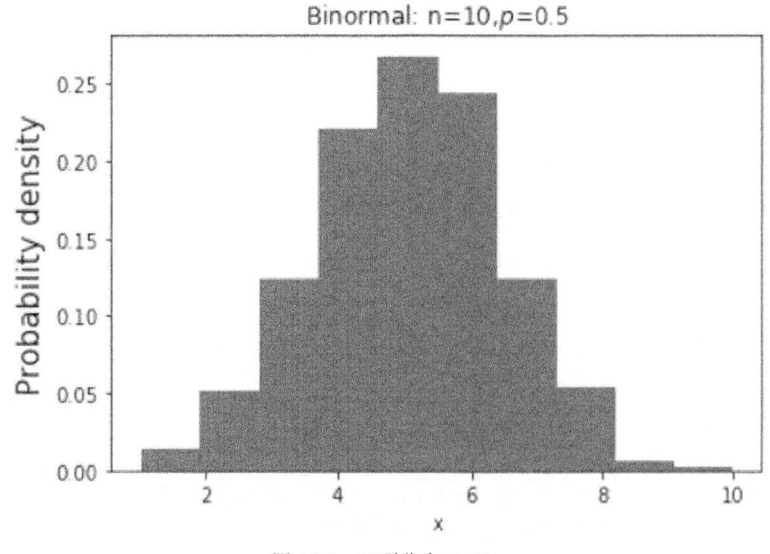


图 14-5　二项分布（二）

### 14.2.3　伯努利分布

伯努利分布是二项分布的特例，它是只进行了一次试验的情况，因此伯努利分布描述了具有两个结果的事件，如图 14-6 所示。

```
In [25]: data = stats.bernoulli.rvs(p=0.6, size=10)
    ...: plt.hist(data)
    ...: plt.xlabel('x')
    ...: plt.ylabel('Frequency', fontsize=15)
    ...: plt.title('Bernouli: $p$=0.5')
    ...: plt.show()
```

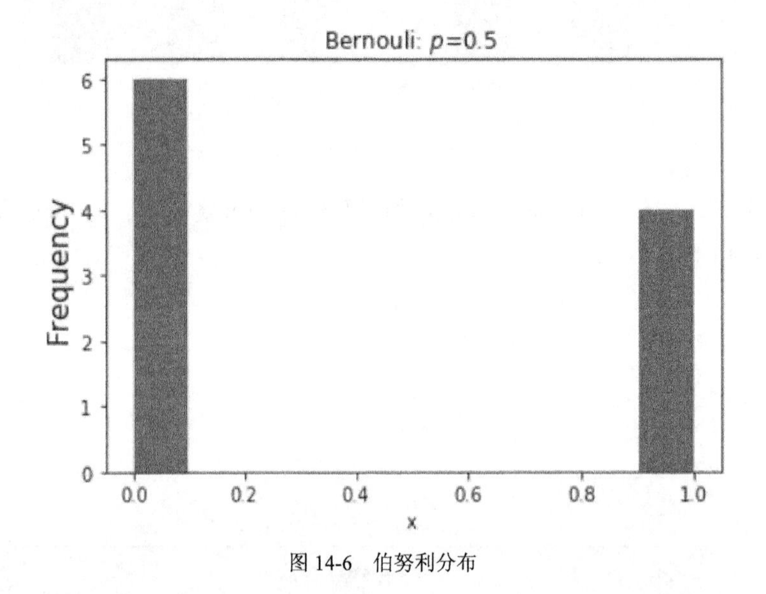


图 14-6　伯努利分布

### 14.2.4　指数分布

指数分布是一种连续分布，用于表示独立随机事件发生的时间间隔，如旅客进入机场的时间间隔、打客服中心电话的时间间隔。如图 14-7 所示，指数分布的概率密度函数为：

$$f(x) = \lambda \mathrm{e}^{-\lambda x} \tag{14-2}$$

其中，$\lambda$ 是分布的核心参数，表示每单位时间内发生某事件的次数。

```
In [26]: data = stats.expon.rvs(scale=2,size=1000) # scale 参数表示 λ 的倒数
    ...: plt.hist(data, density=True, bins=20)
    ...: plt.xlabel('x')
    ...: plt.ylabel('Probability density', fontsize=15)
    ...: plt.title('Exponential: 1/$\lambda$=2')
    ...: plt.show()
```

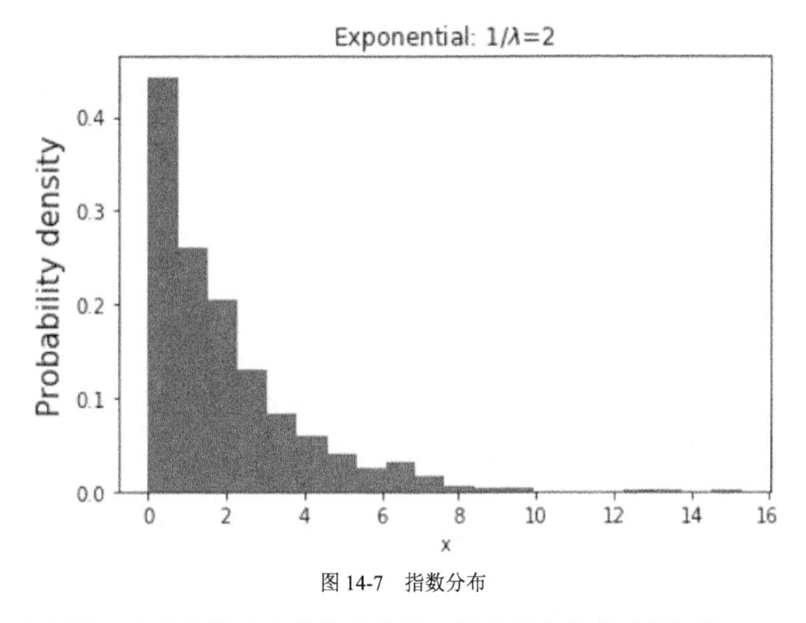


图 14-7 指数分布

scale 是 $\lambda$ 的倒数，也是指数分布的数学期望，即事件发生的时间间隔。

## 14.2.5 泊松分布

泊松分布是离散分布，描述了单位时间内事件发生的次数，核心参数也是 $\lambda$。如图 14-8 所示，其概率密度函数为：

$$P(X=k)=\frac{\lambda^k}{k!}\mathrm{e}^{-\lambda} \tag{14-3}$$

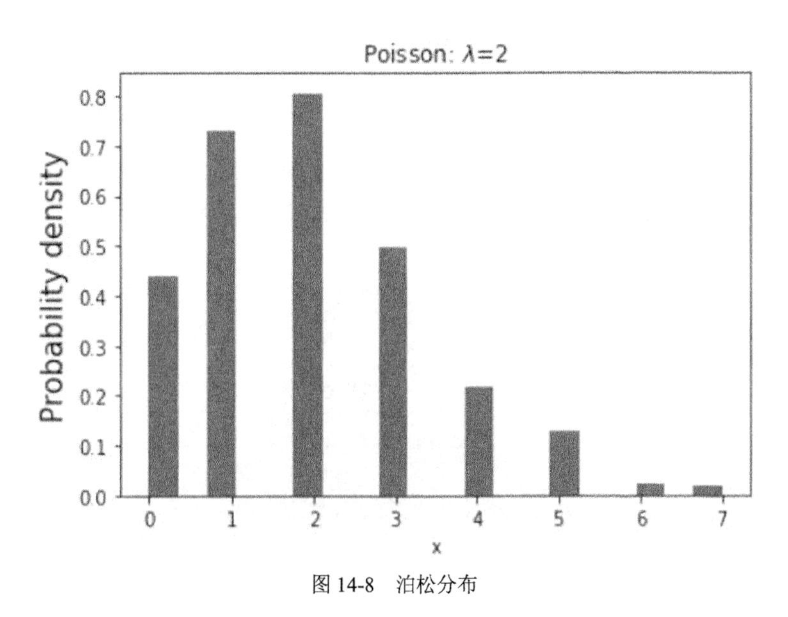


图 14-8 泊松分布

泊松分布的均值和方差均为 $\lambda$。

```
In [27]: data = stats.poisson.rvs(mu=2,size=1000) # scale 参数表示 λ 的倒数
    ...: plt.hist(data, density=True, bins=20)
    ...: plt.xlabel('x')
    ...: plt.ylabel('Probability density', fontsize=15)
    ...: plt.title('Poisson: $\lambda$=2')
    ...: plt.show()
```

# 14.3 假设检验

假设检验是对总体参数做尝试性假设，该假设称为原假设，然后定义一个与原假设完全对立的假设——备择假设。其中，备择假设是我们希望成立的，而原假设是不希望成立的。通过假设检验，如果发现原假设不成立，那么就可以得出备择假设的结果。

简单举例说明，假设现在存在 A 和 B 两个公司，A 公司的产品质量检测有一组数据，B 公司同样的产品质量检测也有一组数据，我们要比较 A 公司的产品是否与 B 公司的产品有差异。读者可能会问，直接比较两组数据的均值不就好了吗？这的确是一个简单易行的办法，但它并不可靠，容易受到产品抽样或批次等因素的影响。

我们可以通过以下步骤进行假设检验。

（1）建立原假设：A 公司和 B 公司的产品质量没有差异。

（2）计算统计量和对应的概率值 $p$。

（3）进行判断：一般而言，$p$ 值小于 0.05 时，则原假设不成立，接受备择假设。

（4）下结论：A 公司和 B 公司的产品质量有差异。

在第 2 步中，通常需要计算 $t$ 统计量。$t$ 统计量来自于 $t$ 分布，$t$ 分布是一种与正态分布近似的分布。在介绍使用 $t$ 分布进行假设检验之前，我们需要先了解 $u$ 统计量和 $t$ 统计量。

## 14.3.1　$u$ 与 $t$ 统计量

标准正态分布有一个经验法则：有 69.3%的值在均值加减 1 个标准差的范围内，95.4%的值在 2 个标准差内，99.7%的值在 3 个标准差内，如图 14-9 所示。

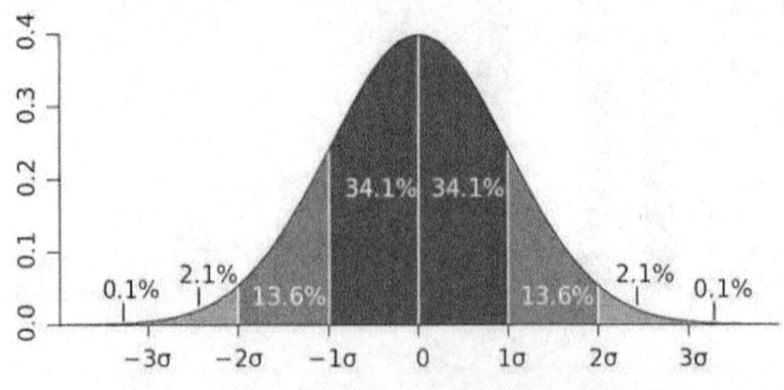


图 14-9　标准正态分布经验法则图示（图片来自网络）

人们用经验法则的形式将正态分布一些重要位置的概率值记录下来，然后提出了 $u$ 变换，将非标准正态分布转换为标准正态分布，这样就能对照经验法则来查找对应的概率了。

$u$ 变换的计算公式为：

$$u = \frac{X - \mu}{\sigma} \tag{14-4}$$

$u$ 值的分布也叫 $u$ 分布。其中，$\sigma$ 是总体方差，$\mu$ 是总体均值。该变换适用于数据总体均值和方差已知的情况。

一般情况下，我们收集的数据是样本数据，例如，调查全国人民的平均身高，我们不可能调查和记录每个人，而是采用抽样调查来表示总体。因而大多数情况下总体方差是未知的，所以出现了 $t$ 变换，它使用样本方差代替总体方差。

$t$ 变换的计算公式为：

$$t = \frac{x - \mu}{s / \sqrt{n}} \tag{14-5}$$

$t$ 值的分布也叫 $t$ 分布。其中，$s$ 是样本方差，$\mu$ 是总体均值。$t$ 分布引入了自由度的概念，样本量为 $n$，自由度为 $n-1$。如果 $n$ 大于 30，则 $t$ 分布逼近正态分布。

### 14.3.2 一个 $t$ 检验实例

假设我国女性平均身高为 1.60m，现在从某地区随机抽取 10 名女性，其身高（单位：m）依次为：1.75、1.58、1.71、1.64、1.55、1.72、1.62、1.83、1.63、1.65，请问该地区身高与全国女性平均身高是否有差异？

这里原假设为无差异，备择假设为有差异。我们使用 SciPy 提供的单样本 $t$ 检验函数进行检验。

```
In [28]: from scipy import stats
    ...: height = [1.75, 1.58, 1.71, 1.64, 1.55, 1.72, 1.62, 1.83, 1.63, 1.65]
    ...: print(stats.ttest_1samp(height, 1.60))
Ttest_1sampResult(statistic=2.550797248729806, pvalue=0.03115396848888224)
```

结果显示 $t$ 统计量为 2.55，$p$ 值为 0.03。$p$ 值小于 0.05，说明该地区身高与全国平均身高没有差异的概率很小，所以推翻原假设，接受备择假设，得出结论，该地区身高与全国女性平均身高有差异。

### 14.3.3 两样本 $t$ 检验

$t$ 检验更常用于两样本之间的比较，如 A 公司和 B 公司的产品质量差异。我们构造数据，设定 A 公司质量评分平均为 9，方差为 10；B 公司质量评分平均为 7，方差为 10。二者存在显著的统计学差异吗？利用以下代码来验证，如图 14-10 所示。

```
In [29]: quality_A = stats.norm.rvs(loc = 9,scale = 10,size = 500)
```

```
   ...: quality_B = stats.norm.rvs(loc = 7,scale = 10,size = 500)
   ...:
   ...: _ = plt.hist(quality_A, density=True, alpha=0.5)
   ...: _ = plt.hist(quality_B, density=True, color="red", alpha=0.5)
```

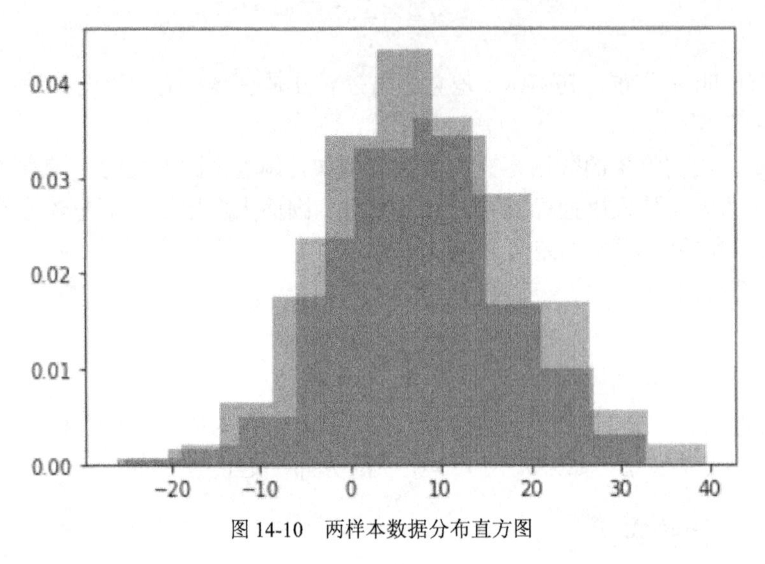


图 14-10　两样本数据分布直方图

$p$ 小于 0.05，我们得出结论，A 和 B 公司产品质量存在差异。

## 14.4 章末小结

本章从描述统计量、统计分布和统计检验 3 个方面介绍了统计分析的基本知识，以及如何使用 Python 对其进行计算或可视化。掌握描述性统计量和统计分布能够使读者在分析时掌握数据分布的核心特性；掌握统计检验可以帮助读者从科学的角度对数据进行比较、判断，并得出可靠结论。除了常用的 $t$ 检验，还有很多其他的检验方法，包括卡方检验、非参数检验等，感兴趣的读者可以自行深入学习。

# 第 15 章　未言及的内容

**本章内容提要：**

- 魔术命令
- 面向对象编程

作为全书的最后一章，本章附加介绍两个未言及但可能有用的内容：第一个是 IPython 的魔术命令，第二个是面向对象编程知识。

## 15.1 魔术命令

魔术命令是 IPython 在 Python 语法基础上增强的功能，一般以%作为前缀，魔术命令用于简洁地解决标准数据分析中的各种常见问题，如列出当前目录文件、运行脚本。

下面列出了一些常见的魔术命令及其描述。

```
%paste   # 粘贴代码
%run     # 执行外部脚本
%timeit # 计算代码运行时间
%magic   # 获取可用魔术命令描述与示例
%lsmagic # 获取可用魔术命令列表
%ls   # 列出当前目录列表
%pwd # 获取当前所在（工作）目录
%cd   # 切换工作目录
%mkdir # 创建文件夹
%cp # 复制文件
%rm # 删除文件
```

魔术命令解决了数据分析时实时与系统进行交互并测试代码的痛点，十分实用。

在 IPython Shell 或 Jupyter Notebook 中输入%lsmagic 即可查看所有的魔术命令。

```
In [4]: %lsmagic
Out[4]:
Available line magics:
%alias  %alias_magic  %autoawait  %autocall  %autoindent  %automagic  %bookmark  %cat
%cd  %clear  %colors  %conda  %config  %cp  %cpaste  %debug  %dhist  %dirs  %doctest
_mode  %ed  %edit  %env  %gui  %hist  %history  %killbgscripts  %ldir  %less  %lf  %lk
%ll  %load  %load_ext  %loadpy  %logoff  %logon  %logstart  %logstate  %logstop  %ls
%lsmagic  %lx  %macro  %magic  %m
an  %matplotlib  %mkdir  %more  %mv  %notebook  %page  %paste  %pastebin  %pdb  %pdef
  %pdoc  %pfile  %pinfo  %pinfo2  %pip  %popd  %pprint  %precision  %prun  %psearch
%psource  %pushd  %
pwd  %pycat  %pylab  %quickref  %recall  %rehashx  %reload_ext  %rep  %rerun  %reset
 %reset_selective  %rm  %rmdir  %run  %save  %sc  %set_env  %store  %sx  %system  %tb
  %time  %timeit  %
unalias  %unload_ext  %who  %who_ls  %whos  %xdel  %xmode

Available cell magics:
%%!  %%HTML  %%SVG  %%bash  %%capture  %%debug  %%file  %%html  %%javascript  %%js
%%latex  %%markdown  %%perl  %%prun  %%pypy  %%python  %%python2  %%python3  %%ruby
%%script  %%sh  %%sv g
%%sx  %%system  %%time  %%timeit  %%writefile

Automagic is ON, % prefix IS NOT needed for line magics.
```

一般而言，魔术命令的作用可以通过其名字进行猜测。如果我们不确定，可以在后面加一个问号来查看对应的文档。

```
In [5]: %ls?
Repr: <alias ls for 'ls -F --color'>
```

结果显示，%ls 命令是 ls -F 命令的缩写。ls 命令是 UNIX 系统进行文件管理的命令之一，用于查看目录下的文件列表。其他的 UNIX 命令都有相应的魔术命令，包括 mkdir、cp、pwd 等。

运行%ls 命令，发现当前目录下没有任何文件或目录。

```
In [6]: %ls
```

使用%mkdir 创建一个目录 new 再次进行检查。

```
In [7]: %mkdir new
In [8]: %ls
new/
```

使用%pwd 查看工作目录在操作系统中的位置。

```
In [9]: %pwd
Out[9]: '/home/shixiang/Proj/pybook/test_ipython_shell'
```

使用%cd 切换到另一个目录，如上面新建的 new 目录。

```
In [10]: %cd new
/home/shixiang/Proj/pybook/test_ipython_shell/new
In [11]: %pwd
Out[11]: '/home/shixiang/Proj/pybook/test_ipython_shell/new'
```

%timeit 是一个实用的魔术命令，用于计算 Python 代码的执行时间。

```
In [12]: %timeit Result = [i ** 2 for i in range(100)]
47.6 µs ± 386 ns per loop (mean ± std. dev. of 7 runs, 10000 loops each)
```

该命令会自动多次执行命令（10000 次）以获得稳定的结果，当使用多行输入时，我们需要对命令多加一个%。

```
In [13]: %%timeit
    ...: Result = []
    ...: for i in range(100):
    ...:     Result.append(i * i)
    ...:
16.7 µs ± 178 ns per loop (mean ± std. dev. of 7 runs, 100000 loops each)
```

## 15.2 面向对象编程

面向对象编程（Object-Oriented Programming，OOP）是许多编程语言都有的特性，Python 也不例外。

但数据处理和分析时，我们很少创建自定义的类，除非是开发一些数据处理工具软件时，用类来表示一些核心的数据结构，如 Pandas 库的 DataFrame 就是这种情况。

本节简单介绍面向对象编程的一些基本概念和操作方法，以便读者了解这一前面遗漏的 Python 基础知识。

面向对象的核心概念是类（Class）和实例（对象）（Object），类是对象的蓝图，对象是类的实例化。如学生是一个类，某学生小周就是一个对象。

假设学生有名字、年龄、身高和成绩 4 个属性，使用 Python 创建一个 Student 类如下：

```
In [1]: class Student:
   ...:     def __init__(self, name, age, height, score):
   ...:         self.name = name
   ...:         self.age = age
   ...:         self.height = height
   ...:         self.score = score
```

有了类以后，我们可以创建不同的学生实例，如小周、小张、小李等。

类中定义的函数称为方法，每个类都需要一个__init__()函数用于初始化。类的方法的第一个参数永远是 self，指向其本身。

后续的参数就是用户可以实际输入的参数，我们按照格式即可创建一个对象。

```
In [2]: Student('小周', 20, 180, 98)
Out[2]: <__main__.Student at 0x7fe95c4eeb50>
```

在方法中，我们可以执行计算或者将一些数据存储起来，存储数据的变量称为类的属性，如初始化函数中的 self.name、self.age 等。

当创建好一个对象后，我们可以使用成员操作符获取对象的属性值。

```
In [3]: zhou = Student('小周', 20, 180, 98)
In [4]: zhou.score
Out[4]: 98
In [5]: zhou.height
Out[5]: 180
In [6]: zhou.age
Out[6]: 20
```

除了初始化方法，我们还可以定义其他方法进行计算。例如某班级的平均分为 70 分，我们定义一个方法计算该班学生小周成绩与班级平均分的差值。

首先为 Student 类加上计算差值的方法：

```
In [7]: class Student:
   ...:     def __init__(self, name, age, height, score):
   ...:         self.name = name
   ...:         self.age = age
   ...:         self.height = height
   ...:         self.score = score
   ...:     def diff(self, average_score):
   ...:         print(self.score - average_score)
   ...:
```

然后重新创建对象 zhou：

```
zhou = Student('小周', 20, 180, 98)
```

最后计算差值：

```
In [9]: zhou.diff(70)
28
```

基于上面的知识，我们可以根据自己的需要创建类，并添加任意多的属性和方法。

面向对象编程还有一个比较重要的概念——继承（Inheritance），它可以有效地代表不同类的层级关系和重用代码。

例如，上面我们已经创建了一个 Student 类，现在要创建一个 Studnet2 类，该类在 Student 类的基础上多了两个属性 classname 和 teachername，用来表示班级名和班主任的名字。

实现代码如下：

```
In [15]: class Student2(Student):
    ...:     def __init__(self, name, age, height, score, class_name, teacher_name):
```

```
...:         Student.__init__(self, name, age, height, score)
...:         self.class_name = class_name
...:         self.teacher_name = teacher_name
...:
```

注意，在新的类初始化方法中，需要调用 Student 类的初始化。下面我们重新创建一个新的对象 zhou。

```
In [16]: zhou = Student2('小周', 20, 180, 98, "Class A", "Mr. Zhang")
```

依然可以使用 Student 类的属性和方法。

```
In [17]: zhou.name
Out[17]: '小周'
In [18]: zhou.diff(70)
28
```

## 15.3 章末小结

本章补充介绍了 IPython 魔术命令和面向对象编程的内容。魔术命令可以帮助我们快速地与操作系统进行交互、完成一些常见任务。面向对象编程则提供了新的编程视角，虽然自定义类在数据分析中不常用，但它依然适合解决一些特定的问题，并且有助于我们了解常见分析库中一些类的使用，如 NumPy 中的 ndarray、Pandas 中的 DataFrame。

# 结语：接下来学什么

数据分析在商业决策，云计算、生物医学科研等领域扮演着越来越重要的角色。本书涉及用Python进行数据处理的基本知识，包括Python基础编程知识、Python数据导入与操作、Python可视化以及基本的统计知识等。限于篇幅，书中仍有众多知识点未能涵盖或深入。在掌握了Python编程和数据分析的基础后，推荐读者根据自己的业务需求更加深入地学习和应用Python数据分析技能，让知识变得有用，才能更好地理解和掌握知识。

下面分类罗列了一些推荐读者阅读的进阶技术图书。

### Python 编程

- 廖雪峰的官方网站：《Python 3 基础教程》
- ISBN：978-7-111-60366-5《Python 学习手册》
- ISBN：978-7-115-45415-7《流畅的 Python》

### Python 数据分析

- ISBN：978-7-111-43673-7《利用 Python 进行数据分析》
- ISBN：978-7-115-47589-3《Python 数据科学手册》
- ISBN：978-7-115-43220-9《Python 数据分析实战》

### 统计学

- ISBN：978-7-115-46997-7《统计学七支柱》
- ISBN：978-7-507-42085-2《统计数字会撒谎》
- ISBN：978-7-115-49384-2《Python 统计分析》

### 可视化

- ISBN：978-7-115-38439-3《Python 数据可视化编程实战》
- ISBN：978-7-111-56090-6《Python 数据可视化》
- ISBN：978-7-569-30638-5《ggplot2：数据分析与图形艺术》